生產與運作管理

主 編　伍虹儒

前　言

　　生產，是人類從事的最基本的活動，是一切社會財富的源泉。不從事生產，人類就無法生存，社會就不能發展，這是人們的常識。生產管理是伴隨生產活動的出現而出現的。過去，人們僅把物質資料的製造過程看做生產，這是比較狹隘的。現在，生產的概念已擴大到服務領域，因此生產管理的內容也擴大到服務領域。

　　國內以往的生產管理教科書，大都以物質資料的生產為對象，而且大都是以機械製造業為背景來編寫的，其內容有很大的局限性。在英文中，生產管理（Production Management）已經被生產與運作管理（Production and Operations Management）或運作管理（Operations Management）所取代。生產與運作是一切社會組織將它的輸入轉化為輸出的過程。因此，生產和運作活動是普通的。沒有哪一個行業不從事生產和運作活動。同時，生產與運作又是各種社會組織投入資源最多的活動。它對社會組織的活動效益影響很大。

　　本書的特點可以概括如下：

　　（1）內容涉及面寬，將製造業和服務業統一考慮。本書不僅敘述製造行業的生產管理，而且擴充到整個加工裝配式生產和流程式生產的管理；不僅講述物質資料的生產管理，而且介紹提供勞務的運作管理。運作管理是從事任何服務業工作的人都需要瞭解的，如交通運輸業、通信業、飲食業、保健業、商業、金融業、公用事業等。由於製造業的生產管理和服務業的運作管理有很多共同點，同時又有很多區別，因此將它們統一考慮，更有利於讀者學習和掌握它們。

　　（2）介紹了生產管理的最新發展。近年來，對製造性生產管理的研究取得了很大進展。新的管理思想和新的生產方式不斷出現。如：製造資源計劃（Manufacturing Resource Planning，MRP Ⅱ）、精益生產（Lean Production，LP）、敏捷製造（Agile Mannufacturing，AM）、計算機集成製造（Computer Integrated Manufacturing，CIM）等。對此，本書都做了介紹。生產運作管理是一個動態領域。只有不斷介紹本領域的最新成果，才能滿足經濟建設的需要。

　　（3）將生產運作與營銷相聯繫。已往的教科書將生產職能和組織的其他職能分開考慮，片面追求生產系統的優化，不利於提高企業的競爭力。本書強調將生產和市場聯繫起來考慮。生產系統只有按市場的需求，在適當的時候出產適當數量的產品或提供所需的服務，才能最大限度地降低成本，及時滿足市場的需要。對服務業來講，更需要

前言

將運作與營銷統一考慮，因為很多服務業的運作和管銷是不可分的。

（4）系統性和邏輯性。本書突出了系統性和邏輯性。按照生產系統生命週期的思想，從生產運作系統的產生（設計），到生產運作系統的運行（計劃與控制），到生產運作系統的再生（改進），將生產運作管理活動有機地組織起來了。可見，各章之間都有內在的邏輯聯繫。本書雖然涉及很多運籌學和統計學的方法，但不是就方法講方法，而是從管理對象出發，按管理對象將各種方法編入不同的管理內容，正確處理了管理對象和管理方法的關係，從而加強了本書的系統性。

本書在編寫過程中參閱了大量中外文參考書和文獻資料，主要參考資料目錄已列在書後。在此，對國內外有關作者表示衷心的感謝。本書適合管理類各專業學生學習生產與運作管理課程，還可以作為各類企業經管管理人員的參考讀物。由於編者水平有限，書中如有不妥之處，敬請讀者批評指正。

伍虹儒

目 錄

第一篇 緒論

第一章 生產與運作管理概念 …………………………………（3）
第一節 生產與運作管理概述 ………………………………（3）
第二節 生產與運作管理的地位和作用 ……………………（7）
第三節 生產與運作管理的發展歷程 ………………………（10）
第四節 現代生產與運作管理的特徵 ………………………（12）

第二章 生產運作戰略 …………………………………………（17）
第一節 生產運作戰略概述 …………………………………（17）
第二節 生產運作戰略的制定與實施 ………………………（25）

第二篇 生產與運作系統的設計

第三章 產品開發與工藝選擇 …………………………………（37）
第一節 新產品開發與企業 R&D ……………………………（37）
第二節 R&D 與產品開發組織 ………………………………（43）
第三節 生產流程設計與選擇 ………………………………（47）

第四章 生產與運作系統的佈局 ………………………………（51）
第一節 設施選址 ……………………………………………（51）
第二節 設施布置 ……………………………………………（56）
第三節 非製造業的設施布置 ………………………………（66）

第五章 生產過程組織與技術準備 ……………………………（71）
第一節 生產過程及其組成 …………………………………（71）
第二節 流水線生產 …………………………………………（75）
第三節 成組技術 ……………………………………………（80）
第四節 生產技術準備的任務與內容 ………………………（84）
第五節 生產技術準備計劃 …………………………………（85）

目錄

第三篇　生產與運作系統的運行

第六章　生產運作計劃與控制 ……………………………………（91）
第一節　計劃管理 ………………………………………………（91）
第二節　備貨型企業年度生產計劃的制訂 ……………………（97）
第三節　訂貨型企業年度生產計劃的制訂 ……………………（100）
第四節　生產作業計劃概述 ……………………………………（103）
第五節　期量標準 ………………………………………………（104）
第六節　生產作業計劃的編製 …………………………………（113）
第七節　生產運作控制 …………………………………………（118）

第七章　製造資源計劃 ……………………………………………（126）
第一節　物料需求計劃概述 ……………………………………（126）
第二節　製造資源計劃的原理與邏輯 …………………………（134）
第三節　製造資源計劃的綜合分析 ……………………………（141）

第八章　生產物流管理 ……………………………………………（148）
第一節　企業生產物流概述 ……………………………………（148）
第二節　不同生產類型的物流管理 ……………………………（151）
第三節　生產物資定額管理 ……………………………………（155）
第四節　現代企業生產物流管理面臨的挑戰 …………………（160）

第九章　項目計劃管理 ……………………………………………（163）
第一節　項目管理概述 …………………………………………（163）
第二節　網路計劃技術 …………………………………………（166）
第三節　網路圖的組成 …………………………………………（168）
第四節　網路時間參數計算 ……………………………………（170）
第五節　網路計劃的優化 ………………………………………（173）

目　錄

第四篇　生產與運作系統的維護與改善

第十章　設備綜合管理 ……………………………………………（179）
　　第一節　設備綜合管理概述 ……………………………………（179）
　　第二節　設備選擇與評價 ………………………………………（180）
　　第三節　設備合理使用與維護保養 ……………………………（182）
　　第四節　設備的檢查與預防維修 ………………………………（183）
　　第五節　設備更新與改造 ………………………………………（187）

第十一章　質量管理 ………………………………………………（190）
　　第一節　質量與質量管理 ………………………………………（190）
　　第二節　全面質量管理 …………………………………………（195）
　　第三節　ISO9000簡介 …………………………………………（201）

第十二章　現代生產系統與先進生產方式 ………………………（209）
　　第一節　現代企業與環境 ………………………………………（209）
　　第二節　準時化生產 ……………………………………………（213）
　　第三節　精益生產 ………………………………………………（217）
　　第四節　敏捷製造 ………………………………………………（221）
　　第五節　計算機集成製造系統 …………………………………（224）
　　第六節　大規模定制 ……………………………………………（226）

參考文獻 ……………………………………………………………（232）

第一篇 緒論

第一章
生產與運作管理概念

「一個國家的人民要生活得好，就必須生產得好。」生產活動是人類最基本的活動。有生產活動就有生產管理。可以說，人類最早的管理活動就是對生產活動的管理。本章首先描述了生產與運作管理的基本概念、研究對象及內容和目標；其次，通過對生產與運作管理的發展過程及現代企業所處的環境特徵分析，歸納總結了現代生產與運作管理的特徵。

第一節　生產與運作管理概述

自從人類有了生產活動，就開始了生產管理的實踐。18世紀70年代西方產業革命之後，工廠代替了手工作坊，機器代替了人力，生產管理理論研究與實踐開始系統和大規模地展開。

生產與運作管理既要解決傳統產業存在的問題，也要針對服務業、高新技術等新興產業存在的問題進行研究。有人說 MBA 代表著財富、地位、權力和榮譽，然而生產與運作管理卻意味著汗水、心血、能力和膽識。要搞好生產與運作管理，尤其是大中型企業的生產與運作管理，比企業管理其他任何領域付出的勞動與資本、人力與物力都要多。

現代企業內部分工越來越精細。任何一個生產環節的失誤都可能使整個生產過程無法進行。為了適應變化多端的市場競爭，提高產品綜合競爭能力，採用先進的製造技術和先進生產製造模式以提高生產與運作管理水平已勢在必行。

一、生產與運作管理的含義

(一) 生產與運作的概念

1. 生產與運作的概念

生產與運作的實質是一種生產活動。人們習慣把提供有形產品的活動稱為製造型生產，而將提供無形產品即服務的活動稱為服務型生產。過去，西方國家的學者把有形產品的生產稱作「production」(生產)，而將提供服務的生產稱作「operations」(運作)。而近幾年來更為明顯的趨勢是把提供有形產品的生產和提供服務的生產統稱為「operations」，都看成為社會創造財富的過程。生產與運作概念的發展，如圖 1-1 所示。

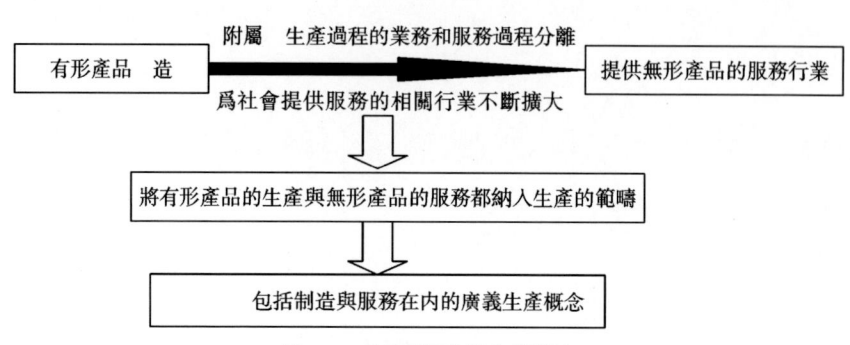

圖1-1　生產與運作概念的發展

2. 生產與運作活動的過程

把輸入資源按照社會需要轉化為有用輸出並實現價值增值的過程就是運作活動的過程。表1-1列出不同行業、不同社會組織的輸入、轉換、輸出的主要內容。其中，輸出是企業對社會做出的貢獻，也是它賴以生存的基礎；輸入則由輸出決定，生產什麼樣的產品決定了需要什麼樣的資源和其他輸入要素。一個企業的產品或服務的特色與競爭力，是在轉化過程中形成的。因此，轉化過程的有效性是影響企業競爭力的關鍵因素之一。

表1-1　　　　　輸入—轉換—輸出的典型系統

系統	主要輸入資源	轉換	輸出
汽車製造廠	鋼材、零部件、設備、工具	製造、裝配汽車	汽車
學校	學生、教師、教材、教室	傳授知識、技能	受過教育的人才
醫院	病人、醫師、護士、藥品、醫療設備	治療、護理	健康的人
商場	顧客、售貨員、商品、庫房、貨架	吸引顧客、推銷產品	顧客的滿意
餐廳	顧客、服務員、食品、廚師	提供精美食物	顧客的滿意

3. 製造生產與服務運作的區別

有形產品的製造過程和無形產品的服務過程都可以看做一個「輸入—轉換—輸出」的過程，但這兩種不同的轉換過程以及它們的產出結果有很多區別（如表1-2所示），主要表現在以下五個方面：

（1）產品物質形態不同。

製造生產的產品是有形的，可以被儲藏、運輸，以用於未來的或其他地區的需求。因此，在有形產品的生產中，企業可以利用庫存和改變生產量來調節需求與適應需求的波動。而服務生產提供的產品是無形的，是不能預先生產出來的，也無法用庫存來調節顧客的隨機性需求。

（2）顧客參與程度不同。

製造生產過程基本上不需要顧客參與，而服務則不同。顧客需要在運作過程中接受服務；有時顧客本身就是運作活動的一個組成部分。

（3）對顧客需求的回應時間不同。

製造業企業所提供的產品可以有數天、數周甚至數月的交貨週期，而對於許多服

務業企業來說，必須在顧客到達的幾分鐘內做出回應。由於顧客是隨機到達的，因此短時間內的需求有很大的不確定性。因此，服務業企業要想保持需求和能力的一致性，難度是很大的。從這個意義上來講，製造業企業和服務業企業在制訂其運作能力計劃及進行人員和設施安排時，必須採用不同的方法。

表 1-2　　　　　　　　　　　　製造業與服務業的區別

特性	製造業	服務業
輸出品的形態	有形的產品	無形的服務
產品/服務的儲藏	可庫存	無法儲藏
生產/運作設施規模	大規模	小規模
生產/運作場地數	少	多
生產資源的密集度	資本密集	勞動密集
生產和消費	分開進行	同時進行
與顧客的接觸頻度	少	多
受顧客的影響度	低	高
顧客要求反應時間	長	短
質量/效率的測量	容易	難

（4）運作場所的集中性和規模不同。

製造企業的生產設施可遠離顧客，從而可服務於地區、全國甚至國際市場，比服務業組織更集中，設施規模更大，自動化程度更高，資本投資更多，對流通、運輸設施的依賴性也更強，而對服務企業來說，服務不能被運輸到異地，其服務質量的提高有賴於與最終市場的接近與分散程度。設施必須靠近其顧客群，從而使一個設施只能服務於有限的區域範圍。這導致了服務業的運作系統在選址、佈局等方面有不同的要求。

（5）在質量標準及度量方面不同。

由於製造業企業所提供的產品是有形的，因此其產出的質量易於度量。而對於服務業企業來說，大多數產出是不可觸的，無法準確地衡量服務質量，顧客的個人偏好也影響對質量的評價。因此，對質量的客觀度量有較大難度。

(二) 生產與運作管理

生產與運作管理是指對企業提供產品或服務的系統進行設計、運行、評價和改進的各種管理活動的總稱。生產與運作系統的設計包括產品或服務的選擇和設計、運作設施的地點選擇、運作設施的布置、服務交付的系統設計和工作的設計。生產與運作系統的運行，主要是指在現行的運作系統中如何適應市場的變化，按用戶的需求生產合格產品和提供滿意服務。生產與運作系統的運行主要涉及生產計劃、組織與控制三個方面。

人們最初開始的是對生產製造過程的研究，主要研究有形產品生產製造過程的組織、計劃和控制，並將其稱為「生產管理學」（Production Management）。隨著經濟發展、技術進步以及社會工業化、信息化的進展，社會構造越來越複雜，社會分工越來越細。原來附屬於生產過程的一些業務、服務過程相繼分離並獨立出來，形成了專門的商業、金融、房地產等服務業。此外，人們對教育、醫療、保險、娛樂等方面的要求也在不斷提高，相關行業的規模也在不斷擴大。因此，對這些提供無形產品的運作

過程進行管理和研究的必要性也就應運而生。人們開始把有形產品和無形產品的生產和提供都看做一種「投入—變換—產出」的過程。從管理的角度來看，這兩種變換過程實際上是有許多不同之處的，但從漢語角度，習慣上將生產與運作兩者稱為生產運作。其特徵主要表現為：①能夠滿足人們某種需要，即有一定的使用價值；②需要投入一定的資源，經過一定的變換過程才能實現；③在變換過程中需投入一定的勞動，實現價值增值。

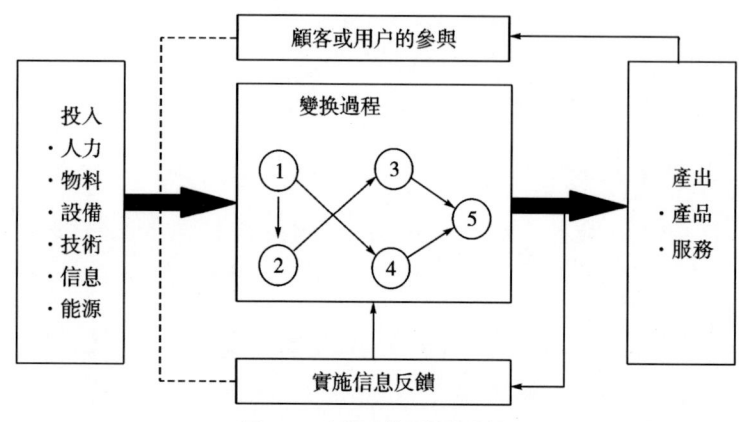

圖 1-2　生產系統運轉程序圖

（三）生產與運作管理的研究對象

生產與運作管理學的研究對象是生產與運作系統。如上所述，生產與運作過程是一個「投入—變換—產出」的過程，是一個勞動過程或價值增值過程。所謂生產與運作系統，是指使上述的變換過程得以實現的手段。它的構成與變換過程中的物質轉化過程和管理過程相對應，包括一個物質系統和一個管理系統。

物質系統是一個實體系統，主要由各種設施、機械、運輸工具、倉庫、信息傳遞媒介等組成。例如，一個機械工廠的實體系統包括車間、車間內的各種機床、天車等工具，車間與車間之間的在製品倉庫等。一個化工廠的實體系統可能主要是化學反應罐和形形色色的管道；對於一個急救系統或一個經營連鎖快餐店的企業，它的實體系統可能又大為不同，不可能集中在一個位置，而是分佈在一個城市或一個地區內各個不同的地點。

管理系統主要是指生產與運作系統的計劃和控制系統，以及物質系統的設計、配置等問題。其中的主要內容是信息的收集、傳遞、控制和反饋。

二、生產與運作管理內容

1. 生產與運作戰略的制定

生產與運作戰略決定產出什麼，如何組合各種不同的產出品種以及為此需要投入什麼，如何優化配置所需要投入的資源要素，如何設計生產組織方式，如何確立競爭優勢。其目的是為產品生產及時提供全套的、能取得令人滿意的技術經濟效果的技術文件，並盡量縮短開發週期，降低開發費用。

2. 生產與運作系統（設計）構建管理

生產與運作系統（設計）構建管理包括設施選擇、生產規模與技術層次決策、設施建設、設備選擇與購置、生產與運作系統總平面布置、車間及工作地布置等。其目的是為了以最快的速度、最少的投資建立起最適宜企業的生產系統主體框架。

3. 生產與運作系統的運行管理

生產與運作系統的運行管理是指對生產與運作系統的正常運行進行計劃、組織和控制。其目的是按技術文件和市場需求，充分利用企業資源條件，實現高效、優質、安全、低成本生產，最大限度地滿足市場銷售和企業盈利的要求。生產與運作系統的運行管理包括三方面內容：計劃編製，如編製生產計劃和生產作業計劃；計劃組織，如組織製造資源，保證計劃的實施；計劃控制，如以計劃為標準，控制實際生產進度和庫存。

4. 生產與運作系統的維護與改進

生產與運作系統只有通過正確的維護和不斷的改進，才能適應市場的變化。生產與運作系統的維護與改進包括設備管理與可靠性、生產現場和生產組織方式的改進。生產與運作系統運行的計劃、組織和控制，最終都要落實到生產現場。因此，要加強生產現場的協調與組織，使生產現場做到安全、文明生產。生產現場管理是生產與運作管理的基礎和落腳點。加強生產現場管理，可以消除無效勞動和浪費，排除不適應生產活動的異常現象和不合理現象，使生產與運作過程的各要素更加協調，不斷提高勞動生產率和經濟效益。

三、生產與運作管理的目標

生產與運作管理的目標是：高效、低耗、靈活、清潔、準時地生產合格產品或提供滿意服務。高效是相對時間而言的，指能夠迅速地滿足用戶的需要，在當前激烈的市場競爭條件下，誰的訂貨提前期短，誰就更可能爭取用戶。低耗是指生產同樣數量和質量的產品，人力、物力和財力的消耗最少。低耗才能低成本，低成本才有低價格，低價格才能爭取用戶。靈活是指能很快地適應市場的變化，生產不同的品種和開發新品種或提供不同的服務和開發新的服務。清潔是指對環境沒有污染。準時是在用戶要求的時間、數量內，提供所需的產品和服務。

第二節　生產與運作管理的地位和作用

一、生產與運作管理的地位

生產與運作管理是對企業生產活動的管理，主要解決企業內部的人、財、物等各種資源的最佳結合問題。生產與運作管理是把企業的經營目標，通過產品的製造過程轉化成為現實。然而，在市場經濟條件下，尤其是生產製造技術飛速發展的今天，現代生產與運作管理同傳統生產與運作管理相比，無論從內容上，還是管理方式上都得到了充實、發展與完善，形成了新的特點。

生產與運作管理在企業管理中的地位，首先表現為生產與運作管理是企業管理的一部分。從企業管理系統分層來看，生產與運作管理處於經營決策（領導層：上層）

之下的管理層（中層）。它們之間是決策和執行的關係。生產與運作管理在企業管理中起保證作用，處於執行的地位。其次，生產與運作管理活動是企業管理一切活動的基礎。對生產活動管理不好，企業就很難按品種、質量、數量、期限和價格向社會提供產品，滿足用戶要求，增強企業自身的競爭力。在這種情況下，企業就無法實現其經營目標。因此，在市場經濟條件下，企業在重視經營管理的同時，絕不能放鬆生產與運作管理。相反，應更重視它，使經濟效益的提高建立在可靠的基礎之上。

二、生產運作管理與其他職能管理的關係

生產運作管理與其他職能管理的關係歸納如下：

（一）生產與運作職能是企業管理三大基本職能之一

企業管理有三大基本職能：運作、理財和營銷。運作就是創造社會所需要的產品和服務。把運作活動組織好，對提高企業的經濟效益有很大作用。理財就是為企業籌措資金並合理地運用資金。只要進入的資金多於流出的資金，企業的財富就會不斷增加。營銷就是要發現與發掘顧客的需求，讓顧客瞭解企業的產品和服務，並將這些產品和服務送到顧客手中。無論是製造業企業還是服務型企業，生產與運作活動是企業的基本活動之一。生產與運作管理是企業管理的一項基本職能。

（二）生產與運作管理和市場營銷的關係

生產與運作管理和市場營銷是處在同一管理層次上，相對獨立，又有著十分緊密的協作關係。生產與運作管理為營銷部門提供滿足市場消費、適銷對路的產品和服務。搞好生產與運作管理對開展營銷管理工作、提高產品的市場佔有率和增強企業活力有著重要的意義。所以說，生產與運作管理對市場營銷起保障作用。同時，市場營銷為生產提供市場信息，是生產與運作管理的產品價值實現的保證。

（三）生產與運作管理和財務管理的關係

生產與運作管理和財務管理也是處在同一管理層次上。彼此之間既獨立又有聯繫。企業的生產與運作活動是伴隨著資金運動同時進行的。財務管理是以資金運動為對象，利用價值形式進行的綜合性管理工作。企業為進行生產與運作活動通過借貸、籌集等方式獲得資金。資金先以貨幣資金形式存在於企業，當企業採購生產所需的原材料、燃料等實物後，轉化為儲備資金；在生產過程中，儲備資金又轉化為生產資金；當轉化過程結束後，原材料加工成為成品，生產資金轉化為成品資金；產品在市場銷售後，其價值得以實現，成品資金轉化為貨幣資金。

在上述資金運動過程中，資金流動與實物流動是交織在一起的。資金流動對實物流動起著核算、監督和控制的作用。從財務管理的角度看，企業財務管理系統既要為生產與運作活動所需的物資及技術改造、設備更新等提供足夠的資金，又要控制生產與運作中所需的費用，加快資金週轉，提高資金利用效率。

從生產的角度來看，生產與運作管理所追求的高效率、高質量、低成本和交貨期，又可以在各方面降低消耗，節約資金，提高資金利用效率，增加企業經濟效益。

（四）生產與運作管理和企業管理系統的關係

企業管理的目的是要在充分發揮市場營銷、生產與運作和財務管理等職能作用的基礎上，實現企業系統的整體優化，創造最佳經濟效益。在企業管理系統中，三大職能互相影響、互相制約。如果企業營銷體系不健全、營銷政策不完整、銷售渠道不暢，

即使企業擁有競爭力很強的產品，也難將產品銷售出去，更談不上取得市場地位、獲得競爭優勢。如果企業生產與運作系統設計不合理，產品質量不能保證，那麼這樣的產品就是有再完善的營銷體系也很難將產品銷售出去。假如企業上述兩項都不錯，但財務管理系統較弱，資金籌措和資金運作能力很低，企業最終也會因為沒有足夠的資金支持和資金使用效率低，而不能在市場競爭中把企業做大做強。因此，對於企業這樣一個完整的有機系統，提高企業管理水平必須以系統的觀點，從系統的角度全面提高企業的管理水平。

三、生產與運作管理的作用

（一）生產與運作是企業價值鏈的主要環節

從人類社會經濟發展的角度來看，關於物質產品的生產製造，除了天然合成（如糧食生產）之外，人類能動地創造財富是最主要的活動。工業生產製造直接決定著人們的衣食住行方式，也直接影響著農業、礦業等社會其他產業技術裝備的能力。在今天，隨著生產規模的不斷擴大、產品和生產技術的日益複雜、市場交換活動的日益活躍，一系列連接生產活動的中間媒介活動變得越來越重要。因此，與工業生產密切相關的金融業、保險業、對外貿易業、房地產業、倉儲運輸業、技術服務業和信息業等服務行業，在現代社會生活中所占的比重越來越大，在人類創造財富的整個過程中起著越來越重要的作用，是人類創造財富的必要環節。而作為構成社會基本單位的企業，其生產與運作活動是人類最主要的生產活動，也是企業創造價值、服務社會和獲取利潤的主要環節。

（二）生產與運作管理是企業市場鏈的主要活動

企業生產經營可以說有五大活動：財務、技術、生產、營銷和人力資源管理。這五大活動組成有機聯繫的一個循環往復的過程，如圖1-3所示。企業為了實現自己的經營目的，首先要制定一個經營方針，決定經營什麼、生產什麼；其次需要準備資金，即進行財務活動；再次需要研製和設計產品，即進行技術活動；最後，設計完成後，需要購買物料和加工製造，即進行生產活動；產品生產出來以後，需要通過銷售使價值得以實現，即進行營銷活動；對銷售以後得到的收入進行分配，其中一部分作為下一輪的生產資金，又一個循環開始。而能使這一切運轉的，是人力資源管理活動。

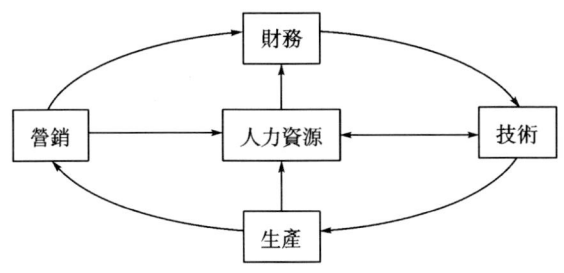

圖1-3　企業經營的活動過程

企業為了達到自己的經營目的，以上五大活動缺一不可。例如，沒有資金，生產活動就無法開始，也就談不上創造價值；又如，生產出來的有價值的產品，如果銷售不出去，價值也就無從實現。而其中生產活動（包括技術活動在內）的重要意義在於，

它是真正的價值創造過程，是產生企業利潤的源泉。

（三）生產與運作管理是構成企業核心競爭力的關鍵內容

在市場競爭條件下，企業競爭到底靠什麼？不同的企業有各自不同的戰略和各自不同的成功經驗。歸納起來，最終都體現在企業所提供的產品上，體現在產品的質量、價格和適時性上。哪個企業的產品質量好，價格低，又能及時推出，就能在競爭中取勝。一個企業也許面臨許多問題，如體制問題，資金問題，設備問題，技術問題，生產問題，銷售問題，人員管理問題，企業和政府、銀行、股東的關係問題等。任何一個方面的問題，都可能影響整個企業的正常生產和經營。但消費者和用戶只關心企業所提供的產品對他們的效用。因此，企業之間的競爭實際上是企業產品之間的競爭，而企業產品的競爭力，在很大程度上取決於企業生產與運作管理的績效，即如何保證質量、降低成本和把握時間。

從這個意義上來說，生產與運作管理是企業競爭力的真正源泉。在市場需求日益多樣化、顧客要求越來越高的情況下，如何適時、適量地提供高質量、低價格的產品，是現代企業經營管理領域中最富有挑戰性的內容之一。在20世紀80年代，美國工商企業界的高層管理者們曾經把興趣更多地偏重於資本營運、營銷手段的開發等，而對集中了企業絕大部分財力、設備、人力資源的生產系統缺乏應有的重視，其結果導致整個生產活動與市場競爭的要求相距越來越遠。而后起的日本企業，則正是靠它們卓有成效的生產與運作管理技術和方法，使其產品風靡全球，不斷提高其全球競爭力。尤其日美汽車工業之間的競爭和成敗是這方面的一個最好例子。在今天，絕大多數企業已經意識到了生產與運作管理對企業競爭力的重要意義，開始重新審視生產與運作管理在整個企業經營管理中的地位和作用，大力通過信息技術的應用等手段來加強生產與運作管理。今天的中國企業實際上也面臨類似的問題。西方國家的經驗教訓值得我們借鑑。

第三節　生產與運作管理的發展歷程

一、生產與運作管理的產生

工廠制度剛出現時期，經濟學家亞當·斯密在1776年撰寫的《國富論》一書中，最早注意到了生產經濟學。他揭示出勞動分工的三個基本優點：重複完成單項作業會使技能的熟練程度得到提高；通常由於工作變換而浪費時間；當人們在一定範圍內努力使作業專門化時，通常會發明出機器。在工廠制度下，由於大量生產需要集中大量的人員，因此協作的方法是有效的，勞動分工作為一個具有普遍意義的方法發展起來。亞當·斯密觀察到這個現象，注意到了它三方面的優點，並把它寫進了《國富論》。《國富論》是生產經濟學發展中的一個里程碑。生產與運作管理這門學科，從完全敘述的階段，發展到了應用科學的階段。

在亞當·斯密之後，英國人查爾斯·巴貝奇擴大了斯密的觀察範圍，提出了許多關於生產組織和經濟學的啓發性觀點。他的思想在1832年所寫的《論機器和製造業的經濟》一書中體現出來。巴貝奇同意亞當·斯密關於勞動分工的三方面優點，但是他注意到亞當·斯密忽略了一個重要的優點。例如，巴貝奇引用了那個時候制針業的調

查結果，專業化分工導致制針業有七個基本操作工序：①拉線；②直線；③削尖；④切斷頂部；⑤作尖；⑥鍍錫或鍍白；⑦包裝。巴貝奇在注意到這些不同工序的工資等級不同所付費用後，便指出，如果工廠按照每個人完成全部工序來重新組織的話，就要對這些人按全部工序要求的最難的或者最好的技巧來支付工資。實行勞動分工就可以按每種技巧恰好所需要的數量來雇傭勞動力。因此，除了亞當·斯密提出的生產率方面的優點以外，巴貝奇還認識到對技巧設定界限並將其作為支付報酬依據的原則。在亞當·斯密和查爾斯·巴貝奇考察之後的年代裡，勞動分工繼續發展，並且在20世紀前半葉裡發展更快了。弗雷德里克·W. 泰羅為生產與運作管理的發展做出了巨大的貢獻。泰羅認為：科學的方法能夠而且也應當應用於解決各種管理中的難題，完成工作所用的方法應當由企業的管理部門通過科學的調查研究來決定。他列舉出管理部門的四條新職責，概述如下：

（1）研究一個人工作的各個組成部分，以替代憑經驗的傳統做法；

（2）對員工進行科學的選拔、培訓和提高，以代替允許員工選擇自己的工作和盡他自己的能力來鍛煉自己的傳統做法；

（3）在員工和管理部門之間發展誠心合作的精神，以保證工作在科學的設計程序下開展；

（4）員工和管理部門幾乎按均等的份額進行工作分工，各自承擔最合適的工作，以代替過去員工負擔絕大部分工作和責任的狀況。

這四條職責使人們對管理組織有了更多的認識。它們幾乎完全是現代組織實踐的基本組成部分，並在工程方法與勞動測量領域中得到了發展。泰羅還做了許多著名的開創性實驗。這些實驗涉及各個領域，包括基層生產組織、工資付酬理論，以及諸如當時鋼鐵工業部門中常有的金屬加工、生鐵搬運和鏟掘作業的基本步驟的制定。

在很長的一段時期裡，泰羅的基本觀點很少變化。他所設想的本來意義上的生產管理科學發展極為緩慢。發展緩慢的原因有很多，如還沒有可以運用的、合適的知識與工具，而且必須糾正泰羅以後一段時期內的濫用情況。多年來，人們試圖打破這種僵局，用單一的數字代表人們的產量或系統化產量。可見，這個方法不適用於這種情況。在泰羅以後的時期中，困擾著人們的另一個重大難題是：大規模問題的複雜性出現了。任何問題的所有可變因素似乎完全是相互依存的。今天，由於統計和概率論被普遍認識並日益應用於生產，以及計算機的運用，因此與以往相比，現在的生產系統模型更加接近於現實了。

二、生產與運作管理的發展

生產與運作管理的發展分為四個階段：19世紀末以前的早期管理思想階段；19世紀末到20世紀30年代以泰羅科學管理和法約爾一般管理思想為代表的古典管理思想階段；20世紀30年代到20世紀40年代中期以梅奧的人際關係理論和巴納德的組織理論為代表的中期管理思想階段；20世紀40年代中期後以一系列管理學派（管理科學派、行為科學派系統管理學派等）為代表的現代管理思想階段。其中一個重大的發展就是引用了線性規劃，因為計算機的發展使大規模線性規劃問題的解決成為可能。計算機技術推動了生產與運作管理的發展，如生產方式的變更、自動化的實現。運作管理發展演進的重大事件如表1-3所示。

表 1-3　　　　19 世紀以來運作管理發展演進的重大事件

年份	概念和方法	發源地
1917	科學管理原理、標準時間研究和工作研究	美國
1931	工業心理學	美國
1927—1933	流水裝配線	美國
1934	作業計劃圖（甘特圖）	美國
1940	庫存控制中的經濟批量模型	美國
1947	抽樣檢驗和統計圖技術在質量控制中的應用	美國
1950—1960	霍桑試驗、人際關係學說	美國
	工作抽樣分析	英國
	處理複雜系統問題的多種訓練小組方法	英國
1970	線性規劃中的單純形解法	美國
1980	運籌學快速發展，如模擬技術、排隊論、決策論、計算機技術	美國和歐洲
1990	車間計劃、庫存控制、工廠布置、預測和項目管理、MRP 和 MRP Ⅱ 等	美國和歐洲
	JIT、TQC、工廠自動化（CIM、FMS、CAD、CAM、機器人等）	美國、日本和歐洲
	TQM 普及化、各國推行 ISO9000、流程再造（BPR）、企業資源計劃（ERP）、並行工程（CE）、敏捷製造（AM）、精益生產（LP）、電子商務、因特網、供應鏈管理	美國、日本和歐洲

第四節　現代生產與運作管理的特徵

一、傳統生產管理模式及其弊端

　　20 世紀 20 年代開始出現了「第一次生產方式革命」，即單一品種（少品種）大批量生產方式替代手工單件製造生產方式，但隨后代之的是「多品種、小批量生產方式」，即「第二次生產方式革命」。中國傳統的生產管理模式，是在 20 世紀 50 年代學習蘇聯的基礎上創立發展起來的，與單一品種（少品種）大批量生產方式相適應的，以產品為中心組織生產，使得整個經濟處於投入多、產出少、消耗高、效益低的粗放型發展狀態的，形成生產單一產品的大而全、小而全的工業生產體系。從而可以看出，中國傳統的生產管理模式是以產品為中心組織生產，以生產調度為中心控制整個生產，與單一品種大批量生產方式相適應的生產管理模式。

　　與現代企業的生產與運作管理相比，中國企業傳統的生產管理模式存在著以下的一些弊端：

　　1. 企業生產缺乏柔性，對市場的反應能力低

　　所謂「柔性」，就是加工製造的靈活性、可變性和可調節性。現代企業的生產組織必須適應市場需求的多變性，要求在短時期內，以最少的資源消耗，從一種產品的生產轉換為另一種產品的生產。但傳統生產管理模式是以產品為單位編製生產計劃的。投入產品與調整產品對整個計劃的影響較大，再加上企業生產的信息反饋比較慢，下

月初才有上月末的生產統計資料，無法實現動態調整，生產嚴重滯后，導致生產系統速度慢。

2. 企業的「多動力源的推進方式」使庫存大量增加

所謂「多動力源的推進方式」，是指各個零部件生產階段，各自都以自己的生產能力、生產速度生產，而后推到下一個階級，由此逐級下推形成「串聯」，平行下推形成「並聯」，直到最后的總裝配，構成了多級驅動的推進方式。由於生產是「多動力源」的多級驅動，加上沒有嚴格有效的計劃控制和全廠同步化均衡生產的協調，因此各生產階段的產量必然會形成「長線」和「短線」。長線零部件「宣洩不暢」進入庫存，增加庫存量，而短線零部件影響配套裝配，形成短缺件。然后，當「長線」越長，「短線」越短時，各種庫存不但不能起到協調生產，保證生產連續性的作用，反而適得其反，造成在製品積壓，流動資金週轉慢，生產週期長，給產品的質量管理、成本管理、勞動生產率，以及對市場的反應能力等方面帶來極其不利的影響。

3. 單一產品的大而全、小而全生產結構

現代化大生產是充分利用發達的社會分工和協作，組成專業化和多樣化相結合的整機廠和專業化的零部件廠。然而，隨著時代的變遷、科學技術的不斷進步和人們生活條件的不斷改善，消費者的價值觀念變化很快，消費需求多樣化，從而引起產品的壽命週期相應縮短。為適應市場需求環境的變化，必須使多品種、中小批量混合生產成為企業生產方式的主流。長期以來，中國大而全、小而全生產結構方式，不僅是一種排斥了規模經濟效益的、效率低下的生產方式，而且也排斥多樣化經營。靠增加批量降低成本生產，這樣非常不利於企業分散風險，提高效益，順利成長。

4. 企業生產計劃與作業計劃相脫節，計劃控制力弱

傳統生產管理模式在生產計劃的編製過程中，是以產品為單位進行的，但又由於各生產階段內部的「物流」和「信息流」是以零件為單位的，因此，作為廠一級的生產計劃只能以產品為單位，下達到各生產階段，即有關車間，而不能下達到生產車間內部。生產車間內部則根據廠級生產計劃，以零件為單位自行編製本車間的生產作業計劃。由於各生產車間的工藝、對象和生產作業計劃的特殊性和獨立性，因此各生產車間的產量進度不盡相同。而廠級計劃是以產品為單位編製的，對各車間以零件為單位的生產作業計劃不能起到控製作用。

二、傳統生產管理模式更新的內容

雖然面對著嚴峻的挑戰和嚴酷的現實，但是中國企業應該清楚地看到，這也是一次很好的契機。如果能抓住這個機遇，徹底改變傳統的生產管理觀念，採用先進的生產方式，構造適合中國國情的新的生產與運作管理模式，「跳躍」過「第一次生產方式革命」的階段，直接迎接「第二次生產方式革命」的挑戰，那麼，中國企業必然會發生翻天覆地的根本性變化，帶動整個國民經濟的騰飛。因此，更新中國傳統的生產管理模式，對促進中國企業生產與運作管理以及社會經濟的發展，有著十分重要的意義。

1. 在生產方式上，從粗放式生產轉變為精益生產

按照精益生產的要求，企業圍繞市場需求來組織生產，其具體形式是拉動式生產。企業的生產以市場需求為依據，準時地組織各環節的生產，一環拉動一環，消除整個生產過程中的一切松弛點，從而最大限度地提高生產過程的有效性和經濟性，盡善盡

美地滿足用戶需求。拉動式生產徹底地改變了過去那種各環節都按自己的計劃組織生產，靠大量的在製品儲備保任務、保均衡的做法，使社會需要的產品以最快的速度生產出來，減少儲存，最終做到生產與市場需求同步。

2. 在生產組織方面，「以產品為中心」組織生產轉變為「以零件為中心」組織生產

「以產品為中心」組織生產，是指在整個企業生產過程中，各生產階段之間的「物流」和「信息流」都是以產品為單位流動和傳遞的，各生產階段內的「物流」和「信息流」則是以零件為單位流動和傳遞的。儘管生產一個產品，要把一個個零件設計出來，再把一個個零件加工出來，即實際工作是以零件為單位進行的，但是它並不能改變整個生產過程以產品為單位的特性。也因為各生產階段內部的單位口徑不一致，產生了傳統生產管理模式的特性。現代生產管理要求「以零件為中心」組織生產，即整個生產過程中，工藝設計、計劃編製、生產組織實施等各個環節，都以零件為單位組織安排。不僅在生產階段內部「物流」和「信息流」的傳遞是以零件為單位的，而且在各階段之間的「物流」和「信息流」也是如此。這樣可使生產計劃與生產作業計劃成為「一攬子」計劃，克服了「以產品為中心」方式因其單位口徑不一致造成的「物流」和「信息流」的割裂和脫節，使得生產計劃和生產作業計劃之間的信息傳遞無障礙，從而使各生產階段之間及其內部的「物流」和「信息流」都能受控於統一的控制中心，即整個生產過程受到嚴格、有序的控制。

3. 生產與運作管理手段，由手工管理轉變為計算機管理

管理現代化的目標之一是手段的計算機化、辦公自動化。目前，大多數企業處於從手工管理向計算機化管理的過渡時期，計算機還處於局部運用當中。比如：人事檔案、勞動工資、材料庫存和成本管理等單項管理。在市場預測、決策、生產計劃、生產作業計劃的編製和控制、產品設計、工藝工裝和產品的生產製造等方面，仍然沒有普遍採用計算機輔助設計（CAD）、計算機輔助工藝過程設計（CAPP）計算機輔助製造（CAM）、製造資源計劃（MRPⅡ）、成組技術（GT）和柔性製造技術（FMS）技術等計算機管理的方法。

最近發展起來的計算機集成製造系統（CIMS）技術，使企業的經營計劃、產品開發、產品設計、生產製造以及營銷等一系列活動有可能構成一個完整的有機系統，從而更加靈活地適應市場環境變化。計算機技術具有巨大的潛力，其應用和普及將給企業帶來巨大的效益。但是，這種技術的巨大潛力在傳統的管理體制和管理模式下是無法充分發揮的，必須建立能夠與之相適應的生產經營綜合管理體制與模式，並進一步朝著經營與生產一體化、製造與管理一體化的高度集成方向發展。

4. 在生產品種方面，由少品種、大批量轉變為多品種、小批量生產

中國傳統生產管理模式是「以產品為中心」組織生產，「以調度為中心」控制進度的管理方式，是與少品種大批量生產方式相適應的。但是發展到今天，一方面，在市場需求多樣化面前，這種生產方式逐漸顯露出其缺乏柔性，不能靈活適應市場需求變化的弱點；另一方面，飛速發展的電子技術、自動化技術和計算機技術等，使生產工藝技術以及生產方式的靈活轉換成為可能。而當今的企業必須面向用戶，適應市場，並依據市場和用戶的需求變化不斷地優化產品結構，最大限度地滿足用戶對產品品種、質量、價格與服務的需求，這也是市場經濟高度發展的客觀要求。可以肯定地說，多

品種、小批量生產將越來越成為主流。

5. 在管理制度上，由非制度化、非程序化、非標準化轉變為制度化、程序化和標準化

中國企業的基礎管理工作是一個薄弱環節。非制度化、非程序化和非標準化成為中國傳統生產管理模式的特徵之一。它反應在管理業務、管理方法、生產操作、生產過程、報表文件、數據資料等各個方面，特別是在生產現場，生產無序，管理混亂，「跑、冒、滴、漏」以及「臟、亂、差」等現象比比皆是。生產與運作管理的制度化、程序化和標準化是科學管理的基礎。現代生產與運作管理要求管理科學化。在管理工作中，要完全按照各種規章制度、作業標準、條例等執行，一切都做到有據可依，有章可循，按制度辦事，按作業標準操作，按程序管理。

三、現代生產與運作管理的特徵

現代生產與運作管理的概念及內容與傳統的生產與運作管理已有很大不同。隨著現代企業經營規模的不斷擴大，產品的生產過程和各種服務的提供過程日趨複雜。市場環境不斷變化，生產與運作管理學本身也在不斷地發生變化，特別是信息技術突飛猛進的發展和普及，更為生產與運作管理增添了新的有力手段，也使生產與運作管理學的研究進入了一個新的階段，使其內容更加豐富、體系更加完整。企業環境變化促進了生產與運作管理的發展，為其注入了新的內容，從而形成現代生產與運作管理的一些新的特徵：

1. 現代生產與運作管理的範圍比傳統的生產與運作管理更寬

傳統的生產管理著眼於生產系統的內部，主要關注生產過程的計劃、組織和控制等。因此，它也被稱為製造管理。隨著社會經濟的發展和管理科學的發展，以及整個國民經濟中第三產業所占的比重越來越大，生產與運作管理的範圍已突破了傳統的製造業的生產過程和生產系統控制，擴大到了非製造業的運作過程和運作系統的設計上，從而形成對整個企業系統的管理。

2. 生產與運作管理與經營管理的聯繫更加緊密，並相互滲透

企業要想生存與發展就需要搞好企業經營管理。制定正確的經營決策是關鍵，而經營決策的實現意味著加強企業的生產與運作管理。這是因為產品質量、品種、成本、交貨期等生產與運作管理的指標結果直接地影響到了產品的市場競爭力。此外，為了更好地滿足市場需求，生產戰略已成為企業經營戰略的重要組成部分，同時生產系統的柔性化要求經營決策的產品研究與開發、設計與調整同步進行，以使生產系統運行的前提能夠得到滿足。由此可見，在現代生產與運作管理中，生產活動和經營活動，生產與運作管理和經營管理之間的聯繫越來越密切，並相互滲透，朝著一體化方向發展。

3. 多品種、小批量生產以及個性化服務將成為生產與運作方式的主流

由於市場需求不斷多樣化，大批量生產方式正逐漸喪失其優勢，而多品種、小批量生產方式將逐漸成為生產的主流。生產方式的這種轉變，使生產與運作管理面臨著多品種、小批量生產與降低成本之間相悖的新挑戰，從而給生產與運作管理帶來了從管理組織結構到管理方法上的一系列變化。

4. 計算機技術在生產與運作管理中得到廣泛運用

　　近20年來，計算機技術已經給企業的生產經營活動，以及包括生產與運作管理在內的企業管理帶來了驚人的變化，給企業帶來了巨大的效益。CAD、CAPP、CAM、MRPⅡ、GT、FMS和CIMS等技術的潛在效力，是傳統的生產管理無法比擬的。

　　總而言之，在技術進步日新月異、市場需求日趨多變的今天，企業的生產經營環境發生了很大的變化，給企業的生產與運作管理也帶來了許多新課題。這就要求我們從管理觀念、組織結構、系統設計、方法手段和人員管理等多方面進行探討和研究。

復習思考題

1. 何謂生產與運作管理？
2. 生產與運作管理在企業管理中的地位是什麼？
3. 生產與運作管理的任務是什麼？
4. 生產與運作管理的內容有哪些？
5. 生產與運作管理理論形成和發展的代表性人物有哪些？
6. 傳統生產管理模式的缺點有哪些？
7. 傳統生產管理模式更新的內容是什麼？
8. 現代生產與運作管理的特徵是什麼？

第二章
生產運作戰略

　　企業戰略是企業為求得長期生存與發展而對企業在戰略期內的發展方向和全局性問題的總體謀劃。企業要在複雜多變的環境中求得生存與發展，就必須制定科學合理的企業戰略。生產運作戰略則是在企業總體戰略、競爭戰略的指導和約束下的職能戰略之一，是企業戰略成功的基礎和保障。本章首先介紹了生產運作戰略的含義、內容、戰略框架及競爭重點，接著在分析企業外部環境和內部條件的基礎上，闡述了生產運作戰略制定和實施的具體步驟。

第一節　生產運作戰略概述

一、生產運作戰略的概念

(一) 戰略與企業戰略

　　戰略一詞最早來源於希臘語「Strategos」，其含義是「將軍指揮軍隊的藝術」，是一個軍事術語。在中國，「戰略」一詞先是「戰」與「略」分別使用，「戰」指戰鬥、戰爭，「略」指策略、計劃。《左傳》和《史記》中已使用「戰略」一詞。「戰略」一詞引入企業管理只有幾十年時間，最早出現在巴納德（C. I. Bernad）的著作《經理的職能》中，但應用並不廣泛。1965 年美國經濟學家安索夫（H. I. Ansoff）的著作《企業戰略論》的問世，標誌著「企業戰略」一詞開始廣泛應用。

1. 戰略的含義

　　關於「戰略」的含義，不同的學者從不同的角度給予了不同的表述。這裡介紹幾種代表性的觀點：

　　（1）錢德勒（Alfred. D. Chandler）：戰略是指決定企業的長期基本目標與目的，選擇企業達到這些目標所採取的途徑，並為實現目標而對企業重要資源進行分配。

　　（2）魁因（I. B. Quinn）：戰略是一種模式或計劃，是將一個組織的重要目的、政策與活動，按照一定的順序結合成一個緊密的整體。

　　（3）明茲博格（H. Mintzberg）：戰略可以從五個不同的方面定義，即計劃（Plan）、計謀（Ploy）、模式（Pattern）、定位（Position）、觀念（Perspective）。這五個方面的定義從不同的角度對戰略進行了闡述，有助於對戰略管理及其過程的深刻理解。

綜上所述，可以對戰略做如下解釋：戰略是組織對其發展目標、達成目標的途徑和手段等關乎全局的重大問題的籌劃和謀略。

把戰略的含義與不同領域相結合、運用，就形成不同領域的戰略，運用於企業就形成企業戰略，因此可以把企業戰略表述為，企業為不斷獲得競爭優勢，以實現企業的長期生存和發展而對其發展目標、達成目標的途徑和手段等重大問題的總體謀劃。

（二）企業戰略的層次劃分

一個企業的戰略為了與組織層次相適應，必須劃分為不同的層次。一般而言，企業戰略可以劃分成三個層次，如圖2-1所示：

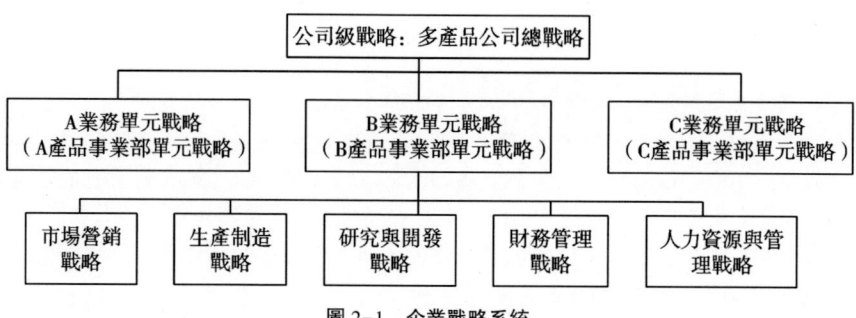

圖2-1　企業戰略系統

1. 公司戰略（Corporate Strategy）

這是企業的總體戰略，從總體上設定了企業的發展目標、實現目標的基本途徑。它側重於兩個方面的問題：一是選擇企業所從事的經營範圍和領域；二是在各事業部之間進行資源配置。一般企業的總體戰略有三種類型：增長型戰略、穩定型戰略、緊縮型戰略。

2. 業務戰略（Business Strategy）

業務戰略即企業的競爭戰略。它是企業的各個業務單位如何在公司戰略的指導下，通過自身所制定的業務戰略，取得超過競爭對手的競爭優勢。在這一層次中，競爭優勢的構成要素顯得尤為重要。按照哈佛商學院邁克爾·波特教授（M. E. Porter）的觀點，企業的競爭戰略包括：成本領先戰略、差異化戰略和集中化戰略。

3. 職能戰略（Functional Strategy）

它是主要職能部門以業務戰略為指導，分別制定的本部門的發展目標和總體規劃，其目的是公司戰略和競爭戰略的實現，職能戰略主要包括：生產運作戰略、市場戰略、財務戰略和人力資源戰略等。

公司戰略、業務戰略和職能戰略之間是相互作用、相互影響的。企業要獲得長期發展，必須實現三個層次戰略的有機結合。上一層次戰略構成下一層次戰略實施的戰略環境，下一層次戰略為上一層次戰略目標的實現提供支撐。

如果企業的規模較小，只從事單一業務，那麼此時企業的公司戰略和競爭戰略就處於同一層次，企業的戰略結構就劃分成兩個層次。

（三）生產運作戰略的概念

由上述可知，生產運作戰略屬於職能戰略中的一種，是企業戰略的重要組成部分。我們可以把它的概念簡單表述為：企業為了實現總體戰略而對生產運作系統的建立、

運行，以及如何通過生產運作系統來實現組織目標所做的總體規劃。它是在企業總體發展目標的指導下，具體規定企業在生產運作領域如何操作，以保證生產系統的有效性，生產運作活動的順利進行。

生產運作戰略處於企業戰略的第三層次，屬於職能戰略。因此，即使在同一企業總體戰略下，不同部門由於選擇的業務戰略不同，也必須制定與之相適應的生產運作戰略。

二、生產運作戰略的內容

生產運作戰略主要包括三個方面的內容：生產運作的總體戰略、產品或服務的設計與開發、生產運作系統的設計與維護。

（一）生產運作的總體戰略

企業生產運作的總體戰略包括以下三個方面內容：

1. 產品（服務）的選擇戰略

企業進行生產運作，首先要確定的是企業將以何種產品（服務）來滿足市場需求，實現企業發展。這就是產品（服務）選擇戰略所涉及的內容。企業產品（服務）選擇正確與否，可以決定一個企業的興衰存亡，必須對此予以高度重視。

企業向市場提供產品（服務），需要對各種設想進行充分論證，然后才能進行科學決策。此時通常要考慮以下幾個因素：

（1）市場條件。主要分析擬選擇產品（服務）行業所處的生命週期階段、市場供需的總體狀況及發展趨勢、企業開拓市場的資源及能力、企業在目標市場的地位和競爭能力預期等。

（2）企業內部的生產運作條件。主要分析企業的技術、設備水平，新產品的技術、工藝可行性，所需原材料和外購件的供應狀況等。

（3）財務條件。主要分析產品開發和生產所需的投資、預期收益和風險程度等財務衡量指標。此外，還要結合產品所處的生命週期來判斷產品對企業的貢獻前景。

（4）企業各部門工作目標上的差異性。由於企業內部各部門的職能劃分不同，在共同的企業總體戰略目標下，各部門工作目標的差異性也是客觀存在的。這種差異必然會對產品選擇產生影響，增加工作難度。例如，生產部門追求高效、低耗地完成生產，傾向於選擇生產成熟的、單一的產品；營銷部門追求產品組合的寬度和深度，以滿足消費者多樣化的需求，傾向於不斷推出新產品；財務部門則更青睞於銷售利潤高的產品。這些分歧的存在，從不同部門的角度考慮，都是為了企業的發展。這就需要企業在進行產品選擇時要綜合考慮、全面協調。

除以上幾個方面的因素，企業在產品（服務）選擇時還要兼顧社會效益、生態效益等因素。

2. 自制或外購戰略

企業進行新產品開發，建立或改進生產運作系統，都要首先做出自制或外購的決策。企業自制戰略有兩種選擇：一是完全自制，即建造完備的製造廠，購置相應的生產設備，進行組織生產所必需的人員招聘與配備，產品生產的各個環節都在本廠完成；第二種是裝配階段自制，即「外購+自制」戰略，對部分零部件採取外購的方式，企業建造一個總裝配廠，進行產品組裝。企業如果選擇外購戰略，就需要成立一個經銷公

司，為消費者提供相應的服務。

一般而言，對於產品工藝複雜、零部件繁多的生產企業，如果那些非關鍵、不涉及核心技術的零部件的外購價格合理、市場供應穩定，那麼企業會考慮外購或以外包的方式來實現供應。

3. 生產與運作方式的選擇戰略

企業在做出自製或外購的決策之後，就要從戰略的高度對企業的生產方式做出選擇。正確的生產與運作方式，可以幫助企業動態地適應快速變化的市場需求、日益激烈的市場競爭、日新月異的科技發展，使企業能適應甚至引導生產與運作方式的變革。可供企業選擇的生產與運作方式有許多種，這裡僅介紹兩種典型的生產方式：

（1）大批量、低成本。這種戰略適用於需求大、差異性小的產品或服務的提供。在這樣一個特定的市場上，企業採用低成本和大批量生產與運作的方式，就能夠獲得競爭優勢，特別是在居民消費水平普遍不高的國家（地區）。20世紀初的福特汽車公司首創的流水線生產方式，現在的Wal-Mart公司的低成本、大規模生產方式，都是這一戰略執行的典型代表。

（2）多品種、小批量。對於消費者的需求多樣化、個性化的產品或服務，就不宜採用大批量生產的方式，而更適合採用小批量的顧客定製方式。這種方式最早出現於20世紀80年代初。它兼有大批量生產的低成本優勢和單件小批量生產滿足消費者個性化需求的特點，是介於大批量生產與單件小批量生產與運作方式的一種中間狀態。當前，許多著名的企業，如豐田、惠普等公司，都採用這種生產與運作方式。

除以上兩種較傳統的生產與運作方式外，可供企業選擇的先進的生產方式還有敏捷製造、JIT、計算機集成製造等。我們將在第十三章中詳細介紹，此處不再贅述。

（二）產品開發與設計

企業在產品或服務選擇的基礎上，要對產品或服務進行設計，以確定其功能、型號和結構，進而選擇製造工藝，設計工藝流程。隨著現代科技的快速發展，產品生命週期總體上有縮短的趨勢，產品研發（R&D）的重要性日益彰顯。不斷推出新技術、新產品，成為企業保障生存與發展的重要條件。按照產品或服務開發與設計的發展方向，可將該戰略分為四類：

1. 技術領先者或技術追隨者

企業在進行產品或服務的開發與設計時可以通過自主研發來掌握新技術，也可以通過學習技術領先者的技術來開發、設計產品或服務。做技術領先者或追隨者是產品或服務設計的兩種不同選擇。對於製造業來說，做技術領先者需要不斷創新和大量的研發投入，因而風險較大，但一旦成功則可獲得較豐厚的回報，可以在競爭中處於領先地位；做技術追隨者主要是學習新技術，仿製別人的新產品，因而相對投入少、風險小，但相比技術領先者投資回報率低，並且容易在技術上受制於人。當然，通過努力學習，對別人的技術和產品進行改進，也有可能形成競爭優勢。

波特教授曾經將研究開發戰略與企業競爭戰略聯繫起來，通過研究得出結論：技術領先者和追隨者，在獲取成本領先優勢或差別化優勢方面各有特點。技術領先者是易於獲得競爭優勢的，但技術追隨者也可獲得優勢，如表2-1所示：

表 2-1　　　　　　　　　　　研究開發戰略與競爭優勢

競爭優勢	技術領先者	技術追隨者
成本領先	①優先設計出成本最低的產品或服務 ②優先獲得學習曲線效益 ③創造出完成價值鏈活動的低成本方式	①通過學習技術領先者的經驗，降低產品或服務成本和價值鏈活動費用 ②通過仿製減少研究開發費用
差別化	①優先生產出能增加買方價值的獨特產品 ②在其他活動中創新以增加買方價值	學習技術領先者的經驗，使產品或交貨系統更滿足買方的需要。

2. 自主開發或聯合開發

自主開發就是企業根據對市場的分析和預測，依靠自己的技術力量進行新技術、新產品的研究開發，從而開發出滿足消費者需求的產品。聯合開發則是指企業通過與合作夥伴或其他機構聯合開發新技術、新產品。自主開發對於企業規模大、R&D 能力強的行業領先者很有吸引力，而聯合開發則成為實力稍遜的企業的理性選擇。它們可以通過聯合實現資源聚合，實現聯合各方的共贏。此外，對於一些複雜的產品或技術，由於涉及的知識前沿，投入巨大，週期較長，聯合開發的適用性更強。

3. 外購技術或專利

如果企業沒有條件進行獨立研究開發、聯合開發，或者研發成本、風險過大時，就會考慮外購先進的技術或專利，借助企業外部的研發力量，增強企業自身的技術實力。企業通過購買大學或研究所等的研究成果，可以節約 R&D 投入，降低 R&D 風險，同時縮短產品開發與設計的週期。但要注意的是企業在購買或引進技術或專利後，要加以消化、吸收和創新，以形成特色。

4. 基礎研究或應用研究

基礎研究就是對某個領域的某種現象進行研究，但不能保證新的知識一定可以得到應用。基礎研究成果轉化為產品的時間較長，投資比較大，而且轉化為產品的風險很大。但是，一旦基礎研究的成果可以得到應用，就會對企業的發展發揮巨大作用。應用研究則是企業根據市場需求狀況選擇一個潛在的應用領域，有針對性地開展的研究活動。應用研究的實用性強，較容易轉化為現實生產力，但應用研究一般需要基礎理論的研究成果。例如空氣動力學的研究屬於基礎研究，而賽車車型的研究則屬於應用研究，因為它是要以空氣動力學為基礎的。

(三) 生產運作系統的設計與維護

生產運作系統的設計與維護是企業戰略管理的一項重要內容，也是企業戰略實施的重要步驟。生產運作系統的設計與維護主要有四個方面的內容：選址、設施布置、工作設計、考核與報酬。

三、生產運作戰略框架

生產運作戰略在整個企業戰略中處於職能戰略層。它在企業的經營活動中處於承上啟下的地位，承上是指生產運作戰略是對企業總體戰略、競爭戰略的具體化，啟下是指生產運作戰略作為生產運作系統的總體戰略，推動系統貫徹執行具體的實施計劃。因此，生產運作戰略不是一個孤立的單元，而是整個企業系統的有機組成部分，可以通過整個生產運作戰略框架對生產運作戰略進行橫向、縱向的系統分析。橫向體現生

產運作戰略與企業其他部門的聯繫，縱向體現生產運作戰略與顧客的聯繫，且該聯繫貫穿從產品設計、物料採購、加工製造，到市場銷售的整個流程，如圖2-2所示：

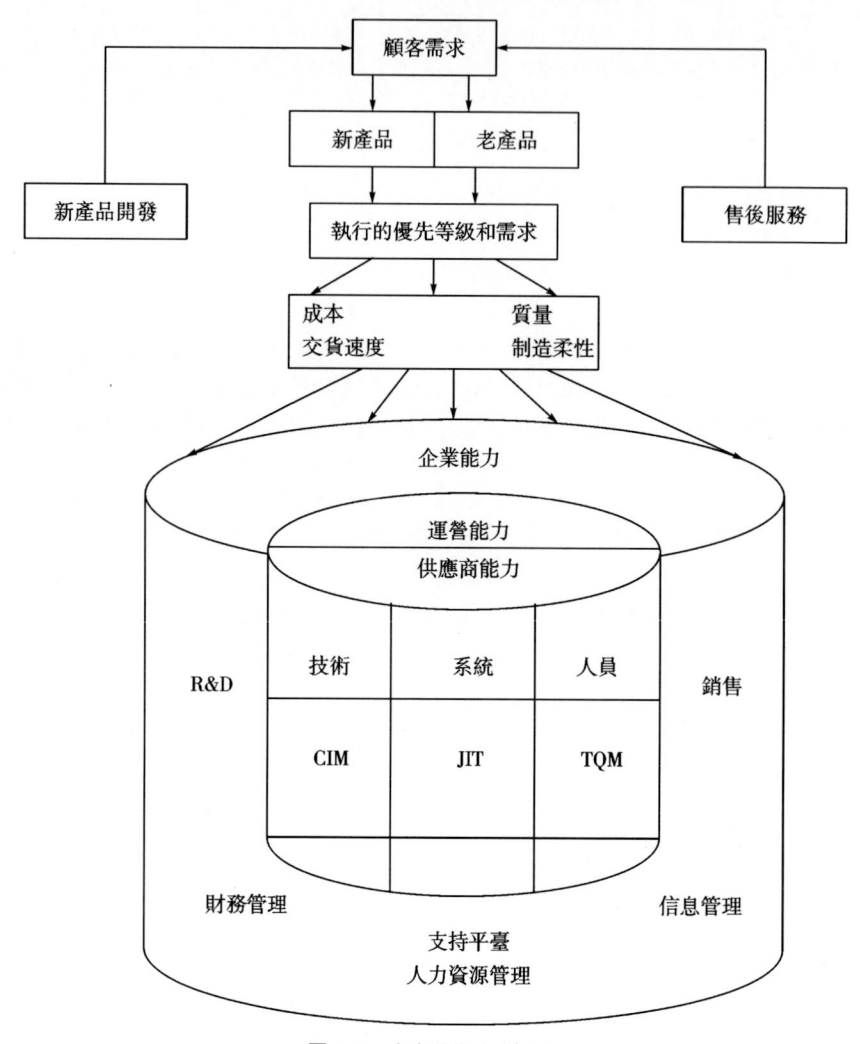

圖2-2　生產運作戰略框架

圖2-2體現了生產運作戰略將企業資源與市場需求有機聯繫。通過對框架圖的分析，可以明確這種聯繫是如何建立的。首先，確定顧客對新產品和現有產品的需求狀況，包括產品的質量、性能、價格和交貨期等，並確定它們的優先級別。然後，要明確企業生產運作的重點，並與顧客需求的優先級別一致。最后，生產部門動用所有的能力，努力實現生產以滿足顧客需求，贏得訂單。因此，生產運作戰略框架圖直觀地體現了從發現顧客需求到滿足顧客需求的生產運作流程。

需要解釋的要點如下：第一，生產部門的全部能力包括技術、系統和人員水平，圖中底部的內圈表示「生產能力桶」，所標示的CIM（計算機集成製造）、JIT（準時化生產）、TQM（全面質量管理）只是代表了在技術、系統和人員水平三方面需要用到的

概念和工具。第二，「生產能力桶」中包括了供應商，是為了表明供應商必須是在技術、系統和人力三方面都得到企業認可的協作者。如果某企業在這三方面得不到資格認證，那麼不會被選為供應商。第三，圖中的外圈是「企業能力桶」。圖中把產品的需求特性與「企業能力桶」聯繫起來，是因為顧客對產品的需求特性不僅與生產運作管理有關，也與企業 R&D、銷售等其他部門有關。第四，底部的支持平臺體現了企業財務管理、人力資源管理和信息管理等對企業生產運作的支持。正因為有了這樣的支持平臺，企業才能更好地滿足顧客需求。

四、生產運作戰略的特點

生產運作戰略在整個企業戰略體系中所處的地位，決定了它在企業經營中的特殊位置。它具有的基本特徵如下：

1. 從屬性

生產運作戰略雖然屬於戰略範疇，但是從屬於企業戰略的，是企業戰略的一個重要組成部分，必須服從企業戰略的總體要求，以從生產運作角度來保證企業總體戰略目標的實現。

2. 支撐性

生產運作戰略作為企業重要的職能戰略之一，從生產運作角度來支撐企業總體戰略目標的實現，為企業戰略的有效實施提供基礎保障。

3. 協調性

生產運作戰略要和企業總體戰略、競爭戰略保持高度協調。生產運作戰略要與企業其他職能部門的戰略相協調。一方面，生產運作戰略不能脫離其他職能戰略而自我實現；另一方面，它又是其他職能戰略實現的必要保證。生產運作系統內部的各要素之間也要協調一致，使生產運作系統的結構形式和運行機制相匹配。

4. 競爭性

生產運作戰略制定的目的就是通過構造卓越的生產運作系統來為企業獲得競爭優勢做貢獻，從而使企業能在激烈的市場競爭中發展壯大，在與競爭對手爭奪市場和資源的過程中佔有優勢。

5. 風險性

生產運作戰略的制定需要面向未來的活動，要對未來幾年的企業外部環境及企業內部條件變化做出預測。由於未來環境及企業條件變化的不確定性，因此戰略的制定及實施具有一定的風險性。

五、生產運作戰略的競爭重點

生產運作戰略強調生產運作系統是企業的競爭之本。只有具備了生產運作系統的競爭優勢，才能贏得產品的優勢，才會有企業的優勢，因此，運作戰略理論是以競爭優勢的獲取為基礎的。在多數行業中，影響競爭力的因素主要是TQCF，具體解釋如下：

1. 交貨期（Time）

交貨期旨在比競爭對手更快捷地回應顧客的需求，體現在新產品的推出、交貨期等方面。交貨期是企業參與市場競爭的又一重要因素。對交貨期的要求具體可表現在兩個方面：快速交貨和按約交貨。快速交貨是指向市場快速提供企業產品的能力，這

對企業爭取訂單的意義重大；按約交貨是指按照合同的約定按時交貨的能力，這對顧客滿意度有重要影響。影響交貨能力的因素也很多，諸如：採購與供應、企業研發柔性和設備管理等。

2. 質量（Quality）

質量是指產品的質量和可靠性，主要依靠顧客的滿意度來體現。我們所講的質量是指全面的質量，既包括產品本身的質量，也包括生產過程的質量。也就是說，一方面，企業要以滿足顧客需求為目標，建立適當的產品質量標準，設計、生產消費者所期望的產品；另一方面，生產過程質量應以產品質量零缺陷為目標，以保證產品的可靠性，提高顧客的滿意度。此外，良好的物資採購與供應控制、包裝運輸和使用的便利性以及售後服務等對質量也有很大影響。

3. 成本（Cost）

成本，包括生產成本、製造成本、流通成本和使用成本等諸項之和。降低成本對提高企業產品的競爭能力、增強生產運作對市場的應變能力和抵禦市場風險的能力具有十分重要的意義。企業降低成本、提高效益的措施很多，諸如：優化產品設計與流程設計、降低單位產品的材料及能源消耗、降低設備故障率、提高質量、縮短生產運作週期、提高產能利用率和減少庫存等。

4. 製造柔性（Fragility）

製造柔性是指企業面臨市場機遇時在組織和生產方面體現出來的快速而又低成本地滿足市場需求，反應了企業生產運作系統對外部環境做出反應的能力。隨著市場需求的日益個性化、多元化趨勢，多品種、小批量生產成為與此需求特徵相匹配的方式。因此，增強製造柔性已成為企業形成競爭優勢的重要因素。關鍵柔性主要包括產品產量柔性、新產品開發及投產柔性和產品組合柔性等，由此又涉及生產運作系統的設備柔性、人員柔性和能力柔性等，甚至對供應商也會提出相應的要求。

在理解 TQCF 時要明確：企業要想在 TQCF 四個競爭要素方面同時優於競爭對手而形成競爭優勢是不太現實的。企業必須從具體情況出發，集中企業的主要資源，形成自己的競爭優勢。特別是當 TQCF 發生衝突時，就產生了多目標平衡問題，需要對此進行認真分析、動態協調。

六、新時期企業生產運作戰略

美國波士頓大學開展的「全球生產發展前景研究」國際合作項目的調查資料（MFS）揭示了生產運作戰略在新時期發展變化的一些動向，如表 2-2 所示：

表 2-2　　　　　　　　　　生產運作戰略的發展動向

國家（地區）劃分	發展動向
工業發達的國家與地區 （競爭活躍）	①由高質量、高功能變為強調交貨 ②由強調系統軟性、硬性構成要素變為強調軟性要素 ③生產運作管理由強調內向變為強調外向
工業次發達的國家與地區 （競爭次活躍）	①優先強調質量，其次強調交貨 ②生產運作管理強調內向 ③開始注意以人為導向，關注外向與軟性要素

表 2-2 涉及兩類不同的國家與地區生產運作戰略的發展動向：一是以歐、美、日本為代表的競爭活躍國家和地區的企業，其生產運作戰略的發展體現如下趨勢：①以高質量、高功能獲得競爭優勢的傳統競爭手段正在弱化，快速交貨能力成為衡量企業競爭能力大小的重要因素。②依託先進的製造技術進行大規模投資是取得競爭優勢的保證的傳統認識正在發生轉變，技術的作用日益下降，開始重點強調管理的軟技術（基於人力資源導向的管理），跨部門合作以及跨業務、跨部門的信息集成與信息支持。③生產運作管理的職能與範圍發生了深刻的變化，開始強調顧客創造價值為導向，並將供應商與顧客納入生產運作管理的範疇。二是以韓國、澳大利亞、臺灣為代表的競爭次活躍的國家與地區的企業仍將質量作為企業競爭優勢的第一要素，而將交貨能力作為第二要素。

第二節　生產運作戰略的制定與實施

一、生產運作戰略的制定程序

由於生產運作戰略是職能戰略之一，因此它必須在企業總體戰略、競爭戰略制定之后才能制定。一般而言，生產與運作戰略的制定程序如下：

（1）編製戰略任務說明書。說明書應包括生產運作戰略的目的、意義、任務、內容、程序以及注意事項等內容。企業的規模不同，任務說明書的詳略也不同。

（2）進行環境分析。這是企業在制定戰略時必須首先做的工作，包括外部環境和企業內部條件分析。通過外部環境的分析發現企業面臨的機會與威脅，通過內部條件的分析總結出企業的優勢和劣勢。此外，還要對企業制定的總體戰略、競爭戰略進行系統分析。

（3）制定戰略目標。根據企業的戰略使命、總體戰略目標和競爭戰略目標，在環境分析的基礎上，進一步確定企業生產運作戰略的戰略目標。目標具體包括產能利用目標、質量目標、產量目標和物資消耗目標等。

（4）評價戰略目標。為保證生產運作戰略目標的科學性，對企業確定的生產運作戰略目標要進行全面的綜合評價。可以根據企業的生產運作實際情況進行評價，運用定性、定量的方法進行分析。

（5）提出備選方案。在環境分析的基礎上，根據企業生產運作戰略目標擬定出備選的生產運作戰略方案。備選方案的數量由企業規模、實力及企業的性質決定。同時，備選方案之間應體現出差異性。

（6）選擇戰略方案。對企業擬定的備選方案從成本、收益、風險及它們對企業長期競爭優勢的影響等方面進行全面評估，綜合運用定性、定量分析的方法，以形成對備選方案的綜合評價，並將其作為企業選擇生產運作戰略的依據。

（7）組織實施。為了更好地實施生產運作戰略，應根據選定的戰略方案制訂具體的實施計劃，建立協調和控制機制。另外，還需發動企業員工，調動員工參與戰略實施的積極性，確保戰略目標的實現。

二、生產運作戰略的環境分析

同制定企業總體戰略和競爭戰略一樣，制定生產運作戰略也需要進行環境分析。企業戰略的環境分析主要包括企業外部環境和企業內部條件分析。企業在制定生產運作戰略前，同樣也要進行這兩方面的分析。只不過是此時的外部環境、內部條件分析更加側重分析與生產戰略制定關係密切的因素。

（一）外部環境分析

企業外部環境可以劃分為宏觀外部環境和行業環境。

1. 宏觀外部環境

企業的宏觀外部環境主要包括政治法律環境、經濟環境、社會文化環境和科學技術環境。政治法律環境主要包括政治制度、方針政策、政治氣氛、國家法律規範和企業法律意識等要素。它們會對企業的生產運作管理產生深遠的影響和制約作用，企業適應所面臨的政治法律環境，是企業實現生產運作戰略的前提。經濟環境是指影響企業生存與發展的社會經濟狀況及國家經濟政策，包括國民收入水平、消費結構、物資水平、產業政策、就業狀況、財政及貨幣政策和通貨膨脹率等要素。其中對生產運作戰略影響最大的是產業政策。它對產品決策和生產組織方式的選擇有直接影響。社會文化環境是指一個國家或地區的文化傳統、價值觀念、民族狀況、宗教信仰和教育水平等相關要素構成的環境。科技環境是指企業所處的社會環境中的科技要素及與該類要素直接相關的各種社會現象的集合，主要包括社會科技水平、科技力量、科技體制和科技政策等要素。

企業宏觀環境的分析方法主要是 PEST 分析法，如圖 2-3 所示：

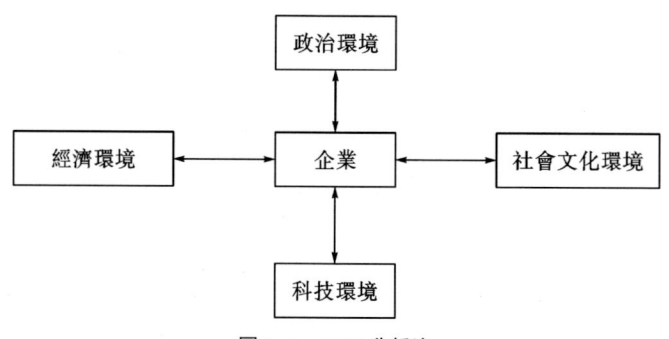

圖 2-3　PEST 分析法

2. 行業環境

所謂行業或產業，是居於微觀經濟細胞（企業）與宏觀經濟單位（國民經濟）之間的一個集合概念。行業是具有某種同一屬性的企業的集合。處於該集合的企業生產類似產品以滿足用戶的同類需求。行業中同類企業的競爭能力和生產能力將直接影響本企業生產運作戰略的制定，特別是在開發新產品時，更應仔細分析行業環境。對行業環境的分析要從戰略的角度分析行業的主要經濟特徵（市場規模、行業盈利水平、資源條件等）、行業吸引力、行業變革驅動因素、行業競爭結構、行業成功的關鍵因素等方面。其中行業主要經濟特徵、行業競爭等方面對企業生產運作戰略的影響較大。關於行業競爭結構分析，可以採用哈佛商學院的邁克爾·波特教授（M. E. Porter）的

五力分析法，如圖 2-4 所示：

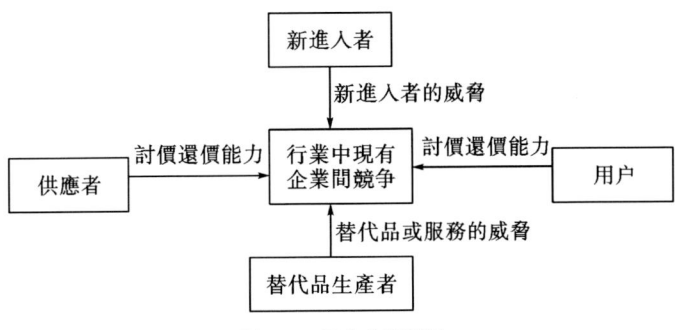

圖 2-4　五力分析模型

按照波特的觀點，一個行業激烈競爭的根源在於其內在的競爭結構。在一個行業中存在五種基本競爭力量，即新進入者的威脅、行業中現有企業間競爭、替代品或服務的威脅、供應者討價還價的能力和用戶討價還價的能力。這五種基本競爭力量的現狀、發展趨勢及其綜合強度，決定了行業競爭的激烈程度和行業的獲利能力。在競爭激烈的行業中，一般不會出現某個企業獲得非常高的收益的狀況。在競爭相對緩和的行業中，會出現相當多的企業都獲得較高的收益。五種基本競爭力量的作用是不同的，問題的關鍵是在該行業中的企業應當找到能較好地防禦這五種競爭力量的位置，甚至對這五種基本競爭力量施加影響，使它們朝著有利於本企業的方向發展。

(二) 企業內部條件分析

對企業戰略產生影響的企業內部條件很多。本書主要分析影響企業生產運作戰略制定的以下內部條件：

1. 企業總體戰略、競爭戰略及其他職能戰略

企業的總體戰略、競爭戰略確定了企業的經營目標。在此目標下，不同的職能部門分別建立了自己的職能部門戰略及要實現的目標。因此包括生產運作戰略在內的各職能戰略的制定，要受到企業總體目標的制約和影響。同時，各職能戰略目標強調的重點各不相同。這往往對生產運作戰略的制定產生影響，而且影響的作用和方向是不一致的。在制定生產運作戰略時，要認真研究企業總體戰略、競爭戰略的具體要求以及其他職能戰略的制定情況。權衡這些相互作用、相互制約的戰略目標，使生產運作戰略決策能最大限度地保障企業經營目標的實現。圖 2-5 表示生產運作戰略與企業總體戰略之間的關係及其戰略決策選項。

2. 企業能力

企業能力對制定生產運作戰略的影響是指企業在運作能力、技術條件以及人力資源等方面與競爭對手相比所體現的優勢和劣勢。對企業能力的評價比較複雜，需要在全面評估企業內部條件的基礎上對企業能力做出判斷。需要評價的企業內部條件包括：對市場需求的瞭解和營銷能力，現有產品狀況，現有顧客狀況，現有的分配和交付系統，現有的供應商網路及與供應商的關係，人員素質和能力，自然資源的擁有狀況及獲取能力，設施、設備和工藝狀況，可獲得的資金和財務優勢等。

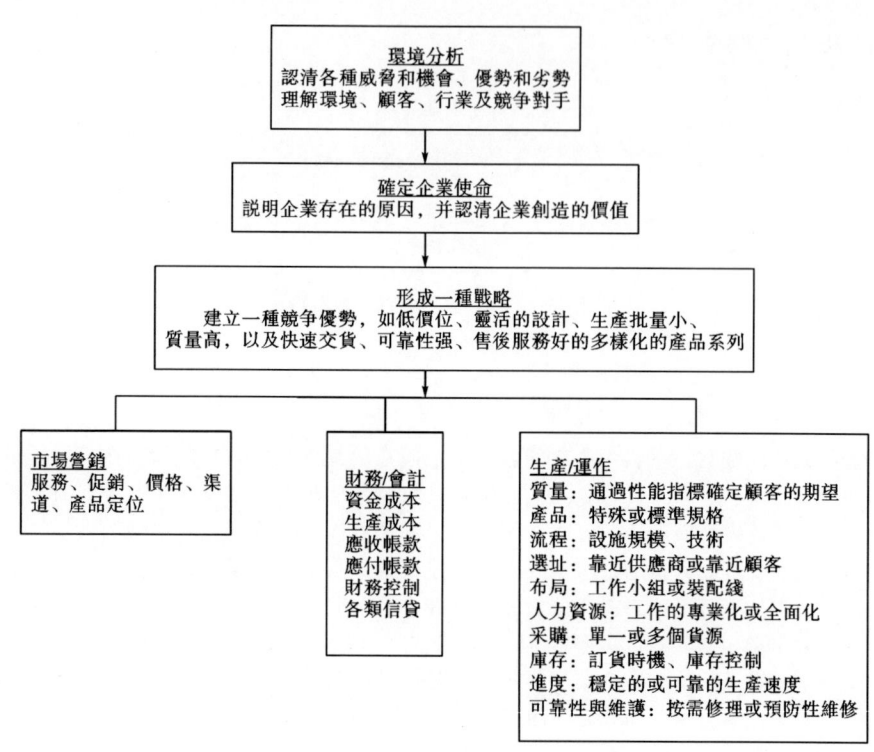

图 2-5　生产运作战略及其战略决策选项

三、生产运作战略的实施

生产运作战略的实施是生产运作战略管理的关键环节，是动员企业生产运作系统的全体员工充分利用并协调企业内外一切可利用的资源，沿著生产运作战略的方向和所选择的途径，自觉而努力地贯彻战略，以期待更好地实现企业生产运作战略目标的过程。

（一）生产运作战略实施与战略制定的关系

对企业而言，成功的生产运作战略制定并不能确保战略成功实施。实施战略要比制定战略重要得多。而且也困难得多、复杂得多，分析战略制定与战略实施配合的不同结果，可以得出这样的结论：

（1）当企业制定了科学合理的生产运作战略并且又能有效地实施这一战略时，企业才有可能顺利地实现战略目标，取得战略的成功。

（2）企业制定的生产运作战略不够科学合理，但企业非常严格地执行这一战略。此时会出现两种情况：第一种是企业在执行战略的过程中及时发现了战略的缺陷并采取补救措施弥补缺陷，一定程度上减少了战略执行造成的损失，企业也能取得一定的业绩；第二种是企业僵化地实施战略而不进行动态的调整，结果企业失败。

（3）企业制定了科学合理的生产运作战略但没有认真实施，企业陷入困境。此时，如果企业不是从战略实施环节查找原因，而是对战略本身进行修订后仍按照原来的办法组织实施，那么企业的生产运作战略将收效甚微，甚至导致企业失败。

（4）若企業的生產運作戰略本身不是科學合理的，且企業又沒有很好地組織戰略實施和控制，則企業最終會遭受重大損失而失敗。

綜上所述，企業只有制定了科學合理的生產運作戰略並有效地組織實施，才能取得成功。

（二）生產運作戰略實施的步驟

企業制定出生產運作戰略後，就進入了實施階段。在戰略的實施過程中，必須使生產運作系統的內部結構及條件與戰略相適應，即生產運作戰略要與企業的資源分配、技術能力、工作程序和計劃方案等相適應。企業生產運作戰略的實施步驟如下：

1. 明確戰略目標

生產運作戰略是根據企業經營戰略來制定的。在企業戰略中已經明確生產運作的粗略的基本目標。在實施生產運作戰略時，還要把該目標進一步明確，使之成為可執行的具體化的目標。生產運作戰略的目標主要包括產能目標、品種目標、質量目標、產量目標、成本目標、製造柔性目標和交貨期目標等。

2. 制訂實施計劃

為確保生產運作戰略目標的實現，企業還要制訂相應的實施計劃。在生產運作管理中，生產計劃是整個計劃體系的龍頭，是其他相關計劃編製的依據。生產計劃具體包括產能發展計劃、原材料及外購件供應計劃、質量計劃、成本計劃和系統維護計劃等。

3. 確定實施方案

計劃明確了生產運作的方向，但要具體實施還要確定相應的行動方案。通過所選擇的實施方案進一步明確實施計劃的行動，從而使計劃目標落實到具體的執行過程中。

4. 編製生產預算

企業生產預算是企業在計劃期內生產運作系統的財務收支預算。編製預算是為了管理和控制計劃，確定每一項活動方案的成本。因此，生產預算是為戰略管理服務的，是企業實現生產運作戰略目標的財務保證。

5. 確定工作程序

工作程序規定了完成某項工作所必須經過的階段或步驟的活動細節，具有技術性和可操作性的特點。為了制定最佳的工作程序，可以借助電子計算機，也可以採取計劃評審法（PERT）、關鍵路線法（CPM）、線性規劃、目標規劃等科學的管理方法。

復習思考題

1. 簡述企業戰略的層次劃分。
2. 生產運作的總體戰略包括哪些內容？
3. 簡述產品開發與設計戰略的類型。
4. 生產運作系統的設計與維護戰略的主要內容是什麼？
5. 生產運作戰略的競爭重點是什麼？
6. 如何制定企業的生產運作戰略？
7. 簡述生產運作戰略實施與戰略制定的關係。

案例一

海爾集團的戰略

一、成功崛起

一片蔚藍色的大海，一片蔚藍色的工業園區，一群身著蔚藍色服裝的人們。這就是海爾。一個原本生產電動葫蘆的集體小企業，爭取到原輕工業部最後一個生產冰箱的定點資格，經過19年裂變，已成為在海內外享有較高美譽的大型國際化企業集團。產品從1984年的單一冰箱發展到擁有白色家電、黑色家電、米色家電在內的96大門類15,100多個規格的產品群，並出口到世界160多個國家和地區。2003年，海爾全球營業額達到806億元。2003年，海爾蟬聯中國最有價值品牌第一名。2004年1月31日，世界五大品牌價值評估機構之一的世界品牌實驗室編製的《世界最具影響力的100個品牌》報告揭曉，中國海爾入選，排在第95位。

海爾首席執行官張瑞敏認為，海爾集團成功崛起的最主要原因，就是在重大戰略問題上，決策沒有失誤。在電視機、電冰箱、洗衣機等極為搶手的第一次家電消費的狂潮中，不少企業日夜加班向市場傾銷產品，而張瑞敏卻領著工人砸了76臺質量有問題的冰箱。那一刻，人們流下淚。幾年後，當拿到冰箱行業第一塊國優金牌時，人們又笑了。其產品名稱從「琴島-利勃海爾」到「利勃海爾」再到「海爾」，是一個質量日臻提高的過程，也是一個海爾人日益自信的過程。

在不少家電企業突然猛醒抓質量的時候，海爾則開始悄悄地擴張。1989年兼併了青島電鍍廠，改造成現在的微波爐廠；1991年兼併了青島冷櫃廠、青島空調器廠，1992年兼併了青島冷凝櫃廠，改造成現在的冷凍設備公司；1995年兼併了紅星電器廠。這些企業共虧損2.95億元，但海爾通過兼併盤活了6.9億元資產，吸納員工上萬人，使洗衣機、空調、冷櫃產量的急遽增加（1995年還收購了武漢希島冷櫃公司60%的股份，1997年又出資60%在廣東順德新建洗衣機廠）。同時，海爾與義大利梅洛尼公司合資生產滾筒洗衣機，與日本三菱重工合資生產櫃機空調，與日本東芝合作生產微波爐，與義大利企業合作生產商用展示櫃，共吸引外資3,000多萬美元。從「船小好掉頭」到「船大頂風浪」，海爾經歷了一個質變的過程。而一些家電企業卻無聲無息地消亡了。幸存的家電企業在產品質量上基本難分高下。一些「大哥大」企業通過擴張顯示出規模效益。於是，人們把降價作為競爭的取勝之道，海爾似乎置之度外，超然地、瀟灑地去完善售前、售中、售後的「國際星級服務一條龍」。張瑞敏把服務看作產品鏈條上最重要的環節。「賣信譽不是賣產品。」「您的滿意就是我們的工作標準。」為每個用戶建立30秒全方位信息速查檔案，實現「信用卡制度」「四個不漏」等。根據最近幾次全國35個大中城市109家有代表性大商場的銷售統計，海爾空調和電冰箱的市場佔有率遙遙領先，洗衣機和冷櫃也名列前茅。這不得不歸功於「真誠到永遠」的優質服務。現在，當一些企業為家電產品輪番降價而焦灼不安時，海爾卻自豪地跟跨國公司比較的產品價格高。

在國內家電廠家驚呼跨國公司瓜分中國市場之際，海爾顯得很鎮靜。早在中國剛剛提出「復關」申請時，張瑞敏就敏感地意識到國內市場國際化是不可避免的大趨勢。經過一段「熱身賽」後，海爾提出了市場國際化的「三個1/3」戰略，即國內生產國

內銷售 1/3，國內生產國外銷售 1/3，國外生產國外銷售 1/3。這體現了海爾以世界市場為出發點的遠見卓識。現在，海爾集團堅持全面實施國際化戰略，已建立起具有國際競爭力的全球設計網路、製造網路、營銷與服務網路。現有設計中心 18 個，工業園 10 個，海外工廠及製造基地 22 個，營銷網點 58,800 個。在國內市場，海爾冰箱、冷櫃、空調、洗衣機四大主導產品的市場份額均達到 30% 左右；在海外市場，海爾產品已進入歐洲 15 家大連鎖店的 12 家、美國前 10 大連鎖店。海爾在美國、歐洲初步實現了設計、生產、銷售「三位一體」的本土化目標。海外工廠全線營銷。

隨著海爾國際化戰略的推進，海爾與國際著名企業之間也從競爭向多邊競合關係發展。2002 年 1 月 8 日和 2002 年 2 月 20 日，海爾分別與日本三洋公司和臺灣聲寶集團建立競合關係，實現優勢互補、資源共享、雙贏發展。

2002 年 3 月 4 日，海爾在美國紐約中城百老匯購買原格林尼治銀行大廈這座標誌性建築作為北美的總部。此舉標誌著海爾的三位一體本土化戰略又上升到新的階段，說明海爾已經在美國樹立起本土化的名牌形象。2003 年 8 月 20 日，海爾霓虹燈廣告在日本東京銀座四丁目這一黃金地段點亮。這是中國企業第一個在東京銀座豎起的廣告牌，也成為中國企業在海外影響力擴大的標誌。

海爾在海外盛獲美譽：據全球權威消費市場調查與分析機構 EUROMONITOR 最新調查結果顯示，按公司銷量統計，海爾集團目前在全球白色電器製造商中排名第五；按品牌銷量統計，海爾躍升全球第二大白色家電品牌。2003 年 1 月，英國《金融時報》發布了 2002 年全球最受尊敬企業名單，海爾雄居中國最受尊敬企業第一名。1999 年 12 月 7 日，英國《金融時報》評出「全球 30 位最受尊重的企業家」，張瑞敏榮居第 26 位。2003 年 8 月美國《財富》雜誌分別選出「美國及美國以外全球 25 位最傑出商界領袖」。在「美國以外全球 25 位最傑出商界領袖」中，海爾集團首席執行官張瑞敏排在第 19 位。

為應對網路經濟和加入 WTO 的挑戰，海爾從 1998 年開始實施以市場鏈為紐帶的業務流程再造，以訂單信息流為中心帶動物流、資金流的運動，加快了與用戶零距離、產品零庫存和零營運成本「三個零」目標的實現。業務流程再造使海爾在整合內外部資源的基礎上創造新的資源。目前，海爾物流、商流、製造系統等都已在全球範圍內開始社會化運作。2002 年海爾創造新的資源，在家居、通信、軟件、金融等領域大展身手。2003 年，海爾獲准主持制定四項國家標準。這標誌著海爾已經將企業間競爭由技術水平競爭、專利競爭轉向標準上的競爭。

海爾的發展主題是速度、創新、SBU，三萬名海爾人正在努力成為人人自主經營的 SBU。海爾的近期目標是進入世界白色家電製造商前三強，並在此基礎上向該領域的頂峰衝擊。

「作為大型企業集團，海爾不是一列火車，加掛的車廂越多，車頭的負擔就越重。海爾是一支聯合艦隊。下屬企業都是有廣闊馳騁疆域、有很強戰鬥力的戰艦，各自為戰，但不各自為政，服從旗艦統一指揮，發揮整體優勢。」這是張瑞敏的「戰略圖」。

「以永遠的憂患意識追求永遠的活力」的張瑞敏說：「生活裡沒有直通車，我們是螺旋式上升的。戰戰兢兢，如履薄冰，經歷了否定之否定的過程，因為市場唯一不變的法則就是永遠在變。審時度勢，抓住機遇，變在市場前面，就能創造市場。」

二、走出國門

1997年2月18日,德國科隆市有一個兩年一屆的家電博覽會。參加科隆博覽會的企業基本上是世界名牌企業,展示的都是最尖端、最新潮的家電產品,其代表了今后一個時期世界家電消費的潮流與趨勢。換言之,科隆博覽會既展示家電產品,更展示企業實力,是世界範圍內家電企業之間競爭、重組的縮影。

科隆博覽會的展館是世界一流的超級展廳,整個展廳共有21萬平方米。為參加這個博覽會,有的企業要準備整整兩年。四天的展出當中,有10多萬人次觀看了展覽,科隆市方圓百里的大小旅店早就預訂一空。西門子、惠而浦、LG、松下等世界名牌自然是歷屆科隆博覽會的「主角」。但是,1997年,與以往展覽會最大的不同就是,中國結束了以往只看不展的局面,第一次有自己的家電產品展出。更吸引人的是,在中國家電的展位上,有1/2的展位展出的是海爾產品。

海爾產品自1990年開始,按照「先難后易」的出口戰略,相繼進入歐美等發達國家和地區,開始了創世界名牌的奮鬥之路。但是,在如此著名的博覽會上大規模、整體亮相,這還是第一次。海爾冰箱、冷櫃、空調器、洗衣機、微波爐、熱水器、展示櫃等系列家電的幾十個品種在展覽會上當天一「露面」,其科技水平、質量水平、花色品種,以及空調變頻一拖多技術、冰箱無氟節能技術,立即吸引了大批世界各地的客商。四天中,接待了3,000多位客商,其中320多位客商當場簽訂了經銷海爾牌各種家電產品的合同意向書,其中多數都第一次與海爾合作。

加拿大經銷商拉美爾·泰克馬勒美爾先生在展臺前轉了半天后,微笑著對接待人員說:「我們早就打過交道。」原來,他在4年前曾經銷過7,000臺海爾電冰箱。當時,他不同意打海爾品牌,原因很明確,怕質量不可靠影響銷路。他特意留了10臺電冰箱,以便發生質量問題後更換。沒想到,這10臺冰箱一直放了3年也沒派上用場。他又找到海爾公司,要求定牌生產,但海爾不同意。「海爾冰箱當初進入德國市場接受檢驗時,是揭去商標與德國冰箱擺在一起讓經銷商挑的。結果,經銷商挑中的是海爾冰箱。這個事實已經生動地說明了海爾產品的質量是令人放心的。」海爾副總裁武克松堅持立場,「打海爾品牌,是我們產品出口的基本原則。」經過一段時間的市場「考驗」,拉美爾先生終於服氣了。德國的 TEST(《檢測》)雜誌每年對在德國市場銷售的進口家電組織一次抽檢。在1993年公布的抽檢結果中,海爾冰箱獲得8個「+」號,在受檢冰箱中質量第一,比德國利勃海爾和日本、義大利冰箱的評價還高。拉美仁承認海爾品牌是他經銷過的質量最好的產品。因此,在會上,他再次找到海爾業務人員心服口服地提出不再在出口產品品牌上做文章,打海爾品牌是最有市場的。

經銷商愛莫弗里先與海爾開始了銷售合作。他把「海爾」與他經銷的「卡西歐」品牌一起印在名片上,自豪地對工作人員說,「我只經銷世界名牌。」1997年2月18日科隆博覽會開幕的當天下午,爆出最大新聞:來自中國青島的海爾集團總裁張瑞敏向來自歐洲的12位海爾產品專營商頒發了「海爾產品專營證書」。這些經銷商獲得了海爾空調和海爾冰箱等系列家電產品在德國、荷蘭、義大利等歐洲國家的代理權。由中國企業向外國經銷商頒發產品專營證書,這在中國家電企業中還是第一家。召開新聞發布會的Maman飯店外懸掛著中國國旗,20多位德國中學生打著海爾的旗號在門口列隊迎接客人的到來,200多位歐洲客商準時出席了新聞發布會。海爾集團副總裁武克松主持了新聞發布會。張瑞敏總裁、楊綿綿副總裁分別向來賓介紹了企業的發展思路和

產品的技術情況。中國駐德國大使盧秋田、商務參贊揚來春以及中國機電產品進出口商會副會長趙志明、中國家電協會秘書長劉福中、副秘書長姜風應邀出席了新聞發布會。

惠而浦、西門子、LG、三洋等世界家電名牌企業在科隆博覽會上出盡風頭，充分顯示了他們作為世界一流企業的不凡風采，使他們的國度再次揚名。中國家電嶄露頭角，儘管實力、規模還不足以與之匹敵，但是「China」已在國際經濟舞臺上亮相。德國科隆博覽會給我們的啟示很多，最主要的就是：

（1）國門之內無名牌，世界市場的一體化使得名牌無國界。一個企業，一個產品，只有走向世界，與世界強手同臺共舞，才能夠稱得上是真正的名牌。在這方面，要解決認識問題和戰略問題。海爾從1990年起就結合國際經濟發展潮流，認識到了中國經濟必然要與世界經濟融為一體的大趨勢，未雨綢繆，做了充足的準備工作，因此，才有了今天科隆博覽會的成就，這絕非一日之功。在出口方面，海爾以高屋建瓴之勢提出了「先難后易」戰略，先進入發達國家，再進入發展中國家。這一戰略實施幾年來，的確起到了不凡的效果。海爾進入國際市場正是為了改變中國貨的形象。我們比歐洲一些知名的企業更早地通過了ISO9001質量保證體系認證，歐洲的消費者已經在使用海爾產品的過程中，對中國產品有了新認識。

（2）民族振興靠名牌。正如「弱國無外交」一樣，一個沒有國際名牌的民族是無法在國際社會、國際市場占據地位的。海爾此次科隆之行的成功是在中國改革開放、市場潛力深深吸引歐洲投資者的大背景下，以及海爾企業本身高速、穩定增長的背景下實現的。它揚了中國人的志氣，奏響了振興民族工業的凱歌。歐洲人對海爾人由衷敬佩，就是對中國的敬佩。

資料來源：馬克‧M.戴維斯. 營運管理基礎［M］. 汪蓉，等，譯. 4版. 北京：機械工業出版社，2010：91-92.

思考題

1. 為什麼說戰略決策沒有失誤是海爾成功崛起的主要原因？
2. 現代企業在產品競爭方面有哪些特點？
3. 什麼是企業戰略和戰略管理？它們之間有什麼聯繫與區別？
4. 制定企業戰略要考慮哪些外部因素和內部條件？
5. 海爾集團在將產品打入國際市場的過程中採取了什麼戰略？保證這一戰略獲取成功的關鍵因素是什麼？
6. 產品選擇需要考慮哪些因素？
7. 在產品或服務的開發與設計方面有哪些策略？
8. 在學習海爾集團的成功經歷中，你對中國企業的發展有哪些想法？

第二篇 生產與運作系統的設計

第三章
產品開發與工藝選擇

產品開發與工藝選擇是在企業經營戰略指導下進行的。產品開發工作需要根據市場需求對產品系列、產品功能、質量特性、產品的成本和產品發展的步驟等做出決策。企業為了滿足顧客的個性化需求和適應市場的多變性，必須加強產品開發和產品生產過程的設計與優化工作。本章將以此為中心，闡述現代企業研究與開發（R&D）組織的產品開發對生產成本的影響、生產流程的種類和特點、影響生產流程設計和決策的主要因素等問題。

第一節　新產品開發與企業 R&D

一、新產品的概念與分類

（一）新產品的概念

新產品是指與老產品相比，在產品結構、性能、材質等方面（或僅一方面）具有新的改進的產品。新產品是一個相對的概念，在不同的時間、地點和條件下具有不同的含義。為了加強對新產品的管理，中國政府根據管理上的需要，對新產品的條件、範圍做了相應的規定。作為新產品必須同時滿足以下四個條件：①產品在結構、性能、材質和技術特徵等某一方面或幾方面比老產品有顯著改進和提高，或有獨創性；②具有先進性、實用性，能提高經濟效益，有推廣價值；③在省、市、自治區範圍內第一次試製成功；④經過有關部門鑒定確認的產品。產品的結構、性能沒有改變，而只是在花色、外觀、表面裝飾、包裝裝潢等方面有改進提高的，不能算作新產品。

新產品具有相對性、時間性和空間性等特性。相對性是相對於老產品而言的，即除了開發新產品外，還包括改進老產品；時間性是指某個新產品只存在於一個特定的時間；空間性是相對於一個地區而言的，即產品必須在省、直轄市、自治區範圍內第一次試製成功，並經有關部門鑒定確認。

（二）新產品的分類

常見的新產品分類方法主要有以下幾種：

（1）按新產品的新穎程度可分為全新產品、改進新產品和換代新產品。全新產品是指採用科學技術的新發明所生產的，與原有產品不同的產品，一般具有新原理、新結構、新技術和新材料等特徵。改進新產品是指對原有產品性能、型號和花色進行局

部改進的產品，包括在基型產品基礎上派生出來的變型產品。改進新產品因其開發難度較小而成為企業常用的新產品開發方式。換代新產品是指產品的基本原理不變，部分地採用新技術、新結構或新材料，從而使產品的功能、性能或經濟指標有顯著改變的產品。

（2）按照新產品的地域特徵可分為國際新產品、國家新產品、地區性新產品式企業新產品。國際新產品是指在世界範圍內首次生產和銷售的產品。國家新產品是指國外已有，但在國內是首次生產和銷售的產品。地區性新產品或企業新產品是指國內已有而本地區或本企業首次生產和銷售的產品。

二、新產品的開發管理

(一) 新產品開發的方向

新產品的開發要從滿足國民經濟發展和提高人民生活水平的需要出發，在把握科學技術發展趨勢的基礎上，努力做到市場上需要，技術上適宜，生產上可行，經濟上合理，時間上及時。企業不論採用何種方式開發新產品，都要把握住新產品開發的方向。具體來說，新產品開發有如下可供選擇的方向：

（1）多能化。它是指提高產品的性能，增加產品的功能，由單功能發展成為多功能，達到一物多用、一機多能。

（2）高能化。它是指開發性能高的，即高效率、高精度的產品。

（3）小型化。它是指要開發小巧輕便的，即體積、重量比同類產品小（輕）的產品。

（4）簡化。它是指要開發在結構等方面簡化的產品。應減少產品基型、系列。對於產品品種過多的企業，也應通過新產品開發加以簡化。

（5）多樣化。它是指要開發多品種、多型號的產品，以滿足多方面的需要。

（6）標準化。它是指產品的結構、零件要實行標準化，以減少專用件的種數，加速產品的設計和發展。

（7）節能化。它是指要開發節能的新產品。

（8）美化。它是指產品設計要注意美化，外形要美觀大方，色調要柔和，款式要新穎。

（9）環保化。它是指產品符合環保的要求。

這「九化」是新產品開發的方向。企業要根據條件，選擇某「一化」或「幾化」作為方向，制定出有階段目標、長遠要求的新產品開發規劃，以指導行動。

(二) 新產品的開發方式

針對不同的新產品和企業的研究和開發能力，可以選擇不同的開發方式。一般有以下幾種可供選擇的開發方式：

（1）自行研製。這是一種獨創性的研製。採用這種方式開發的產品一般是更新換代或者全新的產品，具有三種情況：一種是從基礎理論研究到應用技術研究，再到產品開發研究，全部過程都自行完成；另一種是利用社會上基礎理論研究的成果，只進行應用技術研究和產品開發研究；還有一種就是利用社會上應用技術的研究成果，只進行產品的開發研究。

（2）技術引進。它是指工業企業開發某種主要產品時，在國際市場上已有成熟的製造技術可供借鑑，為了節約時間，迅速掌握這種產品的製造技術，盡快地把產品製造出來以填補國內空白，而通過與外商進行技術合作、「三來一補」、購買專利或購買關鍵設備等，從國外引進製造技術、複製圖紙和技術文件的一種方式。

（3）自行研製與技術引進相結合。它是在對引進技術的充分消化和吸收的基礎上，結合本企業科研，進行產品開發。它有兩種情況：一是通過對引進技術的學習、消化和進一步研究，創造符合中國國情的別具一格的新產品；二是直接把引進技術和中國的研究成果結合起來，創造出新的產品。

（三）新產品開發的程序

產品開發程序，是指從新產品的總體設想、調查研究、設計、工藝、試製、鑒定到正式投產銷售所經歷的階段和步驟（如圖 3-1 所示）。

由於新產品的種類、行業差別和企業生產類型等不同，尤其是所選的新產品開發的方式不同，因此新產品開發程序不可能完全一樣，但一般來說新產品開發可歸納為四個階段：

（1）調查研究和前期開發階段。

這一階段的主要任務是進行新產品開發決策，其工作內容主要有：產品開發創意、調查和預測、提出方案和方案的評價選擇。

①產品開發創意。產品開發創意是指企業根據市場需求和本身條件，在一定範圍內首次提出發展新產品的設想或構思。創意是新產品誕生的開始，如方便面，就是源於「開水一沖可食用」的創意設想開發而來的。新產品要新，就必須要有打破常規的創意。創意的過程實質就是創造性思維的過程。企業新產品構思創意主要來自於兩個方面。第一，企業的外部來源：政府、學校、科研部門、專利機構、競爭者和顧客。第二，企業的內部來源：內部的企業員工、幹部、技術人員、管理人員、財務人員和推銷人員等。

②調查和預測。企業在收集了各種創意后，通過去粗取精從多個創意中選擇出具有開發價值的產品並為此必須進行調查和預測。它包括以下三個方面內容：第一，技術調查和預測，即瞭解產品的技術發展狀況、本企業達到的水平、國內和國際先進水平以及預測技術發展趨勢。第二，市場調查和預測，即瞭解對老產品的改進意見和對新產品品種、質量、數量、價格和規格等方面的要求，進行市場預測。第三，行業調查和預測，瞭解本行業的生產現狀與發展趨勢和競爭對手的情況等。

③提出方案和方案評價選擇。在調查和預測的基礎上，提出切實可行的方案並對方案進行評價和選擇。方案評價是指對所提到的方案進行技術經濟評價。首先，對新產品是否可行，其先進性、性能用途是否受用戶歡迎，新產品的價格是否合理等問題進行評價。然后再把一些不合理的條件、未成熟的方案篩去。這一步是新產品開發成敗的關鍵。

④編製新產品開發技術建議書。新產品開發技術建議書的內容要比產品開發方案具體。它應包括：新開發產品的結構、特徵和技術規格，產品的性能、用途和使用範圍，以及與國內外同類產品的分析比較，開發這一產品的理由等。這是決策性的文件。

```
                    ┌─────────────────────┐      ┌──────────────────┐
                    │   確定新產品開發目標  │◄─────│ 企業經營目標；產品開 │
                    └──────────┬──────────┘      │ 發策略；企業資源條件 │
                               ▼                 └──────────────────┘
                    ┌─────────────────────┐
          ┌────────►│   技術調查與市場調查   │
          │         └──────────┬──────────┘
          │                    ▼
          │         ┌─────────────────────┐
          │         │  開發新產品的初步     │
          │         │    設想與構思        │
          │         └──────────┬──────────┘
          │                    ▼
          │         ┌─────────────────────┐
          │         │    新產品開發方案     │
          │         └──────────┬──────────┘
          │                    ▼
          │              ◇方案的篩選◇
          └──────────────◇    評價   ◇
                               ▼
                    ┌─────────────────────┐
                    │    新產品開發決策     │
                    └──────────┬──────────┘
                               ▼
                    ┌─────────────────────┐
                    │    新產品設計任務書   │
                    └──────────┬──────────┘
                               ▼
                    ┌─────────────────────┐
          ┌────────►│      新產品設計       │
          │         └──────────┬──────────┘
          │                    ▼
          │         ┌─────────────────────┐
          │         │      新產品試制       │
          │         └──────────┬──────────┘
          │                    ▼
          │         ┌─────────────────────┐
          │         │      新產品試驗       │
          │         └──────────┬──────────┘
          │                    ▼
          │              ◇新產品評價◇
          └──────────────◇  與鑒定定 ◇
                               ▼
                    ┌─────────────────────┐
                    │    新產品的市場開發   │
                    └──────────┬──────────┘
                               ▼
                    ┌─────────────────────┐
                    │  新產品成批生產和銷售 │
                    └─────────────────────┘
```

圖 3-1　新產品開發程序圖

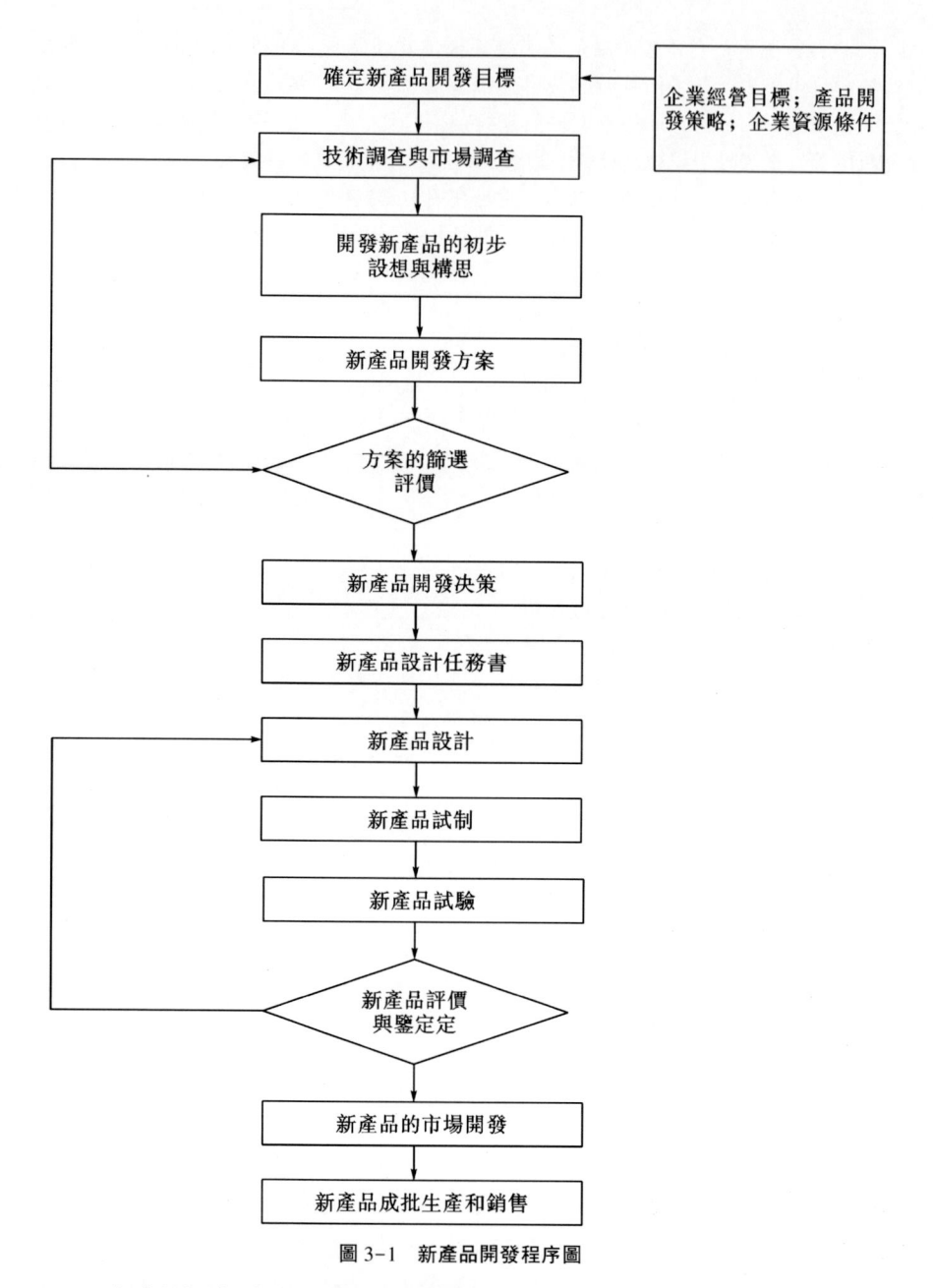

（2）新產品設計、評價、鑒定和試製階段。

新產品設計分為初步設計、技術設計和工作圖設計三個階段。當新產品設計出來後，在正式生產前進行試驗性生產，目的是避免將存在缺陷的設計和工藝投入正式生產而造成人、財、物的浪費，保證新產品開發盡快獲得成功。新產品試製一般分為樣品試製和小批試製。通過各種試驗，不斷進行改進直到鑒定。這是從技術、經濟和生

產準備等方面對新產品做出全面評價，並確定是否進行下一階段開發工作。產品鑒定能及時發現問題，採取措施解決問題，以避免造成損失。

（3）新產品的市場開發階段。

產品的市場開發既是新產品開發進程的終點，又是下一代新產品再開發的起點。通過市場開發，可確切地瞭解開發的產品是否滿足需要以及滿足程度，分析新產品市場需求情況及與開發產品有關的市場情況，為開發決策提供依據。新產品的市場開發工作主要有：市場分析、樣品試用、市場試銷和產品投放市場。

（4）正式生產和銷售階段。

經過小批試產試銷後，確認有市場，就可進行正式生產和銷售了。在正式投入銷售前要做以下三項工作：第一，必備的生產條件（技術、工藝和設備等）；第二，切實可靠的原材料、動力和外協配套的供應；第三，銷售渠道和市場。

（四）新產品開發的組織計劃管理

強有力的組織領導是新產品開發的保證。產品設計的組織形式有以下幾種：

（1）單線式。按產品成立設計組，在一名主任設計師的領導下負責全部設計工作，並參與試製、試驗活動。

（2）復線式。這種組織形式把新產品設計分成兩類：一類是獨立開發性，一類是一般性，分別組織設計組進行設計。

（3）矩陣式。這種組織形式既按產品設置綜合設計組，又按不同專業設有很多專業設計組。每個專業設計組都要承擔不同產品的相同或相似的設計任務。

（4）項目中心式。這種組織形式按新產品開發項目將車間（分廠）裡的設計、工藝和試驗等有關人員都集中起來，與企業產品設計人員一起組成開發中心。

一個企業採取哪種產品設計組織形式，要依開發的新產品數量、複雜程度以及設計人員的素質等而定。新產品開發涉及很多部門，是一個複雜的延續過程。有的產品開發過程要延續多年。因此，企業需要制訂新產品開發計劃，用計劃把開發活動從空間和時間上協調起來，以取得預期成效。

新產品開發計劃工作主要包括以下各項內容：

（1）搜集資料。它包括：國家有關技術政策和法令等；計劃期內市場對新產品的需求情況、銷售價格和功能要求等方面的預測分析資料；企業內部人力、物力、財力和技術狀況分析資料；材料、設備和協作配套件等的供應前景分析資料；國內外同行業技術、產品發展動向等的分析資料等。

（2）制定目標。制定新產品開發的計劃目標、企業預定計劃期內新產品開發應當達到的目標。它包括：①產品目標，即在計劃期內要研製成功多少、試製多少、預研多少，以及這些產品要達到的技術水平等；②銷售目標，即在計劃期內要有多少種新產品投入市場，要達到多大銷售量；③利潤目標，即在計劃期內要從新產品開發中獲得多少收益等。

（3）提出措施。需要解決如下問題：實現計劃目標需要增加多少設計、生產和銷售人員；需要增添多少設備、儀器和其他物質條件；需要多少資金等。

（4）開發方式。在計劃中要規定出新產品開發方法，即在開發方式上，採取技術引進、引進和自行研製相結合，還是獨立研製；在組織形式方面，與外單位聯合開發，還是本企業獨立開發；在開發手段上，所需儀器設備是自製，還是外購等。

（5）安排進度。按產品安排各開發階段的日程進度，以及圍繞著新產品開發進度提出對其他工作的進度要求。

（6）明確責任。每個待開發的產品、在產品開發中將進行的每項獨立工作、每項重要措施，都要確定負責單位和個人。

三、新產品開發策略

新產品開發策略就是把有限的資源有效地運用到最適宜的產品上去，以求得最佳經濟效益。

開發產品要消耗和占用企業資源。產品生產出來后投放市場，各種資源可以用於不同的產品，各種產品亦可投入不同的目標市場。把資源、產品和市場組合起來，就形成一系列產品發展策略。企業管理部門的任務，是從多種產品發展策略中做出最佳決策。

（一）產品線策略

一個企業生產具有相同的使用性能但規格不同的一組產品，構成一條產品線。一條產品線包含的同類產品數目稱為產品線的深度，一個企業擁有產品線的數目稱為產品線的寬度。產品線的深度與寬度構成企業產品的組合。產品組合又稱為產品線的組合，從縱向分為產品線的寬度，從橫向分為產品的深度，如圖3-2所示。

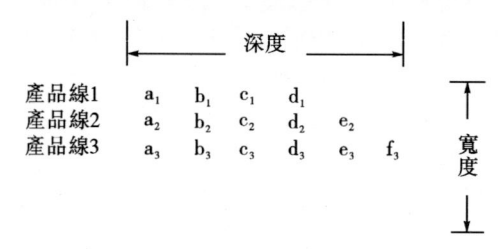

$$
\begin{array}{llllll}
産品線1 & a_1 & b_1 & c_1 & d_1 & \\
産品線2 & a_2 & b_2 & c_2 & d_2 & e_2 \\
産品線3 & a_3 & b_3 & c_3 & d_3 & e_3 & f_3
\end{array}
$$

圖3-2　產品的深度和寬度

由於科學技術的進步和商品生產的高度發展，以及社會需求的多樣化，企業需科學地分析影響產品結構的因素，採取相應的策略。影響企業產品結構的因素有：①社會需要及企業經營環境的相對穩定；②競爭對手及企業實力的對比；③資源條件、資金籌集及盈利大小的分析。

產品線策略分為產品線寬度策略和產品線深度策略。

（1）產品線寬度策略。它分為產品線擴充策略和產品線簡化策略。產品線的擴充策略是指增加產品線；產品線簡化策略是指為減少產品的種類，放棄一些疲軟的產品。

（2）產品線深度策略。它分為向上延伸、向下延伸和上下延伸三種策略。向上延伸策略是指原來只生產中、低檔產品，現在也生產高檔產品；向下延伸策略是原來只生產高檔產品，現在也生產中、低檔產品；上下延伸策略，是指原來只生產中檔產品，現在也生產高檔和低檔產品。

（二）提高競爭力的策略

在市場經濟條件下，影響產品競爭力的因素包括產品品種、質量、交貨期、價格和服務等。這些因素構成一個統一的有機整體，並表現為動態平衡（如圖3-3所示）。

為了提高新產品的競爭能力，企業可採用以下策略：

（1）搶先策略，是指企業開發新產品，要在其他企業還未開發成功，或還未投入市場前搶先開發、搶先投入市場，使企業的某些產品處於領先地位。

（2）緊跟策略，是指企業發現市場上競爭力量強的產品，或者發現剛露臉的暢銷產品，並不失時機地進行仿製，迅速地將仿製的新產品投放市場。

（3）最低成本策略，是指企業大力降低新產品成本，使新產品的價格具有競爭力。

（4）周到服務策略，是指完善新產品的售前和售後服務，提高產品的競爭力。

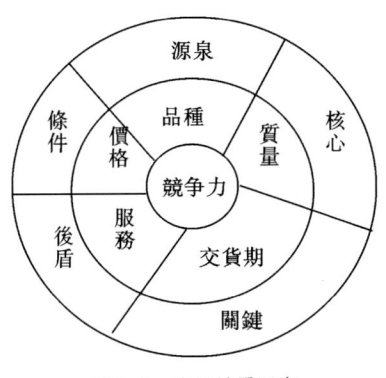

圖 3-3　產品競爭因素

第二節　R&D 與產品開發組織

一、企業 R&D

（一）企業 R&D 的分類

研究與開發（Research and Development，R&D）包括基礎研究、應用研究和技術開發研究。基礎研究是探索新的規律、創建基礎性知識的工作；應用研究是將基礎理論研究中的新知識、新理論應用於具體領域；技術開發研究是將應用研究的成果經設計、試驗而發展為新產品、新系統和新工程的科研活動。為了更好地理解這三類不同工作，現將這三者的目的、性質、內容及其他計劃與管理上的不同特點做如下比較，見表 3-1。

表 3-1　　　　　　　　　三種研究類型的比較

	基礎研究	應用研究	技術開發研究
目的	尋求真理，擴展知識	探討新知識應用可能性	將研究成果應用於實踐
性質	探求發現新事物、新規律	發明新事物	完成新產品、新工藝，使之實用化、商品化
內容	發現新事物、新現象	探求基礎研究應用的可能性	運用基礎研究,應用研究成果,從事產品設計、產品試製、工藝改進

表3-1(續)

	基礎研究	應用研究	技術開發研究
成果	論文	論文或專利	專利設計書、圖紙、樣品
成功率	成功率低	成功率較高	成功率高
經費	較少	費用較大，控制不嚴	費用大，控制嚴
人員	理論水平高、基礎紮實的科學家	創造能力強、應用能力強的發明家	知識和經驗豐富、動手能力強的技術專家
管理原則	尊重科學家的意見，支持個人成果，採用同行評議	尊重集體意見，支持研究組織在適當時候做出評價	尊重和支持團體合作
計劃	自由度大，沒有嚴格的指標和期限	彈性，有戰略方向，期限較長	硬性，有明確目標，期限較短

(二) 企業 R&D 的意義

進入 21 世紀，科學技術的發展突飛猛進，市場需求的變化日新月異，消費需求的多樣化和個性化特徵越來越明顯。R&D 能力決定了企業的興衰成敗，R&D 的效率影響了企業搶占市場的能力，R&D 的質量決定了企業產品質量，R&D 的成果影響產品成本。為了在激烈的市場競爭中生存和發展，企業必須有足夠的能力不斷推出新產品、開發新技術，以滿足不斷變化的消費需求。可見，R&D 在企業經營中具有十分重要的意義。

二、產品開發過程

產品開發過程包括產品構思、產品設計和工藝設計等一系列活動。產品設計過程包括新產品的需求分析、產品構思、可行性論證、結構設計（包括總體設計、技術設計和詳細設計等）以及工藝設計過程。工藝設計是指按照產品設計要求，安排或設定從原材料加工成產品所需要的一系列加工過程、工時消耗、設備和工藝裝備要求等。

三、企業 R&D 技術系統

企業 R&D 技術系統由兩部分組成：一部分是工程技術，一部分是管理技術。工程技術用於由產品構思到產品實施過程中的工程製造技術活動，是企業中技術構成的主要內容；管理技術用於由產品構思到產品實施過程中的生產指揮活動，是企業中組織構成的主要內容。企業 R&D 系統的結構可以用圖 3-4 所示的「Y」模型來描述。

產品設計過程主要體現在「Y」模型中工程技術的前段，即產品形成的信息流程之中，最終提供給製造分系統的是產品方案。

由企業系統結構及 R&D 的特徵可以看出，企業技術活動主要屬於 R&D 中的技術開發範疇。在企業整個系統中，承擔技術開發任務的子系統稱為技術系統，是企業系統中的一個重要組成部分。

技術系統的任務是在企業內部儲備技術創新的潛力，並不失時機地將這種潛力轉化為有競爭力的新產品。因此，有時也將其稱為新產品開發或產品創新活動。

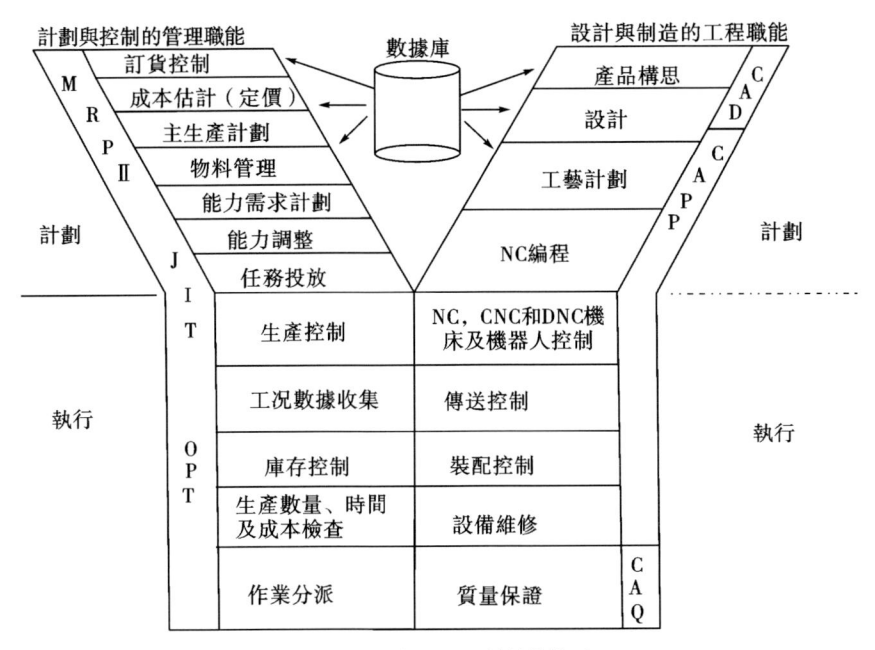

图 3-4　企業 R&D 系統結構模型

技術系統與製造系統、經營系統和組織系統共同構成了企業系統。技術系統與其他系統存在著如下關係：

（1）製造分系統是技術系統的基礎和依據，是技術分系統運轉時必須考慮的資源約束。技術分系統的活動確定了製造分系統的行為。

（2）經營分系統反應市場的需求導向，為技術分系統確定了工作的目標和任務。技術分系統中的 R&D 的研究就依賴於經營分系統中的市場預測。新產品開發直接影響著企業的經營發展策略。

（3）組織分系統貫穿於各分系統之中，是技術分系統有效運轉的保障，也是企業系統中軟柔性的關鍵所在。

企業技術活動，在產品的整個生命週期過程中起著關鍵作用。一方面，要通過產品設計和工藝設計來滿足產品的功能，對外滿足顧客需求；另一方面，產品設計和工藝設計直接決定著產品質量、成本等因素，同時也影響物資供應、生產組織調整等一系列生產技術準備活動，以及產品投產后的生產活動。

四、產品設計過程

產品設計過程包括從明確設計任務開始，到確定產品的具體結構為止的一系列活動。無論是新產品開發、老產品改進，還是外來產品的仿製、顧客產品的定制，產品設計始終是企業生產活動中的重要環節。設計階段決定了產品的性能、質量和成本。因此，產品的設計階段決定了產品的前途和命運。一旦設計出了錯誤或設計不合理，產品將具備先天不足的缺點。此時，工藝和生產上的一切努力都將無濟於事。為了保證設計質量，縮短設計週期，降低設計費用，產品設計必須遵循科學的設計程序。產

品設計一般分為總體設計、技術設計和工作圖設計三個階段。

（一）總體設計

通過市場需求分析，確定產品的性能、設計原則和技術參數，概略計算產品的技術經濟指標，進行產品設計方案的經濟效果分析。

（二）技術設計

將技術設計任務書中確定的基本結構和主要參數具體化，根據技術任務書規定的原則，進一步確定產品結構和技術經濟指標，以總圖、系統圖、明細表和說明書等形式表現出來。

（三）工作圖設計

根據技術設計階段確定的結構布置和主要尺寸，進一步進行結構的細節設計，逐步修改和完善，繪製全套工作圖樣，編製必要的技術文件，為產品製造和裝配提供確定的依據。

產品設計是一個遞階、漸進的過程。產品設計是指從產品要實現的總體功能出發，系統構思產品方案，然後逐步細化，劃分成不同的子系統、組件、部件和零件，最後確定設計參數。

五、產品設計原則和經濟效益評價

對產品設計方案的評價、選擇，必須從技術方面和經濟方面來衡量，即產品在功能和質量上應具備有效的技術，在製造成本和使用費用上應具有經濟性。能滿足預定的技術要求和經濟要求的產品設計就是具有技術經濟效益的滿意設計。

為了達到同一使用目的，可設計出多種產品；為實現同一功能，可設計出多種結構。由此可以獲得在技術上等效、在經濟上不等價的各種方案。因此，要通過對設計方案的技術經濟效益分析，進行最佳方案的評價和選擇。

（一）產品設計和選擇的原則

選擇一個真正能為企業帶來效益的產品並不容易，關鍵看產品設計人員是否真正具備市場經濟的頭腦。一方面，新技術的不斷出現對新產品的形成有重要影響；另一方面，主要看企業是否真正把用戶放在第一位。產品設計和選擇應該遵循以下幾條原則：

（1）必須貫徹國家的技術經濟政策；

（2）設計用戶需要的產品（或服務）；

（3）設計出製造性強的產品；

（4）設計綠色產品。

（二）技術經濟效益分析的指標體系

產品設計的效果可以用數量指標和質量指標來衡量。產品設計的數量指標主要是指產品的上市時間、生產效率、材料利用率和能源消耗等指標。產品設計的質量指標，主要是指產品滿足社會需求的程度，對勞動條件和環保的影響等指標。

第三節　生產流程設計與選擇

一、生產流程的類型

生產流程一般有三種基本類型：按產品進行的生產流程、按加工路線進行的生產流程和按項目組織的生產流程。

（一）按產品進行的生產流程

按產品進行的生產流程就是以產品或提供的服務為對象，按照生產產品或提供服務的生產要求，組織相應的生產設備或設施，形成流水般的連續生產，有時又稱為流水線生產。例如汽車裝配線、電視機裝配線等就是典型的流水式生產。連續型企業的生產一般都是按產品組織的生產流程。由於它是以產品為對象組織的生產流程，因此又叫對象專業化形式。這種形式適用於大批量生產。

（二）按加工路線進行的生產流程

對於多品種生產或服務情況，每一種產品的工藝路線都可能不同，因而不能像流水作業那樣以產品為對象組織生產流程，只能以所要完成的加工工藝內容為依據來構成生產流程，而不管是何種產品或服務對象。設備與人力按工藝內容組織成一個生產單位，每一個生產單位只能完成相同或相似工藝內容的加工任務。不同的產品有不同的加工路線。它們流經的生產單位取決於產品本身的工藝過程，又叫工藝專業化形式。這種形式適用於多品種小批量或單件生產。

（三）按項目組織的生產流程

對於有些任務，如拍一部電影、組織一場音樂會、生產一件產品和蓋一座大樓等，每一項任務都沒有重複。所有的工序或作業環節都按一定次序依次進行，有些工序可以並行作業，而有些工序又必須順序作業。三種生產流程的特徵列於表3-2中。

表3-2　　　　　　　　　　不同生產流程特徵比較

特徵標記	對象專業化	工藝專業化	項目型
產品			
訂貨類型	批量較大	成批生產	單件、單項定制
產品流程	流水型	跳躍型	無
產品變化程度	低	高	很高
市場類型	大批量	顧客化生產	單一化生產
產量	高	中等	單件生產
勞動者			
技能要求	低	高	高
任務類型	重複性	沒有固定形式	沒有固定形式
工資	低	高	高
資本			
投資	高	中等	低
庫存	低	高	中等
設備	專用設備	通用設備	通用設備

表3-2(續)

特徵標記	對象專業化	工藝專業化	項目型
目標			
柔性	低	中等	高
成本	低	中等	高
質量	均勻一致	變化更多	變化更多
按期交貨程度	高	中等	低
計劃與控制			
生產控制	容易	困難	困難
質量控制	容易	困難	困難
庫存控制	容易	困難	困難

二、生產流程設計的基本內容

生產流程設計所需要的信息包括產品信息、運作系統信息和運作戰略。在設計過程中應考慮生產流程選擇、垂直一體化研究、生產流程研究、設備研究和設施佈局研究等方面的基本問題，慎重思考，合理選擇，根據企業現狀、產品要求合理配置企業資源，高效、優質和低耗地進行生產，以有效地滿足市場需求。

生產流程設計的結果體現為如何開展產品生產的詳細文件，以對生產運作資源的配置、生產運作過程及方法措施提出明確要求。生產運作流程設計的內容見表3-3：

表3-3　　　　　　　　　生產流程設計的內容

輸入	生產流程設計	輸出
1. 產品/服務信息 　產品/服務要求，價格/數量，競爭環境，用戶要求，所期望的產品特點 2. 生產系統信息 　資源供給，生產經濟分析，製造技術，優勢與劣勢 3. 生產戰略 　戰略定位，競爭武器，工廠設置，資源配置	1. 選擇生產流程 　與生產戰略相適應 2. 自製、外購研究 　自製、外購決策，供應商的信譽和能力，配套採購決策 3. 生產流程研究 　主要技術路線，標準化和系列化設計，產品設計的可加工性 4. 設備研究 　自動化水平，機器之間的連接方式，設備選擇，工藝裝備 5. 佈局研究 　廠址選擇與廠房設計，設備與設施佈置	1. 生產技術流程 　工藝設計方案，工藝流程之間的聯繫 2. 佈置方案 　廠房設計方案，設備、設施佈置方案，設備選購方案 3. 人力資源 　技術水平要求，人員數量，培訓計劃，管理制度

三、影響生產流程設計的主要因素

影響生產流程設計的因素很多，其中最主要的是產品（服務）的構成特徵，因為生產系統就是為生產產品或提供服務而存在的，離開了用戶對產品的需求，生產系統也就失去了存在的意義。

(一) 產品/服務要求的性質

生產系統要有足夠的能力滿足用戶需求。首先要瞭解產品/服務要求的特點，從需求的數量、品種和季節波動性等方面考慮對生產系統能力的影響，從而決定選擇哪種類型的生產流程。有的生產流程具有生產批量大、成本低的特點，而有的生產流程具有適應品種變化快的特點，因此，生產流程設計首先要考慮產品/服務特徵。

(二) 自制-外購決策

從產品成本、質量生產週期、生產能力和生產技術等方面綜合來看，企業通常要考慮構成產品所有零件的自制-外購問題。企業的生產流程主要受自制件的影響。不僅企業的投資額高，而且生產準備週期長。企業自己加工的零件種類越多，批量越大，對生產系統的能力和規模的要求越高。因此，現代企業為了提高生產系統的回應能力，只抓住關鍵零件的生產和整機產品的裝配，而將大部分零件的生產擴散出去，充分利用其他企業的力量。這樣一來既可以降低本企業的生產投資，又可縮短產品設計、開發與生產週期。所以說，自制、外購決策影響著企業的生產流程設計。

(三) 生產柔性

生產柔性是指生產系統對用戶需求變化的回應速度，是對生產系統適應市場變化能力的一種度量，通常從品種柔性和生產柔性兩個方面來衡量。所謂品種柔性，是指生產系統從生產一種產品快速地轉換為生產另一種產品的能力。在多品種、中小批量生產的情況下，品種柔性具有十分重要的實際意義。為了提高生產系統的品種柔性，生產設備應該具有較大的適應產品品種變化的加工範圍。產量柔性是指生產系統快速增加或減少產品產量的能力。在產品需求數量波動較大，或者產品不能依靠庫存調節供需矛盾時，產量柔性具有特別重要的意義。在這種情況下，生產流程的設計必須具有快速且低成本地增加或減少產量的能力。

(四) 產品/服務質量水平

產品質量是市場競爭的武器，生產流程設計與產品產量水平有著密切關係。生產流程中的每一個加工環節的設計都受到質量水平的約束，不同的質量水平決定了採用什麼樣的生產設備。

(五) 接觸顧客的程度

由於絕大多數的服務業企業和某些製造業企業，顧客是生產流程的一個組成部分。因此，顧客對生產的參與程度也影響著生產流程設計。例如，在理髮店、衛生所和裁縫店的運作過程中，顧客是生產流程的一部分，企業提供的服務是顧客的消費客體。在這種情況下，顧客就成了生產流程設計的中心，營業場所和設備布置都要把方便顧客放在第一位。而針對另外一些服務業企業，如銀行、快餐店等，顧客參與程度很低，企業的服務是標準化的，生產流程的設計則應追求標準、簡潔和高效。

四、生產流程的選擇

因為不同生產流程構造的生產單位形式有不同的特點，所以企業應根據具體情況選擇最恰當的一種。在選擇生產單位形式時，影響最大的是品種數的多少和每種產品產量的大小。圖 3-5 給出了不同品種—產量水平下生產單位形式的選擇方案。一般而言，隨著圖中的點從 A 點移到 D 點，單位產品成本和產品品種柔性都是不斷增加的。在 A 點，對應的是單一品種的大量生產。在這種極端的情況下，採用由高效自動化專

用設備組成的流水線是最佳方案。它的生產效率最高、成本最低，但柔性最差。隨著品種的增加及產量的下降（B點），採用對象專業化形式的成批生產比較適宜。此時，品種可以在有限的範圍內變化，系統有一定的柔性，但操作上的難度較大。另一個極端是 D 點，它對應的是單件生產情況，採用工藝專業化形式較為合適。C 點表示多品種中小批量生產，採用成組生產單元和工藝專業化混合形式較好。

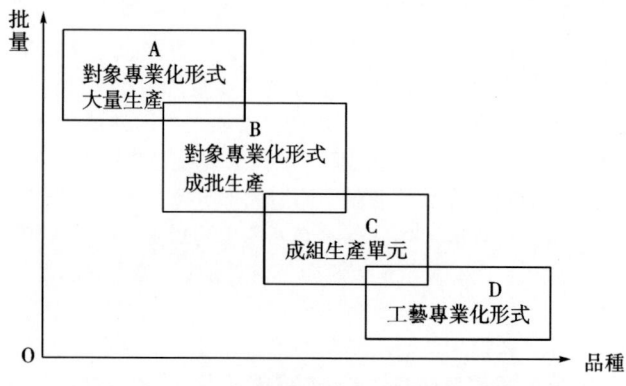

圖 3-5　品種—產量變化與生產單位形式的關係

復習思考題

1. 簡述新產品的概念和分類。
2. 試述新產品開發的方向。
3. 試述企業研究與開發的意義。
4. 企業為什麼要開發新產品？
5. 影響生產流程選擇的主要因素有哪些？
6. 生產流程的類型有哪幾種？各自的特徵與適用條件是什麼？
7. 生產流程設計的基本內容有哪些？
8. 簡述產品設計應遵循的原則。

第四章
生產與運作系統的佈局

　　生產與運作系統的佈局是生產運作系統的基礎，包括設施選址和設施布置。對於新建企業來說，設施選址和布置是必須慎重考慮的問題，其科學合理與否將影響企業的長遠發展，因此，需要運用科學的方法進行決策。本章主要介紹了影響設施選址的因素和原則、設施選址的步驟和方法、設施布置的影響因素和形式、設施布置的方法。

第一節　設施選址

　　設施是指生產運作過程得以進行的硬件手段，通常由工廠、辦公樓、車間、設備和倉庫等物質實體構成。

　　設施選址是指如何運用科學的方法決定設施的地理位置，使之與企業的整體生產運作系統有機結合，以便有效、經濟地達到企業的經營目的。設施選址包括兩個層次的問題：一是選位，即選擇什麼地區（區域）設置設施，如沿海或內地，南方或北方等。在當前全球經濟一體化的大趨勢之下，或許還要考慮是國內還是國外。二是定址，即地區選定以後，具體選擇在該地區的什麼位置設置設施。也就是說，在已選定的地區內選定一片土地作為設施的具體位置。設施選址還包括：一是選擇一個單一的設施位置；二是在現有的設施網路中布新點。

一、設施選址的重要性

　　無論是生產有形產品的企業，還是提供服務的企業，工廠建在什麼地區、什麼地點，不僅影響建廠投資和建廠速度，而且還影響工廠的生產布置和投產后的生產經營成本。

　　首先，就物質因素而論，設施選址決定著企業生產過程的結構狀況，從而影響新廠的建設速度和投資規模。例如，建廠地區的公共設施和生產協作條件，決定著新廠是否要自備動力、熱力等各種輔助生產設施。供應來源的可靠性和便利性，決定著新廠倉庫面積的大小以及運輸工具的類型和規模等。

　　其次，就投資成本和運行成本而言，設施選址是否合理，能否靠近客戶和原材料產地，勞動力資源是否豐富，地價高低，以及生產協作條件等，均直接影響新廠的投資效益和營運效益。

最后，從行為角度看，針對不同地區文化習俗的差異，要採取相應的管理方式，否則會產生消極性的因素，影響企業的生產經營效果。

必須指出，要找到一個滿足各方面要求的設施選址是十分困難的。因此，必須權衡利弊，選出在總體上經濟效益最佳的方案。

對一個企業來說，設施選址是建立和管理企業的第一步，也是發展事業的第一步。在進行設施選址時，必須充分考慮到多方面的影響因素，慎重決策。除了新建企業的設施選址問題以外，隨著經濟的發展，城市規模的擴大，以及地區之間的發展差異的擴大，很多企業還面臨著遷址的問題。可見，設施選址是很多企業都面臨的問題，也是現代企業生產運作管理中的一個重要問題。

對於一個特定的企業，其最優選址取決於該企業的類型。工業選址決策主要是為了追求成本最小化；而零售業或專業服務性組織機構一般都追求收益最大化；至於倉庫選址，可能要綜合考慮成本及運輸速度的問題。總之，設施選址的戰略目標是給企業帶來最大化的收益。

二、影響設施選址的因素

1. 生產運作全球化對設施選址的影響

生產運作全球化和競爭全球化互為因果，使得當今世界範圍內的競爭愈演愈烈。在這種情況下，企業要保持競爭能力，至少有以下三種方法：①採取合理化措施，整理產品結構，提高生產效益，降低勞動成本；②更新產品，占領新生市場；③調整生產基地，把生產基地搬到銷售機會好或生產成本低的國家和地區。其中，第三種方法就是設施選址的問題。對於當今的企業來說，跨地區、跨國家進行生產協作和在全球範圍內尋找市場已經是不得不做的事情。因此，企業應該根據促使生產運作全球化的要求，具體分析本企業的產品特點、資源需求和市場，慎重考慮和選擇生產基地，慎重進行設施選址決策。此外，對於許多老企業來說，還面臨著如何調整生產結構的問題，這其中也涉及設施選址的決策。

2. 設施選址影響因素的權衡

在進行設施選址時，企業有很多要考慮的影響因素。在考慮這些因素時，需要注意的是：第一，必須仔細權衡所列出的這些因素，決定哪些是與設施選址緊密相關的，哪些雖然與企業經營或經營成果有關，但是與設施位置的關係並不大，以便在決策時分清主次，抓住關鍵。否則，有時候所列出的影響因素太多，在具體決策時容易主次不分，做不出最佳的決策。第二，在不同情況下，同一影響因素會有不同的影響，因此，絕不可生搬硬套任何原則和條文，也不可完全模仿照搬已有的經驗。第三，還應該注意的是，對於製造業和非製造業的企業來說，要考慮的影響因素以及同一因素的重要程度可能有很大不同。

調查表明，勞動力條件、與市場的接近程度、生活質量、與供應商和資源的接近程度、與其他企業設施的相對位置等，是進行設施選址時必須考慮的因素。

製造業企業在進行設施選址時，更多地考慮地區因素，而對於服務業來說，由於服務項目難以運輸到遠處，因此需要與顧客直接接觸的服務業企業的服務質量的提高有賴於對最終市場的接近與分散程度。此時，設施必須靠近顧客群。例如，一個洗衣店或一個超級市場，影響其經營收入的因素有多種，但其設施位置有舉足輕重的作用。

如設施周圍的人群密度、收入水平和交通條件等，將在很大程度上決定企業的經營收入。對於一個倉儲或配送中心來說，與製造業的工廠選址一樣，運輸費用是要考慮的一個因素，但快速接近市場可能更重要，可以縮短交貨時間。此外，對製造企業的選址來說，與競爭對手的相對位置有時並不重要，而在服務業，這可能是一個非常重要的因素。服務業企業在進行設施選址時，不僅必須考慮競爭者的現有位置，還需估計他們對新設施的反應。在有些情況下，在競爭者附近選址有更多的好處，可能會有一種「聚焦效應」，即受聚焦於某地的幾個公司的吸引而來的顧客總數，大於這幾個公司分散在不同地方情況下的顧客總數。

三、選址原則

在選址問題上，應將定性與定量方法相結合，但定性分析是定量分析的前提。在定性分析時，具體的選址原則如下：

1. 費用原則

企業首先是經濟實體。無論何時何地，經濟利益對企業都是重要的。建設初期的固定費用、投入運行後的變動費用、產品出售以後的年收入，都與選址有關。

2. 集聚人才原則

人才是企業最寶貴的資源。企業地址選得合適有利於吸引人才。反之，因企業搬遷造成員工生活不便，導致員工流失的事情常有發生。

3. 接近用戶原則

對於服務業，幾乎無一例外都需要遵循這條原則，如銀行儲蓄所、郵電局、電影院、醫院、學校和零售業的所有商店等。許多製造企業也把工廠建到消費市場附近，以降低運費和損耗。

4. 長遠發展原則

企業選址是一項帶有戰略性的經營管理活動，要有長遠發展意識。選址工作要考慮到企業生產力的合理佈局和市場的開拓，要有利於獲得新技術。在當前世界經濟越來越趨於一體化的時代背景下，還要考慮如何有利於參與國際間的競爭。

四、單一設施選址的一般步驟

單一設施選址是指獨立地選擇一個新的設施地點，其生產與運作不受企業現有設施網路的影響。在有些情況下，所選位置的新設施是現有設施網路中的一部分。如某餐飲公司要新開一個餐館，但餐館是與現有的其他餐館獨立營運的。這種情況也可看作單一設施選址。

單一設施選址問題常出現在以下幾種情況中：

（1）新成立企業或新增加獨立經營單位。在這種情況下，設施選址基本不受企業現有經營因素的影響，在進行選址時要考慮的主要因素與一般企業設施選址考慮的因素相同。

（2）企業擴充原有設施。這種情況下可首先考慮兩種選擇：原地擴建及另選新址。原地擴建的益處是便於集中管理，避免生產運作的分離，充分利用規模效益，但也可能帶來一些不利之處，如，失去原有的生產運作方式的特色，物流變得複雜，生產控制也變得複雜。在某些情況下，還有可能失去原來的最佳經濟規模。另選新址的主要

益處是，企業可以不依賴於唯一的廠地，便於引進新技術，可使生產組織方式特色鮮明，還可在更大範圍內選擇高質量的勞動力等。只有在後一種選擇下，才會有真正選址的問題。

（3）企業遷址。這種情況不多，通常只有小企業才有可能考慮這種方式。一個白手起家的小企業，隨著事業的發展，可能會感到原有的空間太小，而考慮重新選擇具有更大的設施空間的地方。這種情況下的新選位置不會離原有位置太遠，以便仍能利用現有的人力資源。但在某些特殊情況下，也會遇到一些大企業遷址的問題。

單一設施選址通常包括以下主要步驟：

第一步，明確目標。首先要明確，在一個新地點設置一個新設施是符合企業發展目標和生產運作戰略的，能為企業帶來收益。只有在此前提下，才能開始進行選址工作。目標一旦明確，就應該指定相應的負責人或工作團隊，並開始工作。

第二步，收集有關數據，分析各種影響因素，對各種因素進行主次排列，權衡取捨，擬定出初步的候選方案。這一步要收集的資料數據應包括多個方面，如政府部門有關規定、地區規劃信息、工商管理部門有關規定、土地、電力和水資源等有關情況，以及與企業經營相關的該地區物料資源、勞動力資源和交通運輸條件等信息。在有些情況下，還需徵詢一些專家的意見。在收集數據的基礎上，列出很多要考慮的因素，但對所有列出的影響因素，必須注意加以分析，分清主次，並進行必要的權衡取捨。在必要的情況下，對多種因素的權衡取捨也需要徵詢多方面的意見，如運用德爾菲法等。經過這樣的分析後，將目標相對集中，擬出初步的候選方案。候選方案的個數根據問題的難易程度或可選擇範圍的不同而不同，例如，從3個到5個，或者更多。

第三步，對初步擬定的候選方案進行詳細的分析。所採用的分析方法取決於要考慮的各種因素是定性還是定量的。例如，運輸成本、建築成本、勞動力成本和水等，可以明確用數字度量，因此可通過計算進行分析比較。也可以把這些因素都用金額來表示，綜合成一個財務因素，用現金流等方法來分析。另外一類因素，如生活環境、當地的文化氛圍和擴展余地等，難以用明確的數值來表示，則需要進行定性分析，或採用分級加權法，人為地加以量化，進行分析與比較。也有一些方法，可同時考慮定性與定量因素，如選址度量法。

最後，在對每一個候選方案都進行上述的詳細分析之後，將會得出各個方案的優劣程度的結論，或找到一個明顯優於其他方案的方案。這樣就可選定最終方案，並準備詳細的論證材料，以提交企業最高決策層批准。

五、設施選址的方法

（一）負荷距離法

單一設施選址中要用到多種分析方法：定性與定量分析方法、將定量與定性分析相結合的選址度量法等。負荷距離法就是一種單一設施選址的定量方法。

負荷距離法的目標是在若干個候選方案中，選定一個目標方案，使總負荷（貨物、人或其他）移動的距離最小。當與市場的接近程度等因素至關重要時，使用這一方法可從眾多候選方案中快速篩選出最有吸引力的方案。這一方法也可在設施布置中使用。

（二）因素評分法

因素評分法在常用的選址方法中也許是使用得最廣泛的一種，因為它以簡單易懂的模式將各種不同因素綜合起來。因素評分法的具體步驟如下：

（1）決定一組相關的選址決策因素；

（2）對每一因素賦予一個權重以反應這個因素在所有權重中的重要性。每一因素的分值根據權重來確定，而權重則要根據成本的標準差來確定，而不是根據成本值來確定。

（3）對所有因素的打分設定一個共同的取值範圍，一般是1~10或1~100；

（4）對每一個備選地址的所有因素，按設定範圍打分；

（5）用各個因素的得分與相應的權重相乘，並把所有因素的加權值相加，得到每一個備選地址的最終得分；

（6）選擇具有最高總得分的地址作為最佳選址。

運用這種因素評分法應注意：在運用因素評分法的計算過程中可以感覺到，由於確定權數和等級得分完全靠人的主觀判斷，因此只要判斷有誤差就會影響評分數值，最后影響決策的可能性。目前關於確定權數的方法很多。比較客觀準確的方法是層次分析法。該方法操作並不複雜，有較為嚴密的科學依據，建議在做多方案多因素評價時盡可能採用層次分析法。

（三）盈虧分析法

盈虧分析法是廠房選址的一種基本方法，亦稱生產成本比較分析法。這種方法基於以下假設：可供選擇的各個方案均能滿足廠址選擇的基本要求，但各方案的投資額不同，投產以後原材料、燃料和動力等變動成本不同。這時，可利用損益平衡分析法的原理，以投產後生產成本的高低作為比較的標準。

（四）重心法

重心法是一種布置單個設施的方法。這種方法要考慮現有設施之間的距離和要運輸的貨物量。在最簡單的情況下，這種方法假設運入成本和運出成本是相等的，且並未考慮在不滿載的情況下增加的特殊運輸費用。首先要在坐標系中標出各個地點的位置，目的在於確定各點的相對距離。坐標系可以隨便建立。在選址中，經常採用經度和緯度建立坐標。其次，根據各點在坐標系中的橫縱坐標值求出成本運輸最低的位置坐標 X 和 Y。重心法使用的公式是：

$$C_x = \frac{\sum D_{ix} V_i}{\sum V_i} \quad C_y = \frac{\sum D_{iy} V_i}{\sum V_i}$$

式中，C_i——重心的 x 坐標；C_y——重心的 y 坐標；D_{ix}——第 i 個地點的 x 坐標；D_{iy}——第 i 個地點的 y 坐標；V_i——運到第 i 個地點或從第 i 個地點運出的貨物量。

最后，選擇求出的重心點坐標值所對應的地點作為布置設施的地點。

第二節　設施布置

　　設施布置是指在一個給定的設施範圍內，對多個經濟活動單元進行位置安排。所謂經濟活動單元，是指需要占據空間的任何實體，也包括人。例如：機器、工作臺、通道、桌子、儲藏室和工具架等。所謂給定的設施範圍，可以是一個工廠、一個車間、一座百貨大樓、一個寫字樓或一個餐館等。

　　設施布置的目的是將企業內的各種物質設施進行合理安排，使他們組合成一定的空間形式，從而有效地為企業的生產運作服務，獲得更好的經濟效果。設施布置是在設施位置選定之后進行。它要確定組成企業的各個部分的平面或立體位置，並相應地確定物料流程、運輸方式和運輸路線等。具體地說，設施布置要考慮以下四個問題：

　　(1) 應包括哪些經濟活動單元？這個問題取決於企業的產品、工藝設計要求、企業規模、企業的生產專業化水平與協作化水平等多種因素。反過來說，經濟活動單元的構成又在很大程度上影響生產率。例如，有些情況下一個廠集中有一個工具庫就可以，但另一些情況下，也許每個車間或每個工段都應有一個工具庫。

　　(2) 每個單元需要多大空間？空間太小，可能會影響到生產率，影響到工作人員的活動，有時甚至容易引起人身事故；空間太大，是一種浪費，同樣會影響生產率，並且使工作人員相互隔離，產生不必要的疏遠感。

　　(3) 每個單元空間的形狀如何？每個單元的空間大小、形狀如何以及應包含哪些單元這三個問題實際上相互關聯。例如，一個加工單元，應包含幾臺機器，這幾臺機器應如何排列，應占用多大空間，需要綜合考慮。如空間已限定，只能在限定的空間內考慮是一字排開，還是三角形排列等。若根據加工工藝的需要，必須是一字排開或三角形排列，則必須在此條件下考慮需多大空間以及所需空間的形狀。在辦公室設計中，辦公桌的排列也是類似的問題。

　　(4) 每個單元在設施範圍內的位置？這個問題應包括兩個含義：單元的絕對位置與相對位置。有時，幾個單元的絕對位置變了，但相對位置沒變。相對位置的重要意義在於它關係到物料搬運路線是否合理，是否節省運費與時間，以及通訊是否便利等。此外，如內部相對位置的影響不大時，還應考慮與外部的聯繫，例如，將有出入口的單元設置於路旁。

一、企業經濟活動單元構成的影響因素

　　影響企業經濟活動單元構成的主要因素有：

　　1. 企業的產品

　　企業的目標最終是要通過它提供的產品或服務來實現的，因此，企業的產品或服務從根本上決定著企業經濟活動單元的構成。對於製造企業來說，首先，企業的產品品種將決定企業所要配置的主要生產單元，如汽車製造廠需要衝壓車間，而儀表製造公司則不需要；其次，由於產品的結構工藝特點決定著產品粗加工和原材料的種類，決定著產品的勞動量構成，因此也就影響著生產單元的構成；再次，產品的生產規模也會影響生產單元的構成。例如，某產品的產量較大、加工勞動量也較大、生產具有

一定規模時，企業就要考慮設置該種產品的專門生產車間或分廠；反之，則沒有必要。對於服務業企業來說也同樣如此，提供的服務內容不同，服務規模不同，經濟活動單元的構成自然不同。

2. 企業規模

企業經濟活動單元的構成與企業規模的關係是十分密切的。這是因為企業所需經濟活動單元的數目、大小是由企業規模決定的。企業規模越大，所需要的單元數目也越多。

3. 企業的生產專業化與協作化水平

這主要從兩個方面影響企業的經濟活動單元構成：一是採用不同專業化形式（指產品對象專業化或工藝對象專業化）的企業，對工藝階段配備完整的要求不同，從而造成經濟活動單元構成上的不同；二是企業的協作化水平越高，即通過協作取得的零部件、工具和能源等越多，則企業的主要生產單元就越少。例如，很多標準件都可容易地通過外部協作而得到，沒必要全部靠自己建立這樣的生產單元。

在今天，企業正在向兩個不同的趨勢發展：一是生產的集中化和專業化，即生產要素越來越多地向大型專業化企業集中；二是生產的分散化，即生產要素向與大企業協作配套的小型企業擴散，以大企業為核心構成一個企業群體，以固定的協作關係從事某些專門零部件的生產或完成某些工藝過程。這兩種發展趨勢向企業的設施布置提出了一些新要求。

4. 企業的技術水平

在企業的技術水平中，裝備的技術水平是主要的。它直接影響著企業經濟活動單元的構成。對於數控設備、加工中心等高技術設備擁有率較高的企業，生產單位的組成較簡單；反之，則較複雜。

二、設施布置類型選擇的影響因素

在設施布置中，在決定選用哪一種布置類型（工藝專業化布置、對象專業化布置、混合布置和固定布置）時，除了生產組織方式戰略以及產品加工特性以外，還應該考慮其他一些因素。也就是說，一個好的設施布置方案，應該能夠使設備、人員的效益盡可能好。為此，還應該考慮以下一些因素：

1. 所需投資

設施布置將在很大程度上決定所要占用的空間、所需設備以及庫存水平，從而決定投資規模。如果產品的產量不大，那麼設施布置人員可能願意採用工藝專業化布置。這樣可節省空間，提高設備的利用率，但可能會帶來較高的庫存水平。因此，這裡有一個平衡的問題。如果是對現有的設施布置進行改造，更要考慮所需投資與可能獲得的效益相比是否合算。

2. 物料搬運

在考慮各個經濟活動單元之間的相對位置時，物流的合理性是一個主要考慮因素，即應該使搬運量較大的物流的距離盡可能短，使相互之間搬運量較大的單元盡量靠近，以便使搬運費用盡可能小，搬運時間盡可能短。一般情況下，在一個企業中，從原材料投入直至產品產出的整個生產週期中，物料只有15%左右的時間是處在加工工位上，其餘都處於搬運過程中或庫存中，搬運成本可達總生產成本的25%~50%。由此可見，

物料搬運是生產運作管理中相當重要的一個問題。而一個好的設施布置，可使搬運成本大為減少。

3. 柔性

設施布置的柔性一方面是指對生產的變化有一定的適應性，即使變化發生后也仍然能達到令人滿意的效果；另一方面是指能夠容易地改變設施布置，以適應變化了的情況。因此，在一開始設計布置方案時，就需要對未來進行充分預測。同時，從一開始就應該考慮到以後的可改造性。

4. 其他

其他還需要著重考慮的因素有：①勞動生產率。為此在進行設施布置時要注意不同單元操作的難易程度的差異不宜過大。②設備維修。注意空間不要太狹小，這樣會導致設備之間的相對位置不好。③工作環境。如溫度、噪音水平和安全性等，均受設施布置的影響。④人的情緒。要考慮到是否可使工作人員相互之間能有所交流，是否給予不同單元的人員相同的責任與機會，使他們感到公平等。

三、設施布置形式

（一）工藝導向佈局

工藝導向佈局，也稱車間或功能布置，是指一種將相似的設備或功能放在一起的生產佈局方式。例如將所有的車床放在一處，將衝壓機床放在另一處。被加工的零件，根據預先設定好的流程順序從一個地方轉移到另一個地方。每項操作都由適宜的機器來完成。醫院是採用工藝導向佈局的典型。

在工藝導向布置的計劃中，最常見的做法是合理安排部門或工作中心的位置，以減少材料的處理成本。換句話說，零件和人員流動較多的部門應該相鄰。這種方法的材料處理成本取決於：①兩個部門（i 或 j）在某一時間內人員或物品的流動量；②與部門間距離有關的成本。成本可以表達為部門之間距離的一個函數。這個目標函數可以表達成以下的形式：

$$最小成本 = \sum_{i=1}^{n} \sum_{j=1}^{n} X_{ij} C_{ij}$$

式中，n——工作中心或部門的總數量；i, j——各個部門；X_{ij}——從部門 i 到部門 j 物品流動的數量；C_{ij}——單位物品在部門 i 和部門 j 之間流動的成本。

在選擇工藝導向佈局時，盡量減少與距離相關的成本。C_{ij} 這個因子綜合考慮了距離和其他成本。於是可以假定不僅移動難度相等，而且裝卸成本也是恒定的。雖然它們並非總是恒定不變的，但是為了簡單起見，可以將這些數據（成本、難度和裝卸費用等）概括為一個變量。

工藝導向佈局適合於處理小批量、顧客化程度高的生產與服務，其優點是：設備和人員安排具有靈活性；其缺點是：設備使用的通用性要求較高的勞動力熟練程度和很強的創新能力，在製品較多。

（二）產品導向佈局

產品導向佈局，也稱裝配線佈局，是指一種根據產品製造的步驟來安排設備或工作過程的佈局方式。鞋、化工設備和汽車清洗劑的生產都是按產品導向原則設計的。

產品導向佈局是對生產大批量、相似程度高和少變化的產品進行組織規劃。一個

典型的實例是：飛機製造公司巨大的產品的最后組裝線採用的就是產品導向佈局。產品導向佈局的兩種類型是生產線和裝配線。

生產線是在一系列機器上製造零件，諸如汽車輪胎或冰箱的金屬部件。裝配線是在一系列工作臺上將製造出的零件組合在一起。兩種類型都是重複過程，而且二者都必須平衡。在生產線上的一臺機器所做的工作必須與另一臺機器所做的工作相平衡，就像裝配線上的一個雇員在一個工作站上所做的工作必須和另一雇員在另一工作站上做的工作相配合一樣。

生產線趨向於機器步調，並要求通過機器和工程上的改變來達到平衡。裝配線則相反，生產的步調由分配給個人或工作站的任務來確定。因此，裝配線上可以將一個人的工作轉移給另一個人來達到平衡。在這種情況下，每個人或工作站要求的時間是一樣的。

產品導向佈局的中心問題是平衡生產線上每個工作站的產出，使它趨於相等，從而獲得所需的產出。管理者的目標就是在生產線上保持一種平滑、連續流動的生產狀態，並減少每個工作站的閒暇時間。一條平衡性好的裝配線的優點是：人員和設備利用率高、雇員之間工作流量相等。一些企業要求同一條裝配線的工作流量應該大致相等，這就涉及裝配線平衡的問題了。

工藝導向佈局與產品導向佈局之間的區別就是工作流程的路線不同。工藝導向佈局中的物流路線是高度變化的，因為用於既定任務的物流在其生產週期中要多次送往同一加工車間。在產品導向佈局中，設備或車間服務於專門的產品線，採用相同的設備能避免物料迂迴，實現物料的直線運動。只有當給定產品或零件的批量遠大於所生產的產品或零件種類時，採用產品導向佈局才有意義。

產品導向佈局適合於大批量的、高標準化的產品的生產，其優點是：單位產品的可變成本低，物料處理成本低，存貨少，對勞動力標準的要求低；缺點是：投資巨大，不具備產品彈性，一處停產影響整條生產線。

(三) 混合類型佈局

混合類型佈局是指將兩種佈局方式結合起來的佈局方式。混合布置是一種常用的設施布置方法。比如，一些工廠總體上按產品導向佈局（包括加工、部裝和總裝三階段），在加工階段採用工藝導向佈局，在部裝和總裝階段採用產品導向佈局。這種布置方法的主要目的是：在產品產量不足以大到使用生產線的情況下，也盡量根據產品的一定批量、工藝相似性來使產品生產有一定順序，物流流向有一定秩序，以達到減少中間在製品庫存、縮短生產週期的目的。混合布置的方法又包括：一人多機、成組技術等具體應用方法。

1. 一人多機

一人多機（One Worker, Multiple Machine，簡稱 OWMM）是一種常用的混合布置方式。這種方法的基本原理是：如果生產量不足以使一人看管一臺機器就足夠忙的話，那麼可以設置一人可看管的小生產線。這樣既可使操作人員保持滿工作量，又可在這種小生產線內使物流流向有一定秩序。這個所謂的小生產線，是指由一人同時看管的幾臺機器，如圖 4-1 所示（圖中，M1、M2 等分別表示不同的機器設備）。

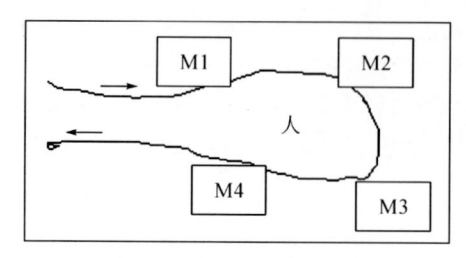

圖 4-1　一人多機布置示意圖

在一人多機系統中，由於有機器自動加工時間，員工只在需要看管的時候（裝、卸、換刀和控制等）採取照管，因此又可能在 M1 自動加工時，去看管 M2，依此類推。通過使用不同的裝夾具或不同的加工方法，具有相似性的不同產品可以在同一 OWMM 中生產。這種方法可以減少在製品庫存以及提高勞動生產率，其原因是工件不需要在每一機器旁累積到一定數量后再搬運至下一機器。通過一些小的技術革新，例如在機器上裝一些自動換刀、自動裝卸、自動啓動和自動停止的小裝置，可以增加 OWMM 中的機器數量，以進一步降低成本。

圖 4-1 所示的 OWMM 系統呈現一種 U 形布置，其最大特點是物料入口和加工完畢的產品的出口在同一地點。這是最常用的一種 OWMM 布置，其中加工的產品並不一定必須通過所有的機器，可以是 M1→M3→M4→M5，也可以是 M2→M3→M5 等。進一步地，通過聯合 U 型布置，可以獲得更大的靈活性。這在日本豐田汽車公司的生產實踐中已被充分證實。

2. 成組技術佈局

成組技術佈局是將不同的機器分成單元來生產具有相似形狀和工藝要求的產品。成組技術佈局現在被廣泛應用於金屬加工、計算機芯片製造和裝配作業。成組技術佈局應用的目的是要在生產車間中獲得產品導向佈局的好處。這些好處包括：

（1）改善人際關係：員工組成團隊來完成整個任務。

（2）提高操作技能：在一個生產週期內，員工只能加工有限數量的不同零件，重複程度高，有利於員工快速學習和熟練掌握生產技能。

（3）減少在製品和物料搬運：一個生產單元完成幾個生產步驟，可以減少零件在車間之間的移動。

（4）縮短生產準備時間：加工種類的減少意味著模具的減少，因而可提高模具的更換速度。

工藝導向佈局轉換為成組技術佈局可通過以下三個步驟來實現：

（1）將零件分類：該步驟需要建立並維護計算機化的零件分類與編碼系統。儘管許多公司都已開發了簡便程序來對零件進行分組，但是這項支出仍然很大。

（2）識別零件組的物流類型，以此作為工藝布置和再布置的基礎。

（3）將機器和工藝分組，組成工作單元。在分組過程中經常會發現，有一些零件由於與其他零件的聯繫不明顯而不能分組，還有專用設備由於在各加工單元中的普遍使用而不能具體分到任一單元中去。這些無法分組的零件和設備都放到「公用單元」中。

成組技術佈局則是將不同的機器分成單元來生產具有相似形狀和工藝要求的產品。其優點是：改善人際關係，增強參與意識；減少在製品和物料搬運及生產過程中的存貨；提高機器設備利用率；減少機器設備投資與縮短生產準備時間等。

(四) 固定位置佈局

固定位置佈局是指產品由於體積或重量龐大停留在一個地方，從而需要生產設備移到要加工的產品處，而不是將產品移到設備處的佈局方式。造船廠、建築工地和電影外景製片場往往採用這種佈局方式。

在一個固定位置的佈局中，生產項目保持在一個地方，工作人員和設備都到這個地點工作。但由於：

(1) 在建設過程中的不同階段需要不同的材料，因此隨著項目的進行，不同材料的安排變得關鍵；

(2) 材料所需的空間是不斷變化的，例如，隨著工程進展，建造一艘船的外殼所使用的鋼板量是不斷改變的。

上述兩個原因使得固定位置的佈局技術發展很慢。不同的企業處理固定位置佈局時採用不同的方法。建築企業通常有一個「行業會議」來對不同時期的空間進行安排。但這種方法並不是最優的，因為討論更傾向於政策性的利益分配而非分析性的效率安排。而造船廠在靠近船的地方有稱為「平臺」的裝載區域。物料裝卸由事先計劃好的部門完成。

四、設施布置方法

(一) 物料流向圖法

按照原材料、在製品以及其他物資在生產過程中的總流動方向來布置工廠的各車間、倉庫和其他設施，並繪製物料流向圖（如圖4-2）。

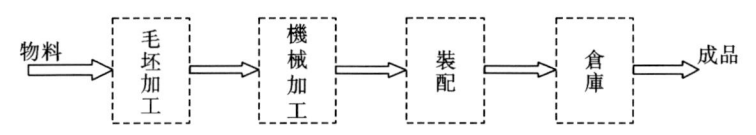

物料 → 毛坯加工 → 機械加工 → 裝配 → 倉庫 → 成品

圖4-2　某機加工企業設施布置示意圖

(二) 物料運量比較法

該方法是按照生產過程中物料流向及生產單位之間的運輸量布置設施的相對位置，其步驟如下：

(1) 根據原材料、在製品在生產過程中的流向初步布置各個生產單位的相對位置，繪出初步物流圖；

(2) 統計各個單位間的物料流量，制定物料運量表，見表4-1；

(3) 按運量大小進行布置，將彼此之間運量大的單位安排在相鄰位置，並考慮其他因素進行改進和調整。

表 4-1　　　　　　　　　　　　物料運量表

從—車間　至—車間	01	02	03	04	05	06	總計
01		6	4	3	2		15
02			6	5	3		14
03				8	3	2	13
04		5	3		6	2	16
05		3				11	14
06							0
總計	0	14	13	16	14	15	72

（三）相對關係布置法

根據工廠各組成部分之間的關係的密切程度加以布置，得出較優方案。工廠各組成部分之間的密切程度一般可分為六個等級，見表 4-2：

表 4-2　　　　　　　　　關係密切程度分類及代號

代號	關係密切程度	評分	代號	關係密切程度	評分
A	絕對必要	5	O	普通的	2
E	特別重要	4	U	不重要	1
I	重要	3	X	不予考慮	0

形成其密切程度的原因，可能是單一的，也可能是綜合的。一般可根據不同原因確定組成部分的關係密切程度，見表 4-3：

表 4-3　　　　　　　　　關係密切程度的原因

代號	關係密切程度原因
1	使用共同的記錄
2	共用人員
3	共用地方
4	人員接觸程度
5	文件接觸程度
6	工作流程的連續性
7	做類似的工作
8	使用共同的設備
9	可能的不良秩序

應用相對關係布置法時，首先根據工廠各組成部分相互作用關係表，然後，依據此表確定各組成部分的位置。

例 4.1 某工廠生產活動相關圖如圖 4-3。

第一步：繪製生產活動相關圖。

第二步：編製密切程度及積分統計表，見表 4-4。

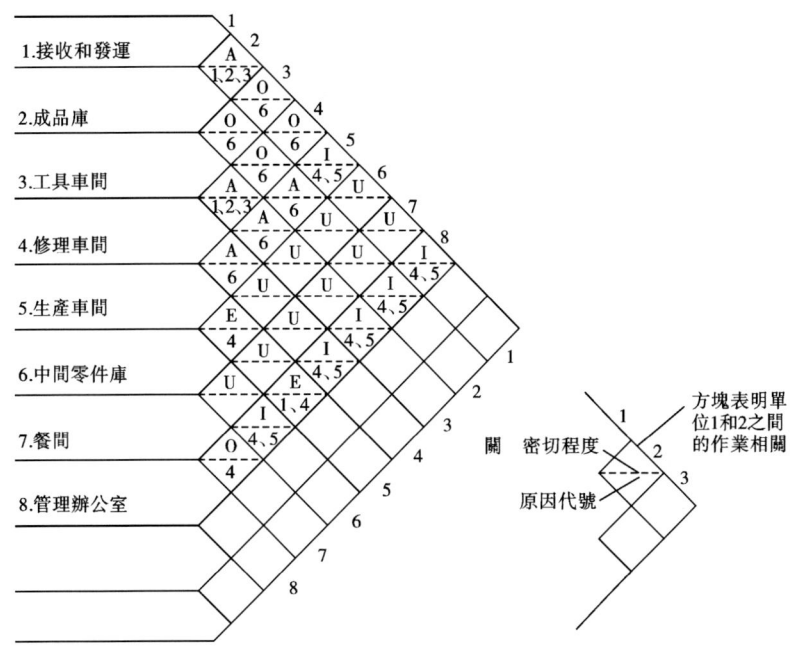

圖 4-3　相對關係圖

表 4-4　各組成單位密切程度積分表

1. 接收與發運處	2. 成品庫	3. 工具車間	4. 修理車間
A-2	A-1、5	A-4、5	A-3、5
I-5、8	I-8	I-8	I-8
O-3、4	O-3、4	O-1、2	O-1、2
U-6、7	U-6、7	U-6、7	U-6、7
評分 17	評分 19	評分 19	評分 19
5. 生產車間	6. 中間零件庫	7. 餐間	8. 辦公室
A-2、3、4	E-5	O-8	E-5
E-6、8	I-8	U-1、2、3、4、	I-1、8、2、3、4、6
I-1	U-1、2、3、4、7	5、6	O-7
U-7			
評分 28	評分 12	評分 8	評分 21

第三步：根據各組成單位密切程度積分表，進行工廠布置，如圖 4-5、圖 4-6 所示。

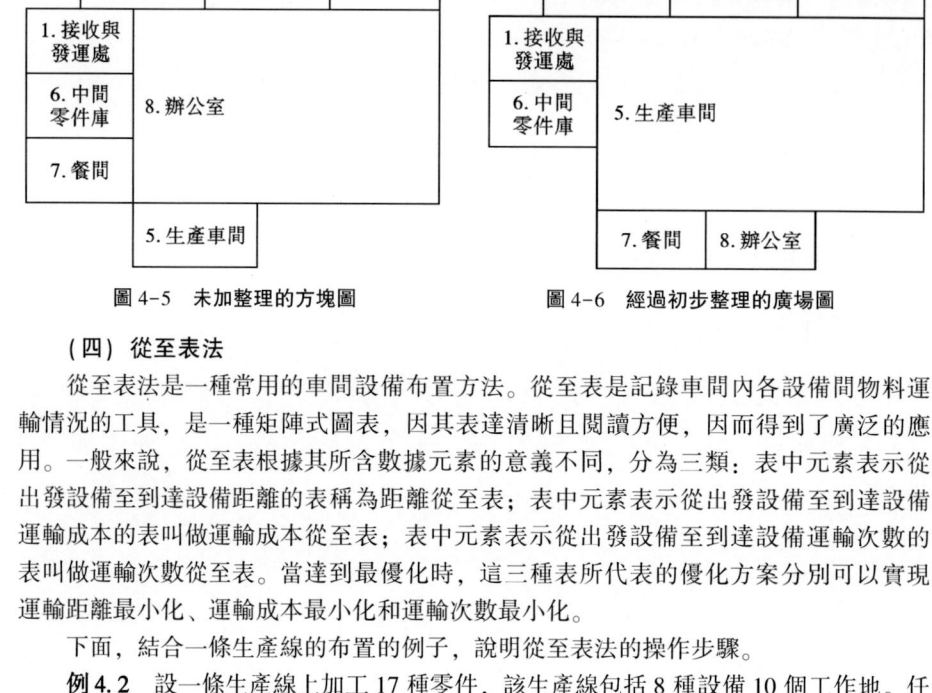

圖 4-5　未加整理的方塊圖　　　　　　圖 4-6　經過初步整理的廣場圖

（四）從至表法

從至表法是一種常用的車間設備布置方法。從至表是記錄車間內各設備間物料運輸情況的工具，是一種矩陣式圖表，因其表達清晰且閱讀方便，因而得到了廣泛的應用。一般來說，從至表根據其所含數據元素的意義不同，分為三類：表中元素表示從出發設備至到達設備距離的表稱為距離從至表；表中元素表示從出發設備至到達設備運輸成本的表叫做運輸成本從至表；表中元素表示從出發設備至到達設備運輸次數的表叫做運輸次數從至表。當達到最優化時，這三種表所代表的優化方案分別可以實現運輸距離最小化、運輸成本最小化和運輸次數最小化。

下面，結合一條生產線的布置的例子，說明從至表法的操作步驟。

例 4.2 設一條生產線上加工 17 種零件，該生產線包括 8 種設備 10 個工作地。任意相鄰兩工作地間距離大體相等並記作一個單位距離。用從至表法的解決步驟如下：

第一步，根據綜合工藝路線圖，編製零件從至表，見表 4-5。表中每一方格的數字代表零件從某一工作地移到另一工作地的次數。因而，這種表是次數從至表，表中數據距離對角線的格數表示兩工作地間的距離單位數，因而，方格越靠近對角線，兩工作地間距離越小。

表 4-5　　　　　　　　　　　初始零件從至表

從\至	毛坯庫	銑床	車床	鑽床	鏜床	磨床	壓床	內圓磨床	鋸床	檢驗臺	合計
毛坯庫		2	8	1		4			2		17
銑　床			1	2	1				1	1	6
車　床		3		6		1				3	13
鑽　床			1				2	1		4	8
鏜　床			1								1
磨　床			1						2		3
壓　床									6		6
內圓磨床									1		1
鋸　床		1		1						3	
檢驗臺											
合　計		6	13	8	1	3	6	3	1	17	58

第二步，改進零件從至表，求最佳設備排列順序，見表4-6。最佳排列順序應滿足如下條件，從至表中次數最多的兩臺機床，應該盡可能地靠近，由如上對從至表的分析看出，這需要使從至表中越大的數字越靠近對角線。

第三步，通過計算，評價優化結果。由於數據方格距對角線的距離表示兩工序間的距離，而數據表示零件在兩工序間的移動次數，因此，可以用方格中數據與方格距對角線的距離之積的和，來表示零件總的移動距離：

$$L = \sum_i \sum_j I_j C_{ij}$$

式中：L——總的移動距離；I_j——第j格移動對角線的格數；C_{ij}——移動次數。

第四步，比較改進前後的從至表。將工作地距離相等的各次數按對角線方向相加，再乘以離開對角線的格數，就可以求出全部零件在工作地之間移動的總距離，如表4-7所示。

可見，在改進後的零件從至表中，零件移動的總距離為44個單位距離，即總的運輸路線縮短了44個單位距離，同時物料的總運量也相應減少了，提高了企業經濟效益。

表4-6　　　　　　　　　　最終零件從至表

從＼至	毛坯庫	車床	銑床	鑽床	壓床	檢驗臺	鋸床	鏜床	內圓磨床	磨床	合計
毛坯庫		8	2		4		2	1			17
車　床			3	6		3				1	13
銑　床		1		2		1	1			1	6
鑽　床		1			2	4			1		8
壓　床						6					6
檢驗臺											
鋸　床		1	1							1	3
鏜　床		1									1
內圓磨床						1					1
磨　床		1				2					3
合　計		13	6	8	6	17	3	1	1	3	58

表4-7　　　　　　　　　　總的零件移動距離計算表

改進前		改進後	
前進	后退	前進	后退
$i×j$	$i×j$	$i×j$	$i×j$
1×(2+1+6)=9	1×(3+1)=4	1×(8+3+2+2+6)=21	1×1=1
2×(8+2+1)=22	2×1=2	2×(2+6+4)=24	2×1=2
3×(1+2+6)=27	3×(1+1)=6	3×(1+1)=6	3×1=3
4×(1+1+1+2)=20	4×0=0	4×(4+3+1)=32	4×(1+2)=12
5×0=0	5×0=0	5×1=5	5×1=5
6×(4+4)=48	6×1=6	6×2=12	6×1=6

表4-7(續)

改進前		改進后	
前進	后退	前進	后退
7×(1+3)= 28	7×1 = 7	7×(1+1)= 14	7×0 = 0
8×(2+1)= 24	8×0 = 0	8×1 = 8	8×1 = 8
9×0 = 0	9×0 = 0	9×0 = 0	9×0 = 0
小計　178	小計　25	小計　122	小計　37
零件總移動距離 $L=\sum i \times j = 178+25 = 203$（單位）		零件總移動距離 $\sum L' = i \times j = 122+37 = 159$（單位）	
零件總移動距離改進前后之差 $\Delta L = L-L' = 44$（單位）			
總距離相對減少程度 $\Delta L/L = 44/203 = 21.7\%$			

第三節　非製造業的設施布置

一、辦公室布置

辦公室布置的內容主要是確定人員座位和合理配置辦公室物質條件。布置時一般要瞭解辦公室的工作性質與內容、辦公室內部組織與人員分工、辦公室與其他單位的聯繫。還可繪製業務流程圖，作為布置的依據。還要瞭解辦公室定員編製，以及根據工作需要配備家具、通信工具和主要辦公用品等。在充分掌握情況的基礎上，按辦公室的位置和面積進行合理布置，並繪製平面圖。經討論、比較和修改后，即可正式按圖進行布置。

(一) 辦公室布置的主要考慮因素

在進行辦公室布置時，通常考慮的因素有很多。但有兩個主要的因素是必須加以重點考慮的：信息傳遞與交流的速度；人員的勞動生產率。

1. 信息傳遞與交流的速度

信息的傳遞與交流既包括各種書面文件、電子信息的傳遞，也包括人與人之間的信息傳遞和交流。對於需要跨越多個部門才能完成的工作，部門之間的相對地理位置也是一個重要問題。在這裡，應用工作設計和工作方法研究中的「工作流程」的概念來考慮辦公室布置是很有幫助的。而工作設計和工作方法研究中的各種圖表分析技術也同樣可以應用於辦公室布置。

2. 人員的勞動生產率

辦公室布置中要考慮的另一個主要因素是辦公室人員的勞動生產率。當辦公室人員主要是由高智力、高工資的專業技術人員構成時，勞動生產率的提高就具有更重要的意義。而辦公室布置，會在很大程度上影響辦公室人員的勞動生產率。但也必須根據工作性質的不同、工作目標的不同來考慮什麼樣的布置更有利於生產率的提高。例如，在銀行營業部、貿易公司和快餐公司的辦公總部等，開放式的大辦公室布置方便人們交流，促進了工作效率的提高。而在一個出版社，這種開放式的辦公室布置可能會使編輯們感到無端的干擾，無法專心致志地工作。

（二）辦公室布置的主要模式

行業不同、工作任務不同，辦公室布置也不同。歸納起來，大致可以分為以下兩個模式：

一種是傳統的封閉式辦公室，辦公樓被分割成多個小房間，伴之以一堵堵牆、一個個門和長長的走廊。顯然，這種布置可以保持工作人員足夠的獨立性，但不利於人與人之間的信息交流和傳遞，使人與人之間產生疏遠感，也不利於上下級之間的溝通，而且，幾乎沒有調整和改變佈局的余地。

另一種模式是近 20 多年來發展起來的開放式辦公室布置。在一間很大的辦公室內，可同時容納一個或幾個部門的十幾人、幾十人甚至上百人。這種布置方式不僅方便了同事之間的交流，也方便了部門領導與一般職員的交流，在某種程度上消除了等級的隔閡。但這種方式的弊端是，有時會相互干擾，也會帶來職員之間的閒聊等。

在開放式辦公室布置的基礎上，進一步發展起來的一種布置是帶有半截屏風的組合辦公模塊。這種布置既利用了開放式辦公室布置的優點，又在某種程度上避免了開放式布置情況下的相互干擾、閒聊等弊病。而且，這種模塊使布置有很大的柔性，可隨時根據情況的變化重新調整和布置。當採用這種形式的辦公室布置時，建築費用比傳統的封閉式辦公建築節省，改變布置的費用也低得多。

實際上，在很多組織中，封閉式布置和開放式布置都是結合使用的。20 世紀 80 年代，在西方發達國家又出現了一種稱為「活動中心」的新型辦公室布置。在每一個活動中心，有會議室、討論間、電視電話、接待處、打字複印和資料室等開展一項完整工作所需的各種設備。樓內有若干個這樣的活動中心，每一項相對獨立的工作集中在這樣一個活動中心中進行，工作人員根據工作任務的不同在不同的活動中心之間移動。但每人仍保留有一個小小的傳統式個人辦公室。顯而易見，這是一種比較特殊的布置形式，較適合於項目型的工作。

20 世紀 90 年代以來，隨著信息技術的迅猛發展，一種更加新型的辦公形式——「遠程」辦公也正在從根本上衝擊著傳統的辦公室布置方式。所謂「遠程」辦公，是指利用信息網路技術，將處於不同地點的人們聯繫在一起，共同完成工作。例如，人們可以坐在家裡辦公，也可以在出差地的另一個城市或飛機、火車上辦公等。可以想像，當信息技術進一步普及、其使用成本進一步降低以後，辦公室的工作方式和對辦公室的需求，以至辦公室布置等，均會發生很大的變化。

（三）辦公室布置的基本方法

在辦公室布置中，有一些布置原則與生產製造系統是相同的，例如，按照工作流程和能力平衡的要求劃分工作中心和個人工作站，使辦公室布置保持一定的柔性，以便於未來的調整與發展等。但是，辦公室與生產製造系統相比，也有許多根本不同的特點。

首先，生產製造系統加工處理的對象主要是有形的物品。因此，物料搬運是設施布置的一個主要考慮因素。而辦公室工作的處理對象主要是信息以及組織內外的來訪者，因此，信息的傳遞和交流方便與否，來訪者辦事是否方便、快捷，是主要的考慮因素。

其次，在生產製造系統中，尤其是自動化生產系統中，產出速度往往取決於設備的速度，或者說與設備速度有相當大的關係。而在辦公室，工作效率的高低往往取決

於人的工作速度，而辦公室布置，又會對人的工作效率產生極大影響。

最后，在生產製造系統中，產品的加工特性往往在很大程度上決定設施布置的基本類型。生產運作管理人員一般只在基本類型選擇的基礎上進行設施布置。而在辦公室布置中，同一類工作任務可選用的辦公室布置有多種，包括房間的分割方式、每人工作空間的分割方式、辦公家具的選擇和布置方式等。

此外，在辦公室的情況下，組織結構、各個部門的配置方式、部門之間的相互聯繫和相對位置的要求對辦公室布置有更重要的影響，在辦公室布置中要予以更多的考慮。

根據一些企業的經驗，搞好辦公室布置，要注意以下一些問題：

一是辦公室應有一個安靜的工作環境。各種嘈雜聲音會使人感到不愉快，分散注意力，容易造成工作上的錯誤。所以，辦公室應布置在比較安靜、適中的位置。如果修建辦公大樓，那麼大部分辦公室可以集中在一起，這樣既便於工作上相互聯繫，又可以求得比較安靜的工作環境。如果沒有辦公大樓，那麼辦公室就可能比較分散。好處是接近生產現場，便於為生產服務，但可能不夠安靜，必須採取具體措施，如隔音裝置等，以排除各種雜音。為保持辦公室內安靜，應將電話和其他發聲設備安裝在最少干擾他人工作的位置。客人來訪最好設有單獨會客室，如不具備此條件，也應將會客處布置在辦公室的入口附近。

二是辦公室應有良好的採光、照明條件。室內光線過強或過弱，都會增加人的疲勞，降低工作效率。一般來說，自然光優於人造光，間接光優於直光，勻散光優於聚焦光。自然光有益於人的身心健康，但早晚、陰雨可能光線不足，因此需要有其他的人造光補充。布置辦公室內座位時，應盡量使自然光來自辦公桌的左上方或斜后上方。

三是最有效地利用辦公室面積，合理布置工作人員的座位。安排座位時要考慮業務工作的流程和同一業務小組的工作需要，盡可能採取對稱布置，避免不必要的文書移動。

四是辦公室布置應力求整齊、清潔。室內用品應擺放整齊，以方便使用。文件箱、文件櫃的大小、高度最好一致，並盡量靠牆放置或背對背放置。常用的文件箱應布置在使用者附近。辦公用品和其他室內裝飾物要經濟實用，不要不切實際地一味追求豪華。

二、倉庫布置

倉儲業是非製造業中比重很大的一個行業。通過合理的倉庫布置來縮短存取貨物的時間、降低倉儲管理成本具有重要的意義。從某種意義上來說，倉庫類似於製造業的工廠，因為物品也需要在不同地點（單元）之間移動。因此，倉庫布置也可以有很多不同的方案，一般的倉庫布置問題的目的都是尋找一種布置方案，使得總搬運量最小。這個目標函數與很多製造業企業設施布置的目標函數是一致的。因此，可以借助於負荷距離法等方法。實際上，這種倉庫布置的情況比製造業工廠中的經濟活動單元的布置更簡單，因為全部搬運都發生在出入口和貨區之間，不存在各個貨區之間的搬運。

這種倉庫布置可進一步分為兩種不同情況：①各種物品所需貨區的面積相同。在這種情況下，只需把搬運次數最多的物品貨區布置在靠近出入口處，即可得到最小總

負荷數。②各種物品所需貨區面積不同。需要先計算某物品的搬運次數與所需貨區數量之比，取該比值最大者靠近出入口，依次往下排列。

上面是以總負荷數最小為目標的一種簡單易行的倉庫貨區的布置方法。在實際中，根據情況的不同，倉庫布置可以有多種方案、多種考慮目標。例如，不同物品的需求經常是季節性的，在元旦、春節期間應把電視、音響放在入口。又如，空間利用的不同方法也會有不同的倉庫布置要求。在同一面積內，高架立體倉庫可存儲的物品要多得多。由於搬運設備、存儲紀錄方式等的不同，布置方法也會不同。再如，新技術的引入會帶來考慮更多有效方案的可能性：計算機倉庫信息管理系統可使搬運人員迅速知道每一物品的準確倉儲位置，並為搬運人員設計一套匯集不同物品於同一貨車上的最佳搬運行走路線；自動分揀運輸線可使倉儲人員分區工作，而不必跑遍整個倉庫，等等。總而言之，根據不同的目標、不同的使用技術以及倉儲設施本身的特點，倉庫的布置方法也不同。

三、服務企業平面布置

服務業企業的布置形式也可以分為工藝專業化和產品專業化兩種形式，不過以前者居多。

由於服務業的生產過程和消費過程合為一體，消費者會對整個服務過程提出質量要求，因此服務業還十分強調環境的布置，如家具的式樣與顏色、室內的燈光、牆壁的色彩和圖案等。

零售服務業布置的目的就是要使店鋪的每平方米的淨收益達到最大。在實際應用中，這個目標經常被轉化為這樣的標準，如「最小搬運費用」或「產品擺放最多」。同時，應該考慮到還有其他許多的人性化因素。一般而言，服務場所有三個組成部分：環境條件，空間布置及其功能性，徽牌、標誌和裝飾品。

1. 環境條件

環境條件是指背景特徵，如噪音、音樂、照明和溫度等。這些都會影響雇員的具體表現和士氣，同時也會影響顧客對服務的滿意程度、顧客的逗留時間以及顧客的消費。雖然其中的許多特徵主要受建築設計（照明布置、吸音板和排風扇的布置等）的影響，但是建築內的布置也對其有影響。比如，食品櫃臺附近的地方常可以聞到食物的氣味，劇院外走廊裡的燈光必須是暗淡的，靠近舞臺處會比較嘈雜，而入口處的位置往往通風良好。

2. 空間布置及其功能性

在空間布置及其功能性中有兩個方面非常重要：設計出顧客的行走路徑，將商品分組。行走路徑的設計目的就是要給顧客提供一條路徑使他們能夠盡可能多地看到商品，並沿著這個路徑按需要程度安排各項服務。

通道也非常重要，除了要確定通道的數目之外，還要決定通道的寬度。通道的寬度也會影響服務流的方向，如有些商店是這樣設計的，一旦你走進商店的通道，就不能把購物小車掉轉方向。

布置一些可以吸引顧客注意力的標記也可以使顧客沿著經營者所設想的路線走動。當顧客沿著主要通道行進時，為了擴大他們的視野，沿主通道分佈的分支通道可以按照一定的角度布置。

對於流通規劃和商品分組，值得注意以下四方面：

（1）人們在購物中傾向於以一種環型的方式購物。將利潤高的物品沿牆壁擺放可以提高他們的購買可能性；

（2）商場中，擺放在通道盡頭的減價商品總是要比存放在通道裡面的相同物品賣得快；

（3）信用卡付帳區和其他非賣區需要顧客排隊等候服務。這些區域應當布置在上層或「死角」等不影響銷售的地方；

（4）在商場中，離入口最近和臨近前窗展臺處的位置最有銷售潛力。

3. 徽牌、標誌和裝飾品

徽牌、標誌和裝飾品是服務場所中有重要社會意義的標示物。這些物品與周圍環境常常體現了建築物的風格。比如，麥當勞的標誌能夠使人從很遠的地方就可以找到它。

復習思考題

1. 什麼是生產過程？其組成部分是什麼？
2. 解釋下列概念：設施、設施選址、設施布置。
3. 試述設施選址應考慮的因素。
4. 設施選址的原則是什麼？
5. 試比較辦公室布置與生產製造系統布置的特點。
6. 試分析比較工藝導向佈局、對象導向佈局的優缺點。

第五章
生產過程組織與技術準備

任何一種產品，從原材料投入到成品出產都要經過一定的加工製造過程。生產過程是生產管理的主要對象，在生產管理中具有相當重要的地位。本章主要介紹生產過程的概念與組成，流水生產、成組技術、生產技術準備的任務與內容、生產技術準備計劃。

第一節　生產過程及其組成

一、生產過程的概念

企業的生產過程是社會財富的生產過程，也是工業企業最基本的活動過程。從總體來看，它包括勞動過程和自然過程。

勞動過程是人們為社會提高所需要的產品而進行的有目的的活動。勞動過程是生產過程的主體，是勞動力、勞動對象和勞動工具（手段）結合的過程，也就是勞動者利用勞動手段作用於勞動對象，同時又創造具有新價值和使用價值的物質財富的過程。自然過程是指勞動對象借助自然界的力量產生某種性質變化的過程。

生產過程有狹義和廣義之分：廣義的生產過程是指從生產準備開始到產品製造出來為止的全部過程；狹義的生產過程是指從原材料投入開始到產品製造出來為止的全部過程。

二、生產過程的組成

1. 基本生產過程

基本生產過程是指對構成產品實體的勞動對象直接進行工業加工的過程，如機械製造企業的鑄造、機械加工和裝配等。基本生產過程是企業的主要生產活動。

2. 輔助生產過程

輔助生產過程是指為保證基本生產過程的正常進行而從事的各種輔助生產活動的過程。如為基本生產提供動力、工具和維修工作等。

3. 生產技術準備過程

生產技術準備過程是企業正式生產前進行的一系列生產技術上的準備工作過程，包括產品設計、工藝設計等。

4. 生產服務過程

生產服務過程是指為保證生產活動順利進行而提供的各種服務性工作，如供應工作、運輸工作和技術檢驗工作等。

企業的基本生產過程和輔助生產過程是企業的主要生產過程，由若干相互聯繫的工藝階段組成，而每個工藝階段又是由若干個工序組成。工藝階段是按照使用的生產手段的不同和工藝加工性質的差異劃分的局部生產過程。工序是指一個工人或一組工人在同一工作地上對同一勞動對象進行連續加工的生產環節。

三、合理組織生產過程的要求

1. 生產過程的連續性

生產過程的連續性是指生產過程的各個階段、各個工序，在時間上緊密銜接、連續進行，不發生或很少發生中斷現象。

2. 生產過程的比例性（協調性）

生產過程的比例性是指生產過程各個工藝階段、各工序之間，在生產能力上和產品勞動量上保持必要的比例關係。

3. 生產過程的節奏性（均衡性）

生產過程的節奏性是指在相同的時間間隔內，生產過程的各工藝階段、各個工序的產品產量大致相等或均勻遞增，使每個工作地的負荷保持均勻，避免前緊後松現象發生，保證生產正常進行。

4. 生產過程的適應性

生產過程的適應性是指生產過程的組織形式要靈活，能及時地滿足市場變化的要求。

5. 生產過程的平行性

生產過程的平行性是指平行交叉作業。

6. 生產過程的準時性

生產過程的準時性是指生產過程各工藝階段和工序按時生產。

四、生產類型與生產過程形式

（一）生產類型的概念

企業生產類型是影響生產過程組織的主要因素，也是設計企業生產系統首先應確定的重要問題。企業的產品結構、生產方法、設備條件、生產規模和專業化程度等方面都有各自的特點。這些特點都直接影響企業的生產過程組織。因此，有必要將各種不同的生產過程劃分為不同的生產類型，以便有針對性地選擇合適的生產組織形式。企業生產類型是按照工業企業生產過程的專業化程度所做的分類或者說生產類型是生產過程的類型。

影響生產類型的因素較多，為了便於研究需按一定的標誌，將企業劃分為不同的生產類型，並根據各生產類型的特點來確定相應的生產組織形式和計劃管理方法。

（二）生產類型的種類及其特點

1. 按工作地專業化程度劃分

（1）大量生產。

（2）成批生產。
（3）單件生產。
以上三種類型技術經濟分析的特點如表 5-1 所示：

表 5-1　　　　　　　　　三種類型技術經濟分析的特點

生產類型 生產特質	單件生產	成批生產	大量生產
產品品種	多、不穩	較多、較穩定	少、穩定
產量	單件或少量	較多	大
工作地專業化程度	基本不重複	定期輪番	重複生產
機械設備	萬能設備	部分專用設備	多數專用設備
工藝裝備	通用	部分專用設備	專用設備
勞動分工	粗	一定分工	分工細
工人技術水平	多面手	專業操作較多	專業操作
效率	低	中	高
生產週期	長	中	短
成本	高	中	低
適應性	強	較差	差
更換品種	易	一般	難

2. 按生產力法劃分
（1）合成型。將不同的原材料（零件）合成或裝配成一種產品。
（2）分解型。將原材料加工后生產多種產品，即化工性質的產品。
（3）提取型。通過從地下或海洋中提取產品。
（4）調制型。通過改變加工對象的形狀或性能，制成產品。
上述四種劃分方式並不是絕對的，一個企業可以並存上述中幾種類型。
3. 按接受生產任務的方式劃分
（1）訂貨生產方式。它是指企業在用戶提出具體訂貨要求后，才開始組織設計、製造、出廠等工作。
（2）備貨生產方式。它是在對市場需求量進行預測的基礎上，有計劃地進行生產，以保證產品有庫存。
4. 按生產的連續程度劃分
（1）連續生產方式。它是指長時間連續不斷地生產一種或很少幾種產品，生產的產品、工藝流程和使用的生產設備都是固定的、標準的，工序之間沒有在製品儲存。
（2）間斷生產方式。它是指間斷性地投入輸入生產過程的各種要素，生產設備和運輸裝置必須滿足多種產品加工的需要，工序之間要求有一定的在製品儲存。

（三）生產類型的劃分方法
1. 工序數目法
工序數目法是指按工作地擔負的工序數目確定生產類型。具體劃分見表 5-2。

表 5-2　　　　　　　　　　　　工序數目參考值

生產類型	工作地所擔負工序數目
大量生產	1~2
大批生產	2~10
中批生產	10~20
小批生產	20~40
單件生產	40 以上

2. 大量系數法

計算每個零件的每道工序所需單件加工時間與該零件的平均生產節拍之比：

$$K = T/R$$

式中，K——工序大量系數；T——工序單件工時（分/件）；R——零件平均節拍（分/件）。

$$R = F/N \qquad K = \frac{T \times N}{F}$$

式中，F——年度有效工作時間（分）；N——年度零件生產數量（件）。

用大量系數確定生產類型的參考數據見表 5-3。

表 5-3　　　　　　　　　　　　大量系數參考值

工作地生產類型	大量系數
大量生產	>0.5
大批生產	0.5~1
中批生產	0.05~0.1
小批生產	0.025~0.05
單件生產	<0.025

通過分析可知，工序大量系數和工序承擔的工序數目是倒數關係。

3. 產量法

產量法是根據產量的不同來判定企業類型的方法，在機械製造業被普遍採用。機械製造企業按零件大小和產量來區分生產類型，如表 5-4 所示。

表 5-4　　　　　　　　　　按零件大小和產量劃分生產類型

企業生產類型	年產量（件）		
	重型產品（>15,000kg）	中型產品（>2,000kg）	輕型產品（>100kg）
單件生產	5	10	100
小批生產	5~100	10~20	100~500
中批生產	100~300	200~500	500~5,000
大批生產	300~1,000	500~5,000	5,000~50,000
大量生產	>1,000	>5,000	>50,000

（四）生產單位專業化形式

生產單位專業化形式，決定著企業內部的生產分工和協作關係，工藝進程的流向，

原材料、在製品在廠內的運輸路線等。生產單位的專業化有兩種基本形式。

1. 對象專業化形式

按照不同的產品來劃分生產單位，每個車間完成其所擔負的對象的全部工藝過程。在對象專業化車間中，集中了不同類型的機器設備、不同工種的人員、對同類加工對象不同的工藝加工方法。

對象專業化形式的優點：①專業化程度高，勞動生產率高；②運輸路線短，節約費用；③縮短生產週期，節約資金，加速資金週轉；④減少車間之間的聯繫，便於管理。

對象專業化形式的缺點：①適應性差；②不利於充分利用設備和工人的工作時間；③不利於協作和工藝、設備管理。

2. 工藝專業化形式

按照生產過程各個工藝階段的工藝特點建立車間。在工藝專業化的車間中，集中了同類型設備、同工種的工人，以及對廠內生產的不同零件相同的工藝加工方法。

工藝專業化形式的優點：①生產單位適應性強；②充分利用設備和工人的工時；③工藝管理方便；④便於車間內協作和管理。

工藝專業化形式的缺點：①在製品運輸路線長；②產品生產週期長，流動資金佔用多，資金週轉速度慢；③車間之間聯繫複雜，不便於管理。

在企業的實際工作中，上述兩種專業化形式，往往是結合起來應用的，即兼有兩種專業化形式的優點，而避免其缺點，這叫做混合形式。例如在製造企業中，既有按對象專業化建立的車間（如流水線加工、裝配等），也有按工藝專業化建立的車間（如熱處理車間等），還有一個車間內部。有些工段或班組可能是按對象專業化建立的，而另一些工段或班組是按工藝專業化建立的。總之，一個生產車間（單位）採用何種專業化形式，要因地制宜，靈活運用。

第二節　流水線生產

一、流水生產組織的發展過程

研究生產過程的目的是在空間上和時間上合理地組織生產過程，提高勞動生產率，縮短生產週期，加速資金週轉，降低產品成本。採用對象專業化的空間組織形式和平行移動的時間組織方式，是達到這一目的的兩個重要方法，而流水線生產把高度的對象專業化的生產組織和勞動對象的平行移動方式有機地結合起來，成為一種先進的生產組織形式。特別是在大量生產企業中，流水線生產方式佔有十分重要地位。

現代流水線生產方式起源於福特制。福特（1914—1920）年創立了汽車工業的流水線，滿足了大規模生產的要求。最初，福特在他的汽車廠中積極推行泰羅制。但隨著工業生產規模的擴大，市場競爭日益激烈。福特發現，泰羅制著重於個別工人操作合理化和計件工資的研究，而對如何從整體的觀點協調各作業、各個工序，以提高整個工廠的效率，缺乏注意和研究，達不到「低成本、高利潤」的要求。因而，他在泰羅制的基礎上，予以改進。

福特制的主要內容是：第一，在科學組織生產的前提下謀求高效率和低成本，因

而實施產品的標準化、零件的標準化、設備的專業化和工場專業化。

為了追求最低成本，福特認為首先要將生產集中於最佳的產品型號，提出所謂的「單產品原則」。福特汽車公司曾在很長時間內集中生產 T 型汽車，為大量生產創造了重要前提。

第二，創造了流水線作業的生產方法，建立了傳送帶式的流水線。

傳送帶的廣泛應用，使得原材料均可在使用機械裝置搬運移動中，加工成各種零件，而部件裝配和汽車總裝配，可以採用移動裝配法完成。

流水線剛開始以單一的流水線形式出現，隨後又出現了多對象的可變流水線和成組流水線。

二、流水線生產的特徵、形式和組織生產條件

（一）流水生產線的特徵

流水線生產是指勞動對象按一定的工藝路線和統一的生產速度，連續不斷地通過各工作地，順次地進行加工並生產產品（零件）的一種生產組織形式。其特徵如下：

（1）工作地專業化程度高，即專業性；
（2）生產具有明顯的節奏性，按節拍進行生產，即節奏性；
（3）勞動對象流水般地在工序間移動，生產過程具有高度的連續性，即連續性；
（4）各工序工作地（設備）數量與各工件單件加工時間的比值相一致，即一致性；
（5）工藝過程是封閉的，即封閉性；
（6）工作地按工藝順序排列成鏈條形式，勞動對象在工序間單向移動，即順序性。

（二）流水生產的形式

（1）按生產對象是否移動，分為固定流水線和移動流水線；
（2）按生產品種的數量，分為單一品種流水線和多品種流水線；
（3）按生產的連續性，分為連續性流水線和間斷性流水線；
（4）按實現節奏的方式，分為強制節拍流水線和自由節拍流水線；
（5）按對象的輪換方式，分為不變流水線、可變流水線和混合流水線；
（6）按機械化程度，分為自動流水線、機械化流水線和手工流水線。

（三）組織流水生產的條件

（1）產品結構和工藝要相對穩定；
（2）產量要足夠大；
（3）工藝能同期化；
（4）生產面積容納得下。

三、單一品種流水線的設計

（一）流水生產的組織設計和技術設計

流水線設計包括組織設計和技術設計兩個方面。前者是指工藝規程的制定、專業設備的設計、設備改裝設計、專用工具夾的設計和運輸傳送裝置的設計等。這是流水線的「硬件」設計。后者是指流水線節拍的確定、設備需要量和負荷系數計算、工藝同期化工作、人員配備、生產對象傳送方式的設計、流水線平面布置、流水線工作制度和標準計劃圖表制定等，可以說是「軟件」設計。

1. 確定流水線的節拍

節拍是指流水線生產上連續生產兩個相同製品的間隔時間。計算公式如下：

$$R = \frac{F_e}{Q}$$

式中，F_e——計劃期內有效時間總和；Q——計劃期的產品產量（包括計劃產量和預計廢品量）

例5.1 某企業生產計劃中齒輪的日生產量為 40 件，每日工作 8 小時，時間利用系數為 0.96，廢品率為 2%，試求該齒輪的平均節拍。

解：$F_e = F_0 \times K = 8 \times 60 \times 0.96 = 460.8$（分）

$Q_日 = 40/0.98 = 40.8$（件）

$R = F_e/Q_日 = 460.8/40.8 = 11.3$（分/件），取 11（分/件）

2. 進行工序同期化，計算工作地（設備）需要量和負荷

流水線節拍確定后，要根據節拍來調節工藝過程，使各道工序的時間與流水線的節拍相等或成倍數關係。這個工作稱為工序同期化。工序同期化的措施主要有：

（1）提高設備的生產效率；
（2）改進工藝裝備；
（3）改進工作地布置與操作方法，減少輔助作業時間；
（4）提高工人技術的熟練程度和工作效率；
（5）詳細地進行工序的合併與分解。如表 5-5 所示。

表 5-5　　　　　　　　裝配工序週期化計算表

原工序號	1			2		3		4		5	6	7	
工序時間（分）	7			3.4		5.8		7.2		2	3.7	5.9	
工步號	1	2	3	4	5	6	7	8	9	10	11	12	
工步時間（分）	2.1	3.2	1.7	3.4	1.9	3.9	4	3.2	2	3.7	2.3	3.6	
工作地數（個）	2			1		1		2		1	1	1	
同期化程度	0.67			0.65		1.1		0.69		0.38	0.71	1.13	
流水線節拍	5.2（分/件）												
新工序號	1			2		3			4		5		
新工序時間（分）	5.3			5.1		9.8			5.2		9.6		
工作地數（個）	1			1		2			1		2		
同期化程度	1.02			0.98		0.94			1		0.92		
新合併的工步	1、2			3、4		5、6、7			8、9		10、11、12		

註：T_i/R 是指同期化程度。

工序同期化后，可根據新確定的工序時間來計算各道工序的設備需要量。

$$S_i = T_i/R$$

式中：S_i——第 i 道工序計算所需工作地數。

一般來說，計算的設備數都不是整數，所取的設備數只能是整臺數。此時，設備負荷係數 K_i 為：

$$K_i = S_i / S_{ei}$$

式中：K_i——設備負荷系數；S_{ei}——為第 i 道工序所需的實際工作地數。

流水線設備總負荷系數 $K_i = \dfrac{\sum\limits_{i=1}^{m} S_i}{\sum\limits_{i=1}^{m} S_{ei}}$

設備負荷系數決定了流水生產線的連續程度：當 K_i 的取值範圍為 [0.75, 0.85] 時，宜組織間斷流水線；當 K_i 的取值範圍為 [0.85, 1.05] 時，宜組織連續流水線。

3. 計算工人需要量，合理配備人員

(1) 以手工勞動和使用手工工具為主的流水線的人員需要量：

$$P_i = S_{ei} \times G \times W_i$$

$$P = \sum_{i=1}^{m} P_i$$

式中，S_{ei}——設備數；G——日工作班；W_i——第 i 道工序同時工作人數。

(2) 以設備加工為主的流水線的人員需要量：

$$P = (1+b) \sum_{i=1}^{m} \dfrac{S_i G}{f_i}$$

式中，f_i——第 i 道工序每個工人的設備重複定額；b——考慮缺勤等因素的后備工人百分比。

例 5.2　已知以手工為主的某流水線的日產量為 160 件，工作班次實行兩班制，工序單件工時如表 5-6 所示。試計算節拍、各工序設備負荷系數及工人數。假設每臺設備由一人看管。

表 5-6　　　　　　　　　　設備負荷系數表

工序號	1	2	3	4	5	6
時間定額（分/件）	12	4	5	8	6	3
設備數（臺）	(2)	(1)	(1)	(2)	(1)	(1)
負荷系數	(1.00)	(0.67)	(0.83)	(0.67)	(1)	(0.5)

解：$R = F_e / Q = 2 \times 8 \times 60 / 160 = 6$（分/件）

$S_i = T_i / R$

S_{ei} 為 S_i 整數值，結果如表 5-6 所示。

$K_i = S_i / S_{ei}$，結果如表 5-6 所示。

$P = \sum\limits_{i=1}^{m} P_i$ (2×2×1+1×2×1+1×2×1+2×2×1+1×2×1+1×2×1) = 16（人）

4. 流水生產線節拍的性質和運輸工具的選擇

流水生產採用什麼樣的節拍，主要依據工序同期化的程度和加工對象的重量體積、精度和工藝性等特徵。當工序同期化程度高，工藝性好以及製品的重量、精度和其他技術條件嚴格地按節拍出製品時，應採用強制節拍，否則就採用自由節拍。

在強制節拍流水生產線上，為保證嚴格的出產速度，一般採用機械化的傳送帶作為運輸工具。在自由節拍流水生產線上，由於工序同期化水平和連續性較低，一般採

用連續式運輸帶、滾道或其他運輸工具。

在採用機械化傳送帶時，需要計算傳送帶的速度和長度。

傳送帶的速度可由下式求得：

$V = L/R$（米/分）

式中，V——傳送帶的速度；L——產品間隔長度；R——節拍。

傳送帶的長度可由下式求得：

$L = L_i + L_g$

式中，L_i——第 i 道工序工作的間隔長度；m——工序數目；L_g——技術長度。

5. 流水線的平面布置

流水線的平面布置應當有利於工人操作，保證製品運動路線最短、流水線上互相銜接流暢，以及充分利用生產面積。而這些要求同流水線的形狀、工作地的排列方式等有密切的關係。

流水線的形狀一般有直線形、直角形、U形、山字形、環形、S形等。如圖 5-4 所示，每種形狀的流水線在工作地（設備）的布置上，又有單列流水線與雙列流水線。

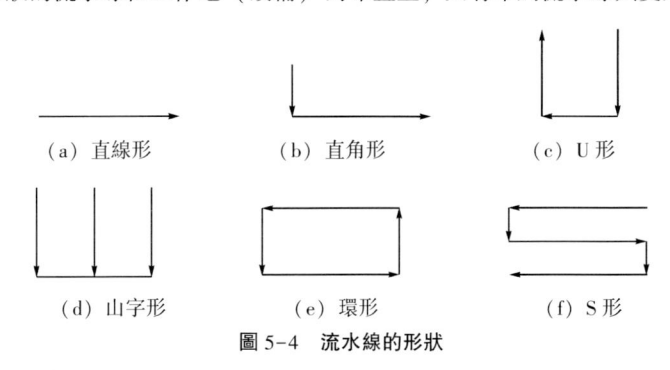

(a) 直線形　　(b) 直角形　　(c) U形

(d) 山字形　　(e) 環形　　(f) S形

圖 5-4　流水線的形狀

四、多品種流水線的設計

多品種流水線是指在一條流水線上生產兩種或兩種以上產品。它有兩種形式：可變流水線和混合流水線。前者在整個計劃期內（如一季、一月、一天），按一定的重複期（間隔期），成批輪流生產多種產品。但在計劃期的各段時間內，流水線上只生產一種產品，這種產品按規定的批量完成以後，才轉而生產另一種產品。混合流水線是指將流水線上生產的多種產品，按一定的數量和順序編成組，在一定時間內混合地同時生產同組的各種產品。

多品種流水線組織設計比較複雜，但其設計過程和單一品種流水線相似，主要確定節拍。節拍的確定說明如下：

（一）多品種可變流水線節拍計算

多品種可變流水線節拍計算有兩種方法：一是代表產品法。從流水線上生產的產品中，選擇一種產量大、勞動量大、工藝過程較複雜的產品作為代表產品，將其他產品按勞動量比例關係換算成代表產品的產量，以此表示流水線總的生產能力，再計算代表產品的節拍和其他各種產品的節拍。二是勞動量比重法。按製品在流水線上加工總勞動量中所占比重分配流水線有效工作時間，然后計算製品節拍。下面舉例說明：

例5.3 某可變流水線生產 A、B、C 三種產品，其計劃月產量分別為 2,000 件、1,875 件、1,857 件。每種產品在流水線上各工序單件作業時間之和分別為 40 分、32 分、28 分。流水線上按兩班制工作，每月有效工作時間為 24,000 分。現以 A 產品為代表產品，試確定其節拍。

解：（1）用代表產品法計算節拍。

計劃期代表產品 A 的產量＝2,000+1,875×32/40+1,857×28/40＝4,800（件）

代表產品 A 的節拍＝24,000/4,800＝5（分/件）

產品 B 的節拍＝5×32/40＝4（分/件）

產品 C 的節拍＝5×28/40＝3.5（分/件）

（2）用勞動量比重法計算節拍。

將計劃期的有效工作時間按各種產品的勞動量比例進行分配。然後，根據各產品分得的有效工時和產量計算生產節拍。

A 產品勞動量占總勞動量的比重＝[（2,000×40）/（2,000×40+1,875×32+1,875×28）]×100%＝41.67%

B 產品勞動量占總勞動量的比重＝[（2,000×32）/（2,000×40+1,875×32+1,875×28）]×100%＝31.25%

C 產品勞動量占總勞動量的比重＝[（2,000×28）/（2,000×40+1,875×32+1,875×28）]×100%＝27.08%

則 A 產品的節拍＝24,000×41.67%/2,000＝5（分/件）

B 產品的節拍＝24,000×31.25%/1,875＝4（分/件）

C 產品的節拍＝24,000×27.08%/1,857＝3.5（分/件）

以上兩種方法實質上是一樣的，可互相轉換。

（二）混合流水線節拍確定

在混合流水線上，雖然產品的品種不同，但是它們在結構上必須是相似的，工藝、尺寸也要很相近。流水線的計劃生產能力要滿足計劃期生產的全部產品品種和產量的需要。根據產品的投入方式，混合流水線的節拍又有固定與可變之分。固定節拍可按下列公式計算：

$$R = \frac{T}{\sum_{i=1}^{n} N_i}$$

式中，T——計劃期作業時間；N_i——計劃期各種產品產量；n——品種數。

例5.4 某混合流水線生產 A、B、C 三種產品，計劃產量分別為 3,000 件、2,000 件、1,000 件，計劃期預定的作業時間為 12,000 分，計算其平均節拍。

解：平均節拍為 R＝12,000/（3,000+2,000+1,000）＝2（分/件）。

第三節　成組技術

成組技術（Group Technology）也叫群組技術，20世紀50年代初起源於蘇聯，是一種先進的生產與管理技術。隨著成組技術的廣泛應用和不斷完善，它不僅對採用成

組工藝和成組工藝裝備、提高零件批量生產具有重大意義，而且對改進產品設計，產品系列化、零部件標準化和通用化有著積極的推動作用。當今，成組技術與數控技術相結合，已成為製造技術向柔性自動化、全能製造系統等先進生產技術發展的手段。

一、成組技術的概念和內容

1. 成組技術的概念

成組技術是組織多品種、小批量生產的一種科學管理方法。它把企業生產的各種產品和零件，按結構、工藝上的相似性原則進行分類編組，並以「組」為對象組織和管理生產。所以說，成組技術是一種基於相似性原理的合理組織生產技術準備和產品生產過程的方法。

2. 成組技術的內容

從被加工零件的工藝工序的相似性出發，考慮零件的結構、形狀、尺寸、精度、光潔度和毛坯種類等不同特點，成組技術的內容為：

（1）依照一定的分類系統進行零件的編碼和劃分零件組；

（2）根據零件組的劃分情況，建立成組生產單元或成組流水線；

（3）按照零件的分類編碼進行產品設計和零件選用。

二、成組技術的優點

為了提高多品種中小批生產的技術經濟效率，推行成組技術是一種有效措施，其優點如下：

（1）簡化了生產技術準備工作；

（2）增加了同類型零件的生產批量，有利於採用先進的加工方法，從而提高生產效率；

（3）縮短了生產週期；

（4）有利於提高產品質量，降低產品成本；

（5）簡化了生產管理工作。

三、零件分類編碼

分類的依據是零部件的相似性。相似性存在於各個方面，例如在結構方面，具有形狀、尺寸和精度等相似特徵；在材料方面，具有材料的種類、毛坯形式和熱處理等相似特徵；在工藝方面，具有加工方法、工序順序、設備與夾具等相似特徵。識別零件的相似性，是一項工作量很大且複雜的工作。為此，零件分類編碼系統出現了。零件分類編碼系統是指用數字、字母或符號對零部件的特徵進行描述和標示，形成一套特定的規則，按規則對零部件進行編碼。

零部件的分類方法有很多：

（1）目測和經驗法。目測法是一種直觀地劃分零件的方法，也是最簡單的分類方法。人們憑經驗和目測，把形狀、尺寸和工藝方法等相似的零件歸為一類進行加工。

（2）分析法。分析法是指分析工廠全部零部件的工藝過程卡片，按所用機床的類似性，把工序相同的零部件歸成零部件組。

以上兩種方法不用編號來分類。

（3）編號分類法。編號分類法是一個新的方法，其基本原理是「以數代形，按數歸組」。各種零部件的形狀、尺寸等特徵用對應的數字（編號）表示。零部件特徵能轉換成數字信息，然后根據編號相同或相近的零部件分類。這也就為利用計算機創造了條件。

目前世界上已有幾十種零件分類系統。按分類所依據的主要特徵來看，主要有三大系統：

（1）按零部件結構分類，主要有布里奇分類系統；

（2）按零部件工藝分類，主要有米特洛方諾夫分類系統；

（3）按零部件結構和工藝分類，主要有奧匹茲分類系統。

前兩種分類系統各有利弊，第三類則結合前兩類的優點。第三類以德國的奧匹茲分類系統為代表。該分類系統是由德國阿享大學奧匹茲在德國機床協會的協助下，針對整個機械行業而設計的，為世界各國所採用。

在奧匹茲分類系統中，每個零部件用九位數表示，前五位稱為形狀編號，后四位稱為輔助編號。五位形狀編號分別代表零部件的類別、主要形狀、回轉加工、平面加工和輔助孔。輔助編號分別表示尺寸、材料、毛坯和精度。每個位數的取值範圍為 0~9，分別表示其再分的特徵。

中國的第一個分類編號系統是於 1979 年提出的，主要用於機床行業的機床零部件編碼法則（JCBM）。這一系統是根據中國機床工業的特點，選用奧匹茲系統，經過修改、補充而形成的。

四、成組技術的生產組織形式

1. 成組加工中心（GT-Center）

成組加工中心是把一些結構相似的零件，在某種設備上進行加工的一種比較初級的成組技術的生產組織形式。如圖 5-5 所示。

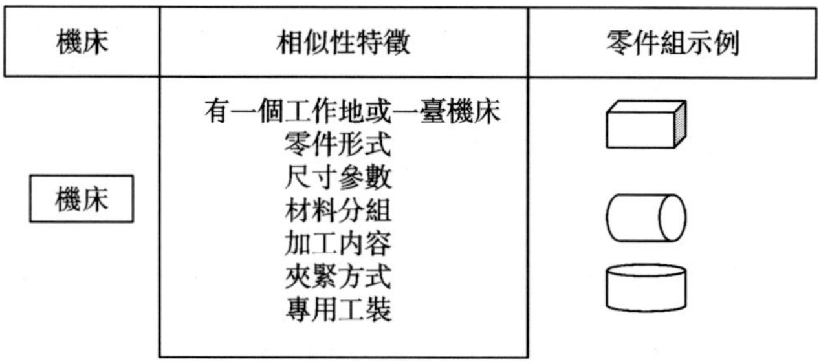

機床	相似性特徵	零件組示例
機床	有一個工作地或一臺機床 零件形式 尺寸參數 材料分組 加工內容 夾緊方式 專用工裝	

圖 5-5　成組加工中心

採用此形式，集中加工相似零件，可以減少設備的調整時間和訓練工人的時間，有利於工藝文件編製工作合理化，且能逐步實現計算機輔助工藝設計。

2. 成組生產單元（GT 單元）

成組生產單元是指按一組或幾組工藝上相似零件共同的工藝路線，配備和布置設備。它是完成相似零件全部工序的成組技術的生產組織形式。在單元中，零件的加工

是按類似流水線的方式進行的。如圖 5-6 所示。

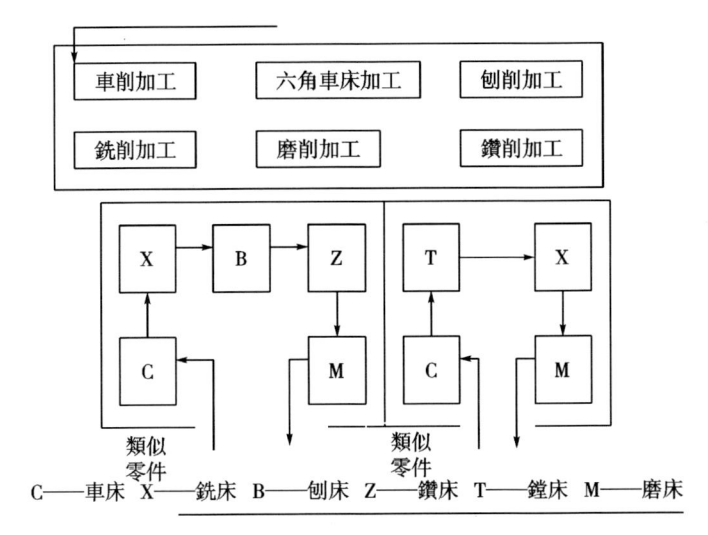

```
┌─────────────────────────────────────┐
│  車削加工    六角車床加工    刨削加工  │
│  銑削加工    磨削加工       鑽削加工  │
└─────────────────────────────────────┘

    X → B → Z      T → X
    ↑       ↓      ↑    ↓
    C ←     M      C ←  M
   類似零件        類似零件

C──車床  X──銑床  B──刨床  Z──鑽床  T──鏜床  M──磨床
```

圖 5-6　成組生產單元

一般按成組技術配備的生產單元，需具備以下特徵：

（1）生產單元中工人數約為 10~15 人；

（2）工人數比機床數應盡可能少，每個工人應學會盡可能多的技能，甚至熟悉單元的全部工作；

（3）單元在管理工作上有一定的獨立性；

（4）單元應集中在一塊生產面積內，單元內基本上保證工序的流水性，生產過程盡可能不被跨組加工工序打斷；

（5）要保證有穩定和均衡的生產任務，單元的產品品種和規模要與工藝能力和生產能力相適應；

（6）工夾具應盡可能在本單元內；

（7）單元輸出的是最終加工好的零件或成品。

3. 成組流水線（GT 流水線）

這類零件的工藝共性程度高。根據零件組的工藝流程來配備設備，工序間的運輸採用滾道或小車。因此，它具有大批流水線固有的特點。其主要區別是流動的不是固定的一種零件，而是一組相似零件。如圖 5-7 所示。

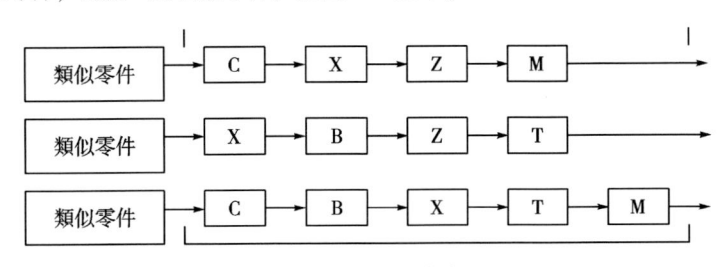

```
類似零件 → C → X → Z → M →
類似零件 → X → B → Z → T →
類似零件 → C → B → X → T → M →
```

圖 5-7　成組流水線

第四節　生產技術準備的任務與內容

任何產品生產過程都包含著準備和生產兩個階段。生產技術準備是為試製和生產創造一切必要條件的工作。沒有生產技術準備，即使一般的生產也難以順利進行，更難取得較好的經濟效益。本章主要闡述生產技術準備的任務和內容、工藝準備內容、工藝方案的制訂和經濟評價、工藝文件的準備、工藝裝備的設計和製造、生產技術準備計劃的種類等。

一、生產技術準備的任務

生產技術準備工作是指企業在開發新產品，改進老產品，採用新技術和改進生產組織方法時進行的一系列生產技術上的準備工作。它是提高生產技術水平、生產效率，充分挖掘潛力，提高產品質量和工作質量，節約開支，降低成本，爭取較好經濟效益的重要管理環節。

工業企業生產技術準備的任務主要有：
（1）以最快的速度、最低的費用開發適銷對路的產品；
（2）做好企業產品、技術和生產方式新舊交替的準備工作，實現有條不紊的轉變；
（3）保證產品設計、製造和使用的經濟性；
（4）提高企業的生產技術水平和經濟效益。

二、生產技術準備的內容

為了完成生產技術準備的任務，需要進行大量複雜且細緻的工作。具體工作內容取決於生產技術準備的對象。對於開發新產品、改造老產品、採用新技術及改變生產組織方法，需要進行的生產技術準備工作的具體內容有很大差別。以新產品開發為例，生產技術準備可以劃分為三個階段：

1. 開發研究階段

這個階段也叫機能研究階段。在開發新產品時，如本企業已經有類似產品的製造經驗或成熟的應用技術，可以直接進入設計試製階段。如採用了新原理、新結構，就需要進行研究和實驗，解決新產品研製中的理論問題和技術問題，為新產品的正式設計提供科學的依據。

2. 設計試製階段

設計試製階段的任務，主要是在開發研究基礎上，設計試製出樣機（或樣品），進行各種試驗，根據試驗結果再改進設計，直至符合原定的技術與經濟目標為止。

3. 生產準備階段

生產準備階段的工作主要是完成從樣機（或樣品）試製向正式生產的過渡。其主要內容包括對樣機（或樣品）設計的工藝性分析，編製工藝規程和工藝方案，制定檢驗規範和工時定額，確定材料消耗定額，並按照工藝規程進行工藝裝備設計和創造，做好批量生產所需要的原材料、外購配套件和外協件等的準備，保證供應。

第五節　生產技術準備計劃

生產組織準備包括選擇新產品的生產方式、制定期量標準、改進作業計劃體制和調整車間設備布置等。在生產技術準備計劃階段，要編製年度生產準備綜合計劃、科室生產技術準備計劃和分產品生產技術準備計劃，並確定各種準備工作勞動量、各階段工作週期。

一、生產技術準備計劃的種類

生產技術準備計劃主要包括：年度生產準備綜合計劃、科室生產技術準備計劃與分產品生產技術準備計劃。

年度生產準備綜合計劃包括企業在計劃年度內發展新產品、改進老產品的全部生產技術準備工作的綜合性概略計劃。它規定了工業企業在計劃年度內發展新產品、改進老產品生產技術準備的階段與工作量、有關部門的分工關係，以及大致的工作進度。這一計劃的目的主要是全面安排新產品試製與老產品改進的技術準備工作，規定有關科室、車間的工作任務，平衡各技術準備部門的能力負荷，防止忙閒不均和彼此脫節。這一計劃一般只列入按產品分的主要準備工作項目。執行單位及概略的工作進度，如表 5-7 所示。

表 5-7　　　　　　　　　企業年度生產準備綜合計劃

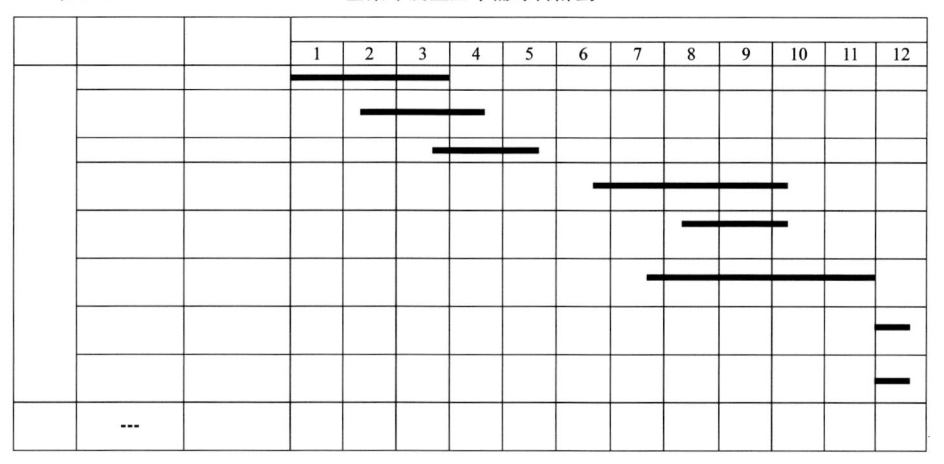

			1	2	3	4	5	6	7	8	9	10	11	12
	...													

科室生產技術準備工作計劃是在上述計劃的基礎上由各有關科室的準備計劃員編製的。它規定著各科室擔負的全部生產技術準備工作項目、執行人員以及工作進度等。通過這一計劃可以把各項準備工作落實到人，使參與準備的人員心中有數，發揮積極性、主動性，更好地完成任務。

分產品的生產技術準備計劃是在企業生產技術準備綜合計劃基礎上編製的。它的內容比綜合計劃更細緻具體，是按產品分年、分月、分旬編製的。它具體規定著每種產品的全部技術準備工作項目、工作量、執行單位和工作進度等。

二、生產技術準備計劃的編製、執行與檢查

(一) 生產技術準備工作計劃的編製

企業的生產技術準備計劃的編製需要以下資料：企業發展新品種的長期計劃、年度生產計劃、新產品試製計劃和改進老產品的計劃、訂購合同等。這一計劃的準備工作項目及進度都比較粗，是概略性的，需在此基礎上進一步編製分產品的生產技術準備計劃。這兩種計劃都由生產技術準備工作計劃室（組）編製，發給各有關科室作為編製科室生產技術準備工作計劃的依據。如各科室根據工作量計算，發現能力負荷上有矛盾但經採取措施仍難以解決時，也可對前兩種計劃提出修改意見，因此，生產技術準備計劃採用「兩下一上」的工作程序，由生產技術準備計劃室（組）先擬訂計劃草案，發給各有關科室車間，經討論提出修改意見，再由生產技術準備計劃室（組）匯總與整理，最後提交廠部召開的生產技術準備計劃會議並落實，該計劃於計劃年前一季度下達；嚴肅執行。

在編製安排生產技術準備這一環節，除了某些必須在設計方案前準備的科研工作外，設計方案中不用落實的，就不能往下安排。

最常用的生產技術準備計劃的編製方法是線條圖（甘特圖）。其步驟是：

(1) 將全部準備工作分解為各個階段和各項活動，並計算出各階段各項活動的週期；

(2) 在保證交貨期的前提下，按反工藝順序安排畫出工作日曆圖表。

在編製生產技術準備計劃時應注意的問題有：

(1) 要切實安排工藝裝備製造，要注意工裝設計計劃，按複雜的等級保證必需的製造週期；

(2) 按質量等級規劃，結合輪番生產的產品，分期分批進行整頓，安排上下場的技術準備工作，分別按不同情況採取不同的措施。

(二) 生產技術準備計劃的執行和檢查

生產技術準備計劃編製完成后，即成為全廠生產計劃的組成部分，必須組織有關科室和車間，通力合作，認真地貫徹實施。

廠部和各級部門要隨時檢查計劃執行情況，發現問題及時調整，才能保證按計劃完成各項工作。檢查的方式可採取日常報表、書面匯報及會議檢查等形式。

對於多專業多工種的任務項目，最好採取項目組的形式。即將有關開發項目的各種專業人員組織在一個工作組內，他們獨立地進行工作，承擔技術和經濟責任。這樣既易於保證開發的質量，又能加快開發進度。這是目前組織技術工作最有效的組織形式之一。

檢查生產技術準備計劃執行情況的工作，應由生產技術準備計劃室（組）及有關科室的準備計劃員負責。檢查可採取多種形式：一是建立書面匯報制度，通過書面匯報檢查生產技術準備計劃的執行情況；二是深入現場檢查生產技術準備計劃的執行情況；三是通過生產技術準備工作會議來檢查。

三、生產技術準備計劃工作勞動量與週期的確定

在生產技術準備計劃的編製工作中，要解決的問題之一，就是對各項準備工作量、

勞動量與各階段準備週期的確定。這些準備工作的數量和勞動定額不易確定，而且往往要等前一階段準備工作基本完成後，才能較準確地確定下一階段準備工作量。

(一) 生產準備工作勞動量的確定

確定生產準備工作勞動量的常用方法有系數換算法和按複雜程度計算法兩種。

1. 系數換算法

這種方法是先為同類產品定出一個基準產品，再將新產品按主要規格（重量、尺寸和功率等）與該基準產品相比較，根據該基準產品過去試製的勞動量資料，通過換算系數來計算新產品準備工作的勞動量定額。換算系數可以根據某項規格來規定，也可以根據若干項規格來規定。也就是要按各個規格定出比重，再計算出平均換算系數。

按產品結構特點，換算系數可以根據勞動量和某一參數值的相關關係來確定。如：

$$\alpha = \frac{t_0 - t_1}{x_0 - x_1} \times \frac{x_n}{x_0}$$

式中：α——換算系數；t_0——基準產品的準備工作勞動量；t_1——非基準產品中某一些產品的準備工作勞動量；x_0——基準產品某項參數值；x_1——老產品某項參數值；x_n——新產品某項參數的數值。

還可以根據勞動量和幾個參數值的相關關係來制定。此時要計算每一個參數換算系數（稱為局部換算系數），再按每一個參數對平均系數的影響程度（參數比重）算出平均換算系數：

$$\alpha = \sum_{i=1}^{n} \beta_i \cdot \alpha_i$$

式中，β_i——某項參數對平均系數的影響程度（每項參數的比重），$0 < \beta_i < 1$；α_i——局部換算系數；n——參數的種數。

由於新產品的新穎程度或複雜程度以及借用原結構的程度不同於基準產品，因此，換算系數還須加以修正。平均換算經修正後，乘以基準產品的準備勞動量，即可求得新產品技術準備的勞動量定額。基準產品如果沒有勞動量定額，那麼可以採用過去的報表實際數作為依據。新產品各項準備工作勞動量 t_n 為：

$$t_n = \alpha \cdot t_0$$

式中，t_n——新產品各項準備工作勞動量。

換算系數法的應用有一定局限性，主要適用於系列產品的生產技術準備工作。

2. 按複雜程度計算法

這種方法是首先按各專用零件的結構複雜程度和工藝複雜程度分類，然後為每類不同複雜程度的零件或工藝裝備規定設計與工藝編製、工藝裝備設計與製造等各項準備工作的勞動量定額（以統計資料為依據），分別將各個複雜程度組別的準備對象數乘以該組勞動量定額，就可以求得各複雜程度組的勞動量。這些組的勞動量之和就是這一準備階段的計劃勞動量。

(二) 生產技術準備週期的確定

在已確定各準備階段或各項準備工作勞動量的基礎上，可以計算準備工作週期。準備工作週期就是指從開始這項準備工作到結束為止的全部延續時間，計算公式如下：

$$\frac{某項準備}{工作的週期} = \frac{該準備項目的勞動量（小時）}{同時參加該項準備工作的人數 \times 每天工作時數 \times 定額完成系數} + 附加時間$$

上述的附加時間是指技術文件的會簽和審批時間，以及受其他原因的影響而產生的工作停頓的時間等。

復習思考題

1. 什麼是生產過程？其組成部分是什麼？
2. 解釋下列概念：工藝專業化、對象專業化、生產類型、流水線生產。
3. 合理組織企業生產過程的要求是什麼？
4. 怎樣區分生產類型？不同生產類型對企業的生產管理工作有何影響？
5. 試分析比較工藝、對象專業化的優缺點。
6. 組織流水生產應具備的條件是什麼？
7. 流水線的種類有哪些？
8. 如何組織單一品種流水線？
9. 成組技術的基本原理是什麼？
10. 生產技術的準備計劃的種類有哪幾種？

第三篇　生產與運作系統的運行

第六章
生產運作計劃與控制

　　生產計劃，是關於工業企業生產系統的總體計劃。它所反應的不是某幾個生產崗位或某一條生產線的生產活動，也不是產品生產的細節問題，以及一些具體的機器設備、人力和其他生產資源的使用安排問題，而是工業企業在計劃期應達到的產品品種、質量、產量、產值和出產期等生產方面的指標，生產進度及相應的布置。它是指導工業企業計劃期生產活動的綱領性方案。同時，作為生產計劃的重要組成部分，生產作業計劃是生產計劃工作的繼續，是企業年度生產計劃的具體執行計劃。它是協調企業日常生產活動的中心環節。它根據年度生產計劃規定的產品品種、數量及大致的交貨期的要求對每個生產單位（車間、工段、班組等）在每個具體時期（月、旬、班、小時等）內的生產任務做出詳細規定，使年度生產計劃得到落實。本章介紹了計劃的層次，生產計劃指標體系，制訂計劃的一般步驟，滾動式計劃方法，生產能力的確定，生產企業年度生產計劃的制訂方法，生產作業計劃的概念、內容及要求，不同生產類型企業的期量標準，生產作業計劃的編製和生產作業控制。

第一節　計劃管理

　　計劃管理是指按照計劃來管理企業的生產經營活動。計劃管理包括計劃的編製、計劃的執行、計劃的檢查和計劃的改進四個階段。計劃管理包括企業生產經營活動的各個方面，如生產、技術、勞動力、供應、銷售、設備、財務和成本等。計劃管理不僅僅是計劃部門的工作，所有其他部門和車間都要通過以上四個階段來實行計劃管理。
　　生產計劃工作，是指生產計劃的具體編製工作。它將通過一系列綜合平衡工作，完成生產計劃的確定。我們設計生產計劃系統，就是要通過不斷提高生產計劃工作水平，為工業企業生產系統的運行提供一個優化的生產計劃。所謂優化的生產計劃，必須具備以下三個特徵：
　　第一，有利於充分利用銷售機會，滿足市場需求；
　　第二，有利於充分利用盈利機會，並實現生產成本最低化；
　　第三，有利於充分利用生產資源，最大限度地減少生產資源的浪費。

一、企業計劃的層次和職能計劃之間的關係

（一）計劃的層次

企業有各種各樣的計劃，這些計劃是分層次的。一般可以分成戰略層計劃、戰術層計劃與作業層。戰略層計劃涉及產品發展方向、生產發展規模、技術發展水平、新生產設備的建造等。戰術層計劃是確定在現有資源條件下所從事的生產經營活動應該達到的目標，如產量、品種和利潤等。作業層計劃是確定日常的生產經營活動的安排。三個層次的計劃有不同的特點，如表6-1所示。由表中可以看出，從戰略層到作業層，計劃期越來越短，計劃的時間單位越來越細，覆蓋的空間範圍越來越小，計劃內容越來越詳細，計劃中的不確定性越來越小。

表6-1　　　　　　　　　　　不同層次計劃的特點

項目	戰略層計劃	戰術層計劃	作業層計劃
計劃期	長（≥5年）	中（一年）	短（月、旬、周）
計劃的時間單位	粗（年）	中（月、季）	細（工作日、班次、小時、分）
空間範圍	企業、公司	工廠	車間、工段、班組
詳細程度	高度綜合	綜合	詳細
不確定性	高	中	低
管理層次	企業高層領導	中層，部門領導	低層，車間領導
特點	涉及資源獲取	資源利用	日常活動處理

（二）企業各種計劃之間的關係

企業戰略層計劃主要是企業長遠發展規劃。長遠發展規劃是一種十分重要的計劃，關係到企業的興衰。「人無遠慮，必有近憂。」古人已懂得長遠考慮與日常工作的關係。作為企業的高層領導，必須站得高，才能看得遠。只看到眼前事務的領導者，稱不上領導。戰略計劃指導全局，戰略計劃的下面主要是經營計劃、生產計劃等，再往下是各種職能計劃。本書主要討論的是生產計劃。生產計劃是實現企業經營目標最重要的計劃。編製生產作業計劃是指揮企業生產活動的龍頭，是編製物資供應計劃、勞動工資計劃和技術組織措施計劃的重要依據。各種職能計劃又是編製成本計劃和財務計劃的依據。成本計劃和財務計劃是編製經營計劃的重要依據。

二、生產計劃的內容與主要指標

企業為了生產出符合市場需求或顧客要求的產品，通過生產計劃確定什麼時候生產、在哪個車間生產以及如何生產。企業的生產計劃是根據銷售計劃制訂的。它又是企業制訂物資供應計劃、設備管理計劃和生產作業計劃的主要依據。

生產計劃工作的主要內容包括：調查和預測社會對產品的需求，核定企業的生產能力，確定目標，制定策略，選擇計劃方法，正確制訂生產計劃、庫存計劃、生產進度計劃和計劃工作程序以及計劃的實施與控制工作。生產計劃的主要指標有：產品品種指標、產品質量指標、產品產量指標、產值指標和出產期。

（1）產品品種指標。它是指工業企業在品種方面滿足社會需求的程度，也反應企業專業化協作水平、技術水平和管理水平。

（2）產品質量指標。產品質量指標通常指企業在計劃期內，各種產品應達到的質量標準。

（3）產品產量指標。產品產量指標通常指企業在計劃期內應當生產的合格產品的實物數量。產量指標反應企業在一定時期內向社會提供的使用價值的數量與企業生產發展水平。

（4）產值指標。產值指標就是用貨幣表示的產量指標。產值指標可分為：總產值、商品產值、工業增加值。

（5）出產期。它是為了保證按期交貨而確定的產品出產期限。

上述各項計劃指標的關係十分密切。既定的產品品種、質量和產量指標，是計算以貨幣表現的各項產值指標的基礎，而各項產值指標又是企業生產成果的綜合反應。企業在編製生產計劃時，應當首先安排落實產品的品種、質量與產量指標，然後據以計算產值指標。

四、生產計劃的編製步驟

編製生產計劃的主要步驟，大致可以歸納如下：

1. 調查研究，收集資料

制訂生產計劃之前，要對企業經營環境進行調查研究，充分收集各方面的信息資料，其主要包括：國內外市場信息資料、上期產品銷售量、上期合同執行情況及成品庫存量、上期計劃的完成情況、企業的生產能力、原材料及能源供應情況、品種定額資料、成本與售價。

2. 確定生產計劃指標，進行綜合平衡

確定生產計劃指標是制訂生產計劃的中心內容。其中包括：產值指標的選優和確定；產品出產進度的合理安排；各個產品的合理搭配生產；將企業的生產指標分解為各個分廠、車間的生產指標等工作。這些工作相互聯繫，且是同時進行的。

綜合平衡是制訂生產計劃的重要工作環節，其內容包括兩個方面，一是平衡利潤計劃指標；二是以生產計劃指標為中心，平衡生產計劃與生產能力及其他投入資源。

3. 安排產品出產進度

生產計劃指標確定后，需進一步將全年的總產量指標按品種、規格和數量安排到各季、月中去，制訂出產品出產進度計劃，以便合理分配並指導企業的生產活動。

產品出產進度應做到：保證交貨時期，均衡出產，合理配置和充分利用企業資源。

五、滾動式計劃的編製方法

滾動式計劃是一種編製計劃的新方法。這種方法可以用於編製企業各種計劃。按編製滾動計劃的方法，整個計劃期可分為幾個時間段，其中第一個時間段的計劃為執行計劃，后幾個時間段的計劃為預計計劃。執行計劃較具體，要求按計劃實施。預計計劃比較粗略。每經過一個時間段，根據執行計劃的實施情況以及企業內外條件的變化，對原來的預計計劃做出調整與修改，則原預計計劃中的第一個時間段的計劃變成了執行計劃。比如，2005年編製5年計劃，計劃期為2006—2010年，共5年。若將5年分成5個時間段，則2006年的計劃為執行計劃，其余4年的計劃均為預計計劃。當2006年的計劃實施之后，又根據當時的條件編製2007—2011年的5年計劃，其中2007

年的計劃為執行計劃，2008—2012 年的計劃為預計計劃。依次類推。修訂計劃的間隔時間稱為滾動期，通常等於執行計劃的計劃期。如圖 6-2 所示。

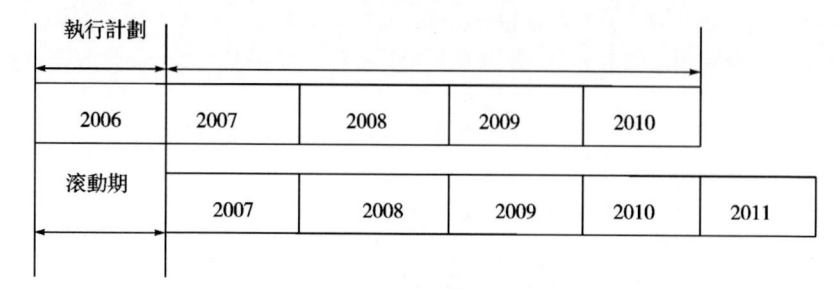

執行計劃					
2006	2007	2008	2009	2010	
滾動期	2007	2008	2009	2010	2011

圖 6-2　編製滾動計劃示例

滾動式計劃方法有以下優點：①使計劃的嚴肅性和應變性都得到保證。因執行計劃與編製計劃的時間接近，內外條件不會發生很大變化，可以基本滿足，體現了計劃的嚴肅性；預計計劃允許修改，體現了應變性。如果不是採用滾動式計劃方法，第一期實施的結果會出現偏差，以后各期計劃如不做出調整，就會流於形式。②提高了計劃的連續性。逐年滾動，自然形成新的 5 年計劃。

六、生產能力的核定

（一）生產能力的概念與分類

生產能力是將人和設備結合起來的預期結果，通常以單位時間的產量來表示。產出量的大小與企業的技術組織條件有關，並受到企業投入資源的數量制約。

因此，生產能力是指一定時間內直接參與企業生產進程的固定資產，在一定的組織技術條件下，生產一定種類的產品或加工處理一定原材料數量的最大能力。企業生產能力一般分為三種：

（1）設計能力：設計任務書和技術文件中所規定的生產能力。

（2）查定能力：當沒有設計能力，或雖有設計能力，但由於企業產品方案和技術組織條件發生重大變化，原設計能力已不能正確反應企業生產能力水平時，重新調查核定的生產能力。

（3）計劃能力：企業在計劃期內能夠達到的能力。它是編製生產計劃的依據。

（二）影響生產能力的因素

企業生產能力的大小取決於許多因素。但起決定作用的主要有以下三個因素：

（1）固定資產的數量。它是指企業在計劃期內擁有的能夠用於生產的設備數量。

（2）固定資產工作時間。它是指按企業現行工作制度計算的設備總有效工作時間。

（3）固定資產工作效率。它是指單位設備的產量定額或單位產品的臺時定額。

（三）生產能力的核定

企業生產能力水平，是由生產中固定資產的數量、固定資產的工作時間和固定資產的生產效率三個因素決定的。企業生產能力的核定，應從基層開始。一般說來，可以分為兩個階段：首先查定班組，核定工段、車間各生產環節的生產能力；然後，再綜合平衡各個生產環節的生產能力的基礎，核定企業的生產能力。

1. 設備組生產能力的計算

$$M = F_e \cdot S \cdot P \quad \text{或} \quad M = \frac{F_e \times S}{t}$$

式中，M——設備組的生產能力；F_e——單位設備有效工作時間；S——設備數量；P——產量定額；t——時間定額。

2. 作業場地生產能力的計算

$$M = \frac{F \times A}{a \times t}$$

式中，A——生產面積；a——單位產品生產面積。

3. 聯動機生產能力計算

$$M = \frac{G \times K \times F_e}{T}$$

式中，G——原料重量；K——單位原料的產量系數；T——原料加工週期的連續時間。

4. 流水線生產能力計算

$$M = F_e / R \quad (R\text{——節拍})$$

(四) 多品種生產條件下生產能力的計算方法

單一品種產品的生產能力可以直接按設備組生產能力的計算公式計算。當設備組（或工作地）生產多種品種時，由於產品品種結構的差異，不能簡單地把不同品種產品的產量相加，而必須考慮品種之間的換算。在多品種情況下，企業生產能力的計算方法主要有代表產品法和假定產品法等。

1. 以代表產品計算生產能力

以代表產品計算生產能力，首先要選定代表產品。代表產品是反應企業專業方向、產量較大、占用勞動較多、產品結構和工藝上具有代表性的產品，下面舉例說明代表產品法。

例 6.1 某機加工企業生產 A、B、C、D 四種產品，各種產品在車床組的臺時定額分別為 40 臺時、60 臺時、80 臺時、160 臺時，車床組共有車床 12 臺，按兩班制生產，每班工作 8 小時，年節假日為 59 天，設備停修率為 10%。試求車床組的生產能力。

解：以 C 產品為代表產品，則車床組的生產能力為：

$$M = \frac{F_e \times S}{t} = \frac{(365-59) \times 8 \times 2 \times (1-10\%) \times 12}{80} \approx 660 \text{（臺）}$$

在計算設備組的生產能力之後，為了平衡生產任務，還需要將各種產品的計劃產量折合為代表產品的產量，將其總和與生產能力進行比較。換算表如表 6-2 所示。

設備負荷系數(η) = 600/660 = 0.909（因為 η<1，所以車床組能力大於計劃產量）

表 6-2　　　　　　　　　　代表產品法生產能力計算表

產品名稱	計劃產量（臺）	單位產品臺時定額（臺時）	代表臺時定額（臺時）	換算系數	折合產量（臺）
A	100	40		0.5	50
B	200	60		0.75	150
C	300	80	80	1	300
D	50	160		2	100
合計					600

2. 以假定產品計算生產能力

在企業產品品種比較複雜，各種產品在結構、工藝和勞動量上差別較大，不易確定代表產品時，可採用以假定產品計算生產能力。計算步驟如下：

首先，確定產品的定額：

假定產品臺時定額 = Σ（具體產品臺時定額×該產品產量占總產量的百分比）

其次，計算設備組生產假定產品的生產能力：

以假定產品為單位的生產能力 =（設備臺數×單位設備有效工作時間）/假定產品的臺時定額

最後，根據設備組假定產品的生產能力，計算出設備組各種計劃產品的生產能力：

計劃產品的生產能力 = 假定產品的生產能力×該產品占總產量的百分比

例 6.2　某機加工企業生產 A、B、C、D 四種產品，各產品在車床組的臺時定額及計劃產量如表 6-3 所示。設備組共有車床 16 臺，每臺車床的有效工作時間為 4,400 小時，試用假定產品計算車床組的生產能力。

解：詳細計算及結果見表 6-3：

表 6-3　　　　　　　　　　車床組生產能力計算表

產品名稱	計劃產量（件）	各種產品占總產量的比重(%)	在車床上的臺時定額（小時）	假定產品的臺時定額（小時）	生產假定產品的能力（臺）	折合成具體產品的生產能力(臺)
(1)	(2)	(3)	(4)	(5)=(3)×(4)	(6)	(7)=(6)×(5)
A	750	25	20	5		880
B	600	20	25	5	(4,400×16)/20	704
C	1,200	40	10	4		1,408
D	450	15	40	6		528
合計	3,000	100		20	3,520	3,520

第二節　備貨型企業年度生產計劃的制訂

備貨型生產企業編製年度生產計劃的核心內容是確定品種和產量。備貨型生產無交貨期設置問題，顧客可直接從成品庫提貨。大批和中批生產一般是備貨型生產。

一、品種的確定

既然是大量大批生產，那麼所生產的產品品種一定是市場需求量很大的產品。因此，沒有品種選擇問題。

對於多品種批量生產，則有品種選擇問題。確定生產什麼品種是十分重要的決策。

確定品種可以採取象限法和收入利潤順序法。象限法是美國波士頓顧問中心提出的方法。該法是按「市場引力」和「企業實力」兩大類因素對產品進行評價，確定對不同產品所應採取的策略，然後從整個企業考慮，確定最佳產品組合方案。

收入利潤順序法是指將生產的多種產品按銷售收入和利潤排序。表 6-4 所示的 8 種產品的收入和利潤順序，見圖 6-2。

表 6-4　　　　　　　　　　銷售收入和利潤次序表

產品代號	A	B	C	D	E	F	G	H
銷售收入	1	2	3	4	5	6	7	8
利　潤	2	3	1	6	5	8	7	4

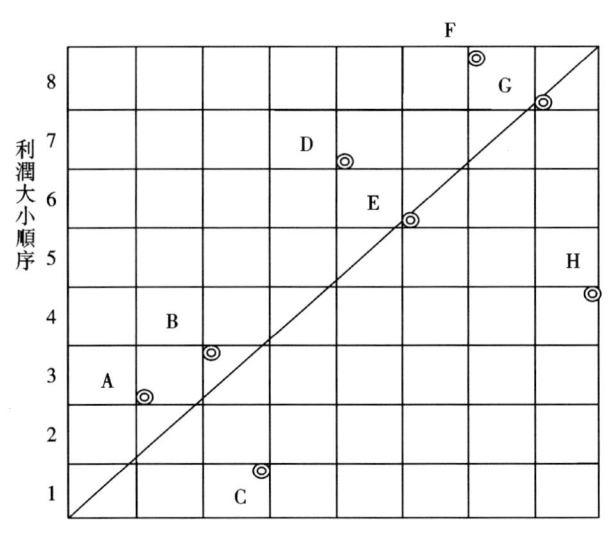

圖 6-2　收入—利潤次序圖

由圖 6-2 可以看出，一部分產品在對角線上方，還有一部分產品在對角線下方。銷售收入高，利潤也大的產品，即處於圖 6-2 左下角的產品，應該生產。相反，對於銷售收入低，利潤也小的產品（甚至是虧損產品），即處於圖 6-2 右上角的產品，需要

進一步分析。其中很重要的因素是產品生命週期。如果是新產品，處於導入期，因顧客不瞭解，故銷售額低；同時，由於設計和工藝未定型，生產效率低，成本高，利潤少，甚至虧損，就應該繼續生產，並進行廣告宣傳，改進設計和工藝，努力降低成本。如果是老產品，處於衰退期，那麼需提高產品質量。

一般來說，銷售收入高的產品，利潤也高，即產品應在對角線上。對於處於對角線上方的產品，如 D 和 F，其利潤比正常的少，是因為銷價低，還是因為成本高，需要考慮。反之，處於對角線下方的產品，如 C 和 H，利潤比正常的高，可能由於成本低所致，可以考慮增加銷售量，以增加銷售收入。

二、確定生產產量的方法

(一) 盈虧平衡分析法

盈虧平衡分析法，就是當產量增加到一定界限時，產品所支付的固定費用和變動費用才能為銷售收入所抵償；產品產量小於界限，企業就要虧損；大於這個界限，企業才盈利。這個界限點稱為盈虧平衡點。

盈虧平衡點計算公式為：盈虧平衡點的產量＝固定費用／（單位產品銷售價格－單位產品變動費用）

下面舉例來說明盈虧平衡分析法。

例 6.3 某企業計劃明年生產某產品，銷售單價為 1.25 元/件，單位產品的變動費用為 0.92 元。預計明年該批產品總的固定費用為 10,000 元，試確定該批產品的產量。

解：臨界產量＝固定費用／（單位產品銷售價格－單位產品變動費用）

$$= 10,000/(1.25-0.92)$$
$$\approx 30,300（件）$$

即明年計劃產量應當超過 30,300 件，企業才能盈利，如圖 6-3 所示。

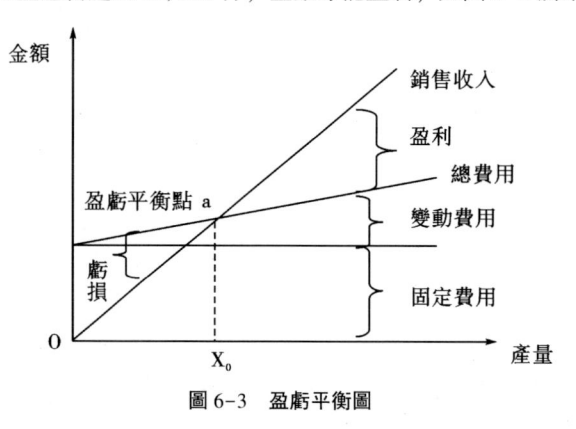

圖 6-3 盈虧平衡圖

(二) 線性規劃法

在確定產量與利潤的關係時，有時還要牽涉到人力、設備、材料供應、資金時間等條件的制約。這時還可以運用線性規劃來選擇最優產量的方案。下面舉例介紹線性規劃法。

例 6.4　企業同時生產 A、B 兩種產品，設備生產能力的有效臺時為每月 2,000 臺時，電力消耗每月不超過 3,000 度，每百件產品臺時消耗和電力消耗定額如表 6-5 所示：

表 6-5　　　　　　　　　　設備能力和電力消耗

約束條件 \ 產品	A	B
設備能力（臺時）	6	3
電力消耗（千瓦時）	4	6

設 A 產品每 100 件的利潤為 50 元，B 產品每 100 件的利潤為 80 元，試求 A、B 各生產多少，則企業獲利最大。

解：第一步，建立線性規劃模型。

設 A 產品月計劃生產 x_1（百件），B 產品月計劃生產 x_2（百件），最大利潤為 maxP，建立模型如下：

目標函數：$maxP = 50x_1 + 80x_2$

約束條件：（1）　$6x_1 + 3x_2 \leq 2,000$　　　（設備能力限制）

　　　　　（2）　$4x_1 + 6x_2 \leq 3,000$　　　（電力限制）

　　　　　（3）　$x_1 \geq 0$，$x_2 \geq 0$　　　　（產量非負）

第二步求解上述方程，見圖 6-4。

因為產量不能是負數，所以，圖解範圍應當在第一象限。

圖中直線 AB 滿足：$6x_1 + 3x_2 \leq 2,000$；直線 CD 滿足：$4x_1 + 6x_2 \leq 3,000$；兩直線相交於 P 點，P 點坐標為 $x_1 = 125$，$x_2 = 416.7$。

因此，可以得出：A 產品每月生產 $125 \times 100 = 125,000$（件），B 產品每月生產 $416.67 \times 100 = 41,667$（件）。每月最大利潤額 $maxP = 125 \times 50 + 416.67 \times 80 = 39,583.6$（元）。

上面介紹的是圖解法的一個例子。這裡要說明一點，我們給的這個例子是比較簡單的，只有兩個變量 x_1、x_2。因此從圖形上看是一個平面圖形，可以用圖解法來解決。如果變量較多，有三個或更多，那麼就較複雜，用圖解法就不適合。在這種情況下，解線性規劃的一般方法就要用單純型法。單純型法，如果比較簡單，可以用手算；如果變量較多就相當複雜，可以用計算機輔助計算。

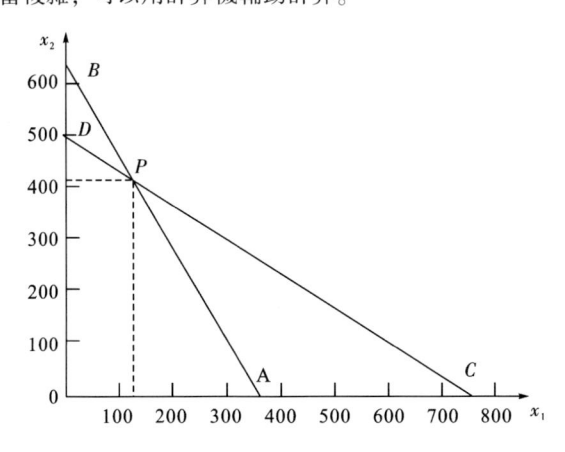

圖 6-4　設備能力限制和電力限制圖

三、產品出產計劃的編製方法

產品出產計劃的編製方法，取決於企業的生產類型和產品的生產技術特點。

(一) 大量大批生產企業

大量大批生產企業安排出產進度的主要內容是確定計劃年度內各季、月的產量。

(1) 各期產量年均分配法。它也叫均勻分配法，即將全年計劃產量平均分配到各季、月。這種方法適用於社會對該產品的需求比較穩定的情況。

(2) 各期產量均勻增長分配法。將全年計劃產量均勻地安排到各季、月。這種方法適用於社會對該產品的需求不斷增加的情況。

(3) 各期產量拋物線型增長分配法。將全年計劃產量按照開始增長較快，以後增長較慢的要求安排各月任務，使產量增長的曲線呈拋物線形狀。這種方法適用於新產品的開發，且對該產品的需求不斷增加的情況。

(二) 成批生產企業

對於成批生產的產品，由於各批的數量大小不一，企業在計劃內生產的產品種類必然比較多。因此，安排產品出產進度更為複雜。通常使用的方法是：

(1) 將產量較大的產品，用「細水長流」的方式大致均勻地分配到各季、月生產；

(2) 對於產量較少的產品，用集中生產方式參照用戶要求的交貨期和產品結構工藝的相似程度及設備負荷情況，安排當月生產。集中生產可以減少生產技術準備和生產作業準備的工作量，擴大批量，有利於建立生產秩序和均衡生產，但其可能與用戶要求的交貨期不完全一致；

(3) 安排老產品，要考慮新老產品的逐漸交替；

(4) 精密產品和一般產品，高檔產品和低檔產品也要很好搭配，以充分利用企業各種設備和生產能力，為均衡生產創造條件。

(三) 單件小批生產企業

這類企業的特點是產品品種多、產量少、同一種產品很少重複生產。在編製年度生產計劃時，不可能知道全年具體的生產任務，故應靈活安排生產任務。因為單件小批生產任務時緊時鬆，設備負荷忙閒不均，所以安排生產進度的出發點，只能是盡量提高企業生產活動的經濟效益。為此，安排進度時應注意到：

(1) 優先安排延期罰款多的訂單；
(2) 優先安排國家重點項目的訂貨；
(3) 優先安排生產週期長、工序多的訂貨；
(4) 優先安排原材料價值和產值高的訂貨；
(5) 優先安排交貨期緊的訂貨。

第三節　訂貨型企業年度生產計劃的制訂

單件小批生產是典型的訂貨型生產，其特點是按用戶訂單的要求，生產規格、質量、價格和交貨期不同的專用產品。

單件小批生產方式與大量大批生產方式都是典型的生產方式。大量大批生產方式低成本、高效率與高質量的優勢，使得一般中等批量生產難以與之競爭。但是，單件小批生產却以其產品的創新性與獨特性，在市場中牢牢地站穩腳跟。其原因主要有三個：

（1）大量大批生產中使用的各種機械設備是專用設備，而專用設備是以單件小批生產方式製造的。

（2）隨著技術的飛速進步和競爭的日益加劇，產品生命週期越來越短，大量研製新產品成了企業贏得競爭優勢的關鍵。即使要大量大批生產新產品，但是在研究與試製階段，其結構、性能和規格還要做各種改進。

（3）單件小批生產製造的產品大多為生產資料，如大型船舶、電站鍋爐、化工煉油設備和汽車廠的流水線生產設備等。它們為新的生產活動提供手段。

對於單件小批生產，由於訂單到達具有隨機性，產品往往又是一次性需求，因此無法事先對計劃期內的生產任務做總體安排，也就不能應用線性規劃進行品種和產量組合上的優化。但是，單件小批生產仍需要編製生產計劃大綱。生產計劃大綱可以對計劃年度內企業的生產經營活動和接受訂貨決策進行指導。一般來講，編製大綱時，已有部分確定的訂貨。企業還可根據歷年的情況和市場行情，預測計劃年度的任務，然后根據資源的限制進行優化。單件小批生產企業的生產計劃大綱只能是指導性的，產品出產計劃是按訂單編製的。因此，對於單件小批生產企業，接受訂貨決策十分重要。

一、接受訂貨決策

當用戶訂單到達時，企業要做出接不接，接什麼，接多少和何時交貨的決策。在做出這項決策時不僅要考慮企業所能生產的產品品種，現已接受任務的工作量，生產能力與原材料、燃料和動力供應狀況，交貨期要求等，而且要考慮價格是否能被消費者接受。因此，這是一項十分複雜的決策。其決策過程可用圖6-5描述。

用戶訂貨一般包括要訂貨的產品型號、規格、技術要求、數量、交貨時間D_C和價格P_C。在顧客心裡可能還有一個最后可以接受的價格$P_{C\max}$和最遲的交貨時間$D_{C\max}$。超過此限，顧客將另尋生產廠家。

對於生產企業來說，它會根據顧客所訂的產品和對產品性能的特殊要求以及市場行情，運用它的報價系統給出一個正常價格P和最低可接受的價格$P_{\min}$，也會根據現有任務情況、生產能力、生產技術準備週期和產品製造週期等，通過交貨期設置系統設置一個正常條件下的交貨期和趕工情況下最早的交貨期$D_{\min}$。在品種、數量等其他條件都滿足的情況下，顯然，當$P_C \geq P$和$D_C \geq D$時，訂貨一定會接受。接受的訂貨將列入產品生產計劃。當$P_{\min} > P_{C\max}$或者$D_{\min} > D_{C\max}$，訂貨一定會被拒絕。若不是這兩種情況，就會出現很複雜的局面，需雙方協商解決。其結果是可能接受，也可能拒絕。較緊的交貨期和較高的價格，或者較鬆的交貨期和較低的價格，都可能成交。符合企業產品優化組合的訂單可能在較低價格下成交。不符合企業產品優化組合的訂單可能在較高價格下成交。

從接受訂貨決策的過程可以看出，品種、數量、價格與交貨期的確定對訂貨型企業十分重要。

圖 6-5 訂貨決策過程

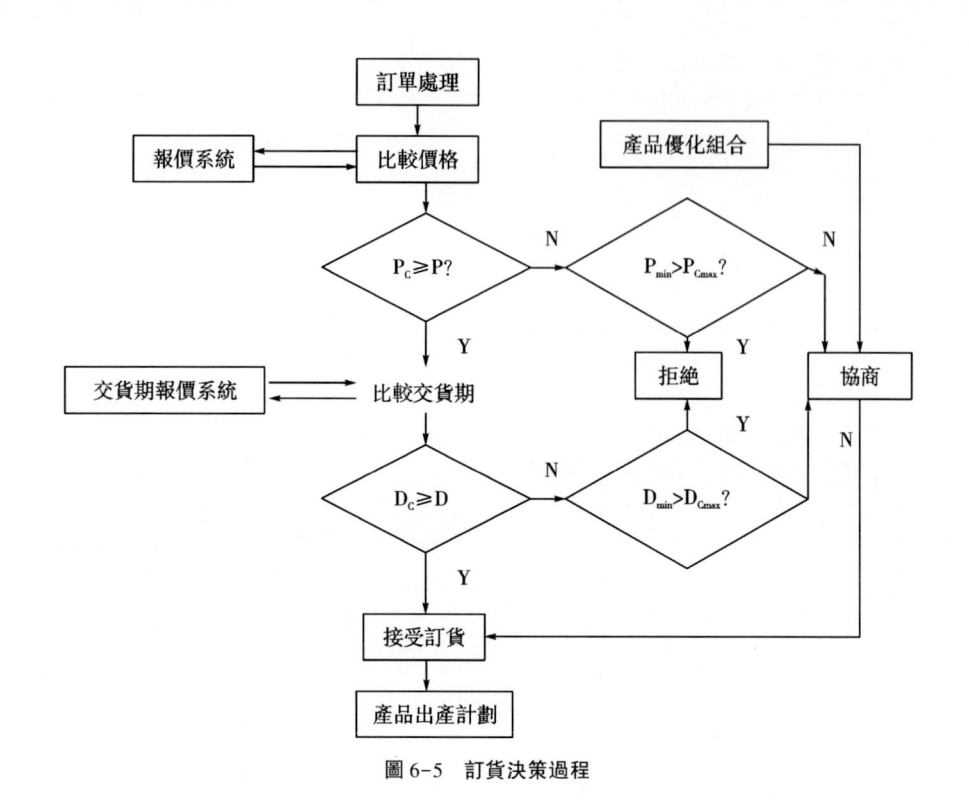

二、訂貨型企業的產品品種

對於訂單的處理，除了前面講的即時選擇的方法之外，有時還可將一段時間內接到的訂單累積起來再處理，這樣做的好處是，可以對訂單進行優選。

對於小批生產也可用線性規劃方法確定生產的品種與數量。對於單件生產，無所謂產量問題，可採用 0-1 型整數規劃來確定要接受的品種。

三、價格與交貨期的確定

(一) 價格的確定

確定價格可採用成本導向法和市場導向法。成本導向法是以產品成本作為定價的基本依據，加上適當的利潤及應納稅金，得出產品價格的一種定價方法。這是從生產廠家的角度出發的定價法，其優點是可以保證所發生的成本得到補償。但是，這種方法忽視了市場競爭與供求關係的影響，在供求基本平衡的條件下比較適用。

市場導向法是按市場行情定價，然后再推算成本應控制的範圍。按市場行情，主要看具有同樣或類似功能的產品的價格分佈情況，然后再根據本企業產品的特點，確定顧客可以接受的價格。按此價格來控制成本，使成本不超過某一限度，並盡可能地小。

對於單件小批生產的機械產品，一般採用成本導向定價法。由於單件小批生產的產品的獨特性，它們在市場上的可比性不是很強，因此，只要考慮少數幾家競爭對手

的類似產品的價格就可以了。同時，大量統計資料表明，機械產品的原材料占成本的比重為 60%~70%，故按成本定價是比較科學的。

由於很多產品都是第一次生產，而且在用戶訂貨階段，只知道產品的性能、重量指標，並無設計圖紙和工藝，因此，按原材料和人工的消耗來計算成本是不可能的，故往往採取類比的方法來定價。按過去已生產的類似產品的價格，找出同一大類產品價格與性能參數、重量之間的相關關係，最后確定將接受訂貨的產品價格。

（二）交貨期的確定

出產期與交貨期的確定對單件小批生產十分重要。產品出產后，經過發運，才能交到顧客手中。交貨迅速而準時可以爭取顧客。正確設置交貨期是保證按期交貨的前提條件。交貨期設置過松，對顧客沒有吸引力，還會增加成品庫存；交貨期設置過緊，超過了企業的生產能力，造成誤期交貨，會給企業帶來經濟損失和信譽損失。

第四節　生產作業計劃概述

一、生產作業計劃的概念及內容

在企業的生產計劃確定以後，為了便於組織執行，還要進一步編製生產作業計劃。生產作業計劃是生產計劃的具體執行性計劃。它是把企業的全年生產任務具體地分配到各車間、工段、班組以及每個工人，規定他們每月、旬、周、日以至輪班和小時內的具體生產任務，從而保證按品種、質量、數量、期限和成本完成企業的生產任務。與生產計劃比較，生產作業計劃具有以下特點：

（1）計劃期短。生產計劃的計劃期常常表現為季、月，而生產作業計劃詳細規定月、旬、日和小時的工作任務。

（2）計劃內容具體。生產計劃是全廠的計劃，而生產作業計劃則把生產任務落實到車間、工段、班組和工人。

（3）計劃單位小。生產計劃一般只規定完整產品的生產進度，而生產作業計劃則詳細規定各零部件，甚至工序的進度安排。

編製生產作業計劃的主要依據是：年、季度生產計劃和各項訂貨合同；前期生產作業計劃的預計完成情況；前期在製品週轉結存預計；產品勞動定額及其完成情況；現有生產能力及其利用情況；原材料、外購件、工具的庫存及供應情況；設計及工藝文件，其他有關技術資料；產品的期量標準及其完成情況。

企業生產作業計劃，一般應包括以下內容：

（1）制定期量指標；
（2）編製全廠和車間的生產作業計劃；
（3）進行設備和生產面積的負荷核算和平衡；
（4）編製生產作業準備計劃；
（5）作業排序；
（6）生產作業控制。

二、編製生產作業計劃的要求

企業類型和規模不同，生產作業計劃的編製可能不會完全相同。但一般來說，應滿足下列基本要求：

（1）全面性。生產作業計劃應把生產計劃所規定的品種、產量、質量和交貨期全面安排和落實。

（2）協調性。生產過程各階段、各環節在品種、數量、進度和投入產出等方面都協調配合，緊密銜接。

（3）可行性。充分考慮企業現有條件和資源，能夠保證生產作業計劃的執行。

（4）經濟性。生產作業計劃要有利於提高生產效率和經濟效益。

（5）適應性。生產作業計劃適應企業內、外條件和環境的變化，能及時根據生產條件和外部環境調整、補充和修正。

第五節　期量標準

期量標準，又稱作業計劃標準，是指在生產期限和生產數量方面針對製造對象所規定的標準數據。它是編製生產作業計劃的重要依據。先進合理的期量標準是編製生產作業計劃的重要依據，是保證生產的配套性、連續性和充分利用設備能力的重要條件。制定合理的期量標準，對準確確定產品的投入和產出時間，做好生產過程各環節的銜接，縮短產品生產週期，節約企業在製品占用，都有重要的作用。

期量標準就是經過科學分析和計算，對加工對象在生產過程中的運動所規定的一組時間和數量標準。期量標準是有關生產期限和生產數量的標準，因而企業的生產類型和生產組織形式不同時，採用的期量標準也就不同。具體而言，有如下三點：

（1）大量流水線生產的期量標準有節拍、流水線工作指示圖表和在製品定額等。

（2）成批生產的期量標準有批量、生產間隔期、生產週期、生產提前期和在製品定額等。

（3）單件生產的期量標準有生產週期、生產提前期等。

期量標準隨產品品種、生產類型和生產組織形式不同而有所差別，但制定期量標準時都應遵循科學性、合理性和先進性的原則。

一、大量流水線生產和企業期量標準

（一）節拍

節拍是組織大量流水生產的依據，是大量流水生產期量標準中最基本的期量標準，其實質是反應流水線的生產速度。它是根據計劃期內的計劃產量和計劃期內的有效工作時間確定的。在精益生產方式中，節拍是個可變量，需要根據月計劃產量做調整，這時會涉及生產組織方面的調整和作業標準的改變。

$$R = F_e / Q_i$$

式中，R——流水線節拍；F_e——第 i 工序看管週期時間長度；Q_i——第 i 工序看管週期產量。

（二）流水線作業指示圖表

在大量流水生產中每個工作地都按一定的節拍反覆地完成規定的工序。為確保流水線按規定的節拍工作，必須對每個工作地詳細規定它的工作制度，編製作業指示圖表，協調整個流水線的生產。正確制定流水作業指示圖表對提高生產效率、設備利用率和減少在製品起著重要作用。它還是簡化生產作業計劃、提高生產作業計劃質量的有效工具。

流水線作業指示圖表是根據流水線的節拍和工序時間定額來制定的。流水線作業指示圖表的編製隨流水線的工序同期化程度的不同而不同。連續流水線的工序同期化程度很高，各個工序的節拍基本等於流水線的節拍，因此工作地的負荷率高。這時就不存在工人利用個別設備不工作的時間去兼顧其他設備的問題。因此，連續流水線的作業指示圖表比較簡單，只要規定每條流水線在輪班內的工作中斷次數、中斷時刻和中斷時間即可。

由於間斷流水線各工序的生產率不一致，因此編製間斷流水線作業指示圖表比較複雜，其步驟一般包括：確定看管期；確定看管期各工作地產量及負荷；計算看管期內各工作地的工作時間長度；確定工作起止時間；確定每個工作地的人員數量及勞動組織形式等。由於間斷流水線各工序的工序節拍與流水線的節拍不同步，各道工序的生產效率不協調，因此生產中就會出現停工停料或等停加工的現象。這應事先規定能平衡工序間生產率的時間，通常稱為間斷流水線的看管期。

（三）在製品占用量定額

在製品占用定額是指在一定的時間、地點和生產技術組織條件下為保證生產的連續進行而制定的必要的在製品數量標準。在製品是指從原材料投入到產品入庫為止，處於生產過程中尚未完工的所有零件、組件、部件和產品的總稱。在製品占用量按存放地點分為：流水線（車間）內在製品占用量和流水線（車間）間在製品占用量；按性質和用途分為：工藝占用量、運輸占用量、週轉占用量和保險占用量。在製品構成如圖 6-6 所示：

在製品占用量
- 流水線內占用量
  - 工藝占用量 Z_1
  - 運輸占用量 Z_2
  - 周轉占用量 Z_3
  - 保險占用量 Z_4
- 流水線間占用量
  - 流水線間運輸占用量 Z_5
  - 庫存周轉占用量 Z_6
  - 庫存保險占用量 Z_7

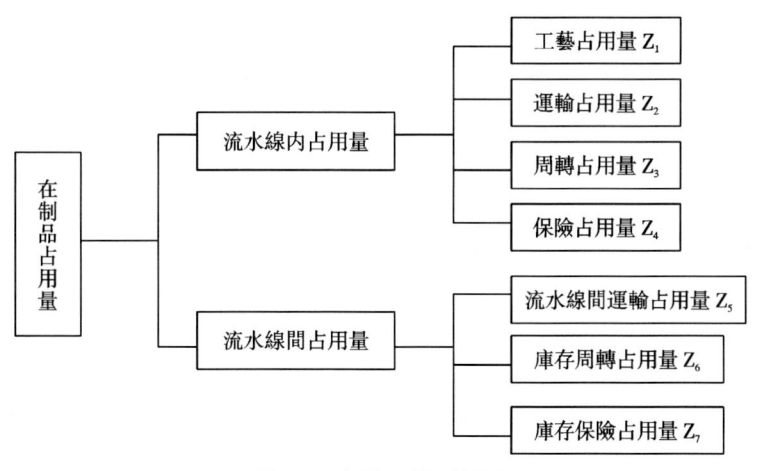

圖 6-6　在製品分類結構圖

大量流水線可分為工藝占用量、運輸占用量、流動占用量和保險占用量。

1. 工藝占用量（Z_1）

工藝占用量是指正在流水線各道工序每個工作地上加工、裝配或檢驗的在製品數量。

$$Z_1 = \sum_{i=1}^{m} S_i g_i$$

式中，S_i——第i道工序的工作地數；m——流水線的工序數目；g_i——第i道工序上工作地同時加工的零件數。

2. 運輸占用量（Z_2）

運輸占用量是指處於運輸過程中或放置在運輸裝置上的在製品占用量。它取決於運輸方式、運輸批量、運輸間隔期、零件體積及存放地的情況等因素。

當採用連續輸送裝置運送時：

$$Z_2 = \frac{L}{l} \times n_1$$

式中，L——運輸裝置的長度（m）；l——相鄰兩個運輸裝置的距離；n_i——運輸批量。

3. 工序間流動占用量（Z_3）

因平衡前後相鄰工序生產率而周而復始積存的在製品占用量，叫工序間流動占用量。工序間流動占用量可用分析計算法和圖表法結合起來加以確定。

（1）分析計算法。

$$Z_{max} = (\frac{t_s \times s_i}{t_i} - \frac{t_s \times s_j}{t_j})$$

式中，t_s——兩相鄰工序同時工作時間；i——前工序；j——后工序；s_i、s_j——第i、j工序的工作地數；t_i、t_j——第i、j工序單位工時。

t_3為正值，表明最大占用量是在同時工作結束時形成的；如為負值，表明最大占用量是在同時工作前形成的。

例6.5 如圖6-7中數值，可求：$Z_{max}(1-2) = 50 \times (2/8 - 1/2) = -12.5$ 件

第二道工序與第三道工序的最大占用量為：$Z_{max}(2-3) = 50 \times (1/2 - 1/4) = 12.5$ 件

第三道工序與第四道工序的最大占用量為：$Z_{max}(3-4) = 50 \times (1/4 - 1/6) = 4.17$ 件

（2）圖解法。

從上述計算結果，並通過對圖6-7的分析，可以看出：第一道工序有兩個工作地，在與第二道工序同時工作的50分鐘內，共生產12.5件。第二道工序有一個工作地，50分鐘內生產25件。因此，為了保證第二道工序能不停歇地生產，在同時工作開始前，第一道工序就應給第二道工序準備12.5件在製品。如果不這樣，03號工人在第二道工序時作時停，就不可能在后50分鐘內兼做第四道工序，因而，整個流水線要另外增加一名工人。當第二道工序停止工作時，但第一道工序仍然繼續生產，在后50分鐘內為第二道工序準備了12.5件在製品的占用量。如此周而復始，在第一道工序和第二道工序之間，在製品從最大占用量逐漸減少到零，然後再由零逐漸增加到最大占用量，如圖6-7所示：

流水線名稱			工作班次			平均節拍（分）	運輸批量（件）	運輸截拍（分）	每班看管次數	看管週期（分）	
螺釘流水線			2			4	1	4	4	100	
工序號	看管期任務	時間定額（分）	工作地號	工作地負荷	工人號	時間（分） 0　　　50　　　100				最大占用量	看管期末流動占用量
1	25	8	1 2	100 100	1 2	▬▬▬▬▬▬▬▬▬▬					
2	25	2	3	50	3	◤◢				12.5	12.5
3	25	4	4	100	4	◥◣				12.5	0
4	25	6	5 5	100 50	5 6	▬▬▬▬▬▬▬▬▬				4.17	0

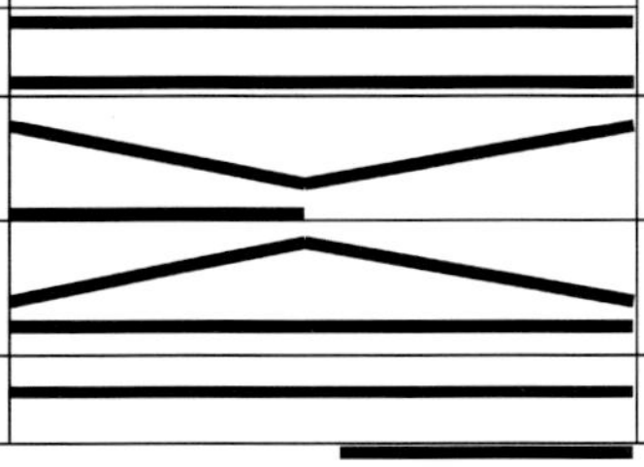

圖 6-7　間斷流水線工序間流動占用量變化示意圖

4．保險占用量（Z_4）

（1）為整個流水線設置的保險占用量，是常集中在流水線的末端用來彌補因廢品和生產故障的出現，造成的零件供應中斷而設置的在製品數量。

（2）為工作地設置專用保險占用量，日常集中於關鍵的工作地旁邊。

Z_4＝消除故障時間/工序單件工時

以上可知：$Z_{in}=Z_1+Z_2+Z_3+Z_4$　　Z_{in}——車間內部占用量。

5．庫存流動占用量（Z_5）

它是使車間或流水線之間協調工作而占用的零部件或毛坯數量。它是由於前後兩車間或流水線之間生產效率不等以及工作制度（班次或起止時間）不同而形成的在製品的占用量。

$$Z_5 = Z_{in}(P_L - P_h)$$

式中：Z_{in}——生產效率較低的車間或流水線的班產量；P_L——生產效率較低車間或流水線的班次；P_h——生產效率較高的車間或流水線的班次。

6．車間之間庫存保險占用量（Z_6）

其與 Z_4 同。

7．車間之間庫存保險占用量（Z_7）

它是由於供應車間（或流水線）交付延期或出現大量廢品，為保證需用車間正常生產而設置的在製品的占用量。

$$Z_7 = T_{in}/R$$

式中：T_{in}——供應車間（或流水線）的恢復間隔期；R——供應車間（或流水線）的生產節拍。

由以上可知：$Z_{st} = Z_5 + Z_6 + Z_7$

在確定在製品的占用量時，應該注意以下幾個問題：

（1）對不同車間（或流水線）應明確哪種占用量在生產中起主導作用。例如：毛坯車間的在製品占用量有工藝、流動和保險占用量三種，其中流動占用量是主要的。機加工車間有工藝、運輸、流動和保險四種，其中工藝占用量是主要的。

(2) 占用量定額是按一種零件分別計算的。計算時應考慮生產過程的銜接，結合標準作業計劃加以確定。然后按存放地點匯總成分零件的占用量定額表。

(3) 占用量定額表由生產科編製，財務科估價和核算占用的流動資金。

(4) 占用量定額制定后，必須按車間、班組和倉庫細分，並把它交給員工討論核實，以共同管好在製品。

(5) 占用量定額一經批准，就成為全廠計劃工作中一種非常重要的期量標準，對穩定生產作業計劃秩序和協調生產活動有著極重要的作用。應嚴肅對待，並要注意定額水平的變動情況，定期調整。

二、成批生產企業的期量標準

成批生產在組織和計劃方面的主要特點是：企業按一定時間間隔依次成批生產多種產品。因此，成批生產作業計劃要解決的主要問題，就是妥善安排生產，保證有節奏地均衡生產。

(一) 批量和生產間隔期

批量是同時投入生產並消耗一次準備結束時間，所製造的同種零件或產品的數量。生產間隔期是指相鄰兩批相同產品（零件）投入或產出的時間間隔。生產間隔期是批量的時間表示。

批量 = 生產間隔期 × 平均日產量

確定批量和生產間隔期的方法有以下兩種：

1. 以量定期法

以量定期法是根據提高經濟技術效率的要求，確定一個最初的批量，然后相應地計算出生產間隔期。

(1) 最小批量法。

最小批量法是從設備利用和勞動生產率這兩個最佳選擇出發考慮的。

即　　$\delta \geq \dfrac{t_{ad}}{Q_{min} \times t}$　　$Q_{min} \geq \dfrac{t_{ad}}{\delta \times t}$

式中，δ——設備調整時間損失系數；t_{ad}——設備調整時間；Q_{min}——最小批量；t——單件工序時間。

設備調整時間損失系數如表 6-6 所示。

表 6-6　　　　　　　　　設備調整損失系數 δ

零件名稱	生產類型		
	大批	中批	小批
小件	0.03	0.04	0.05
中件	0.04	0.05	0.08
大件	0.05	0.08	0.12

(2) 經濟批量法。

經濟批量法主要考慮兩個因素：設備調整費用和庫存保管費。上述最小批量法，規定了批量的下限，即僅考慮設備的充分利用和較高的生產效率，而忽視了因批量過大造成的在製品資金占用及在製品存儲保管費用，如圖 6-8 所示。

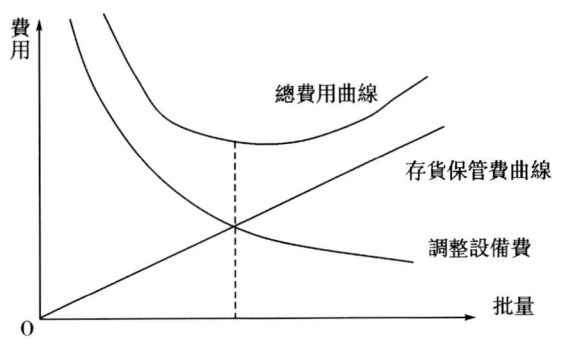

圖 6-8　設備調整費、存貨保管費和批量關係圖

總費用 $= \dfrac{Q}{2} \times C \times i + A \times \dfrac{N}{Q}$

求微分得：$f'(Q) = \dfrac{C}{2} \times i - \dfrac{A \times N}{Q^2}$　　$Q = \sqrt{\dfrac{2NA}{C \cdot i}}$

式中，$Q/2$——庫存在製品平均存量；A——設備一次調整費；C——單位產品成本；N——年產量；i——單位產品庫存費用率。

按上述方法計算的批量，都只是最初批量，還需要根據生產中的其他條件和因素加以修正。

（1）批量大小應使一批在製品各主要工序的加工不少於裝修輪班，或在數量上與日產量成倍比關係。這便於在工間休息空隙做好輪換零件的準備工作、調整工作。

（2）批量大小應與工具的使用壽命相適應。

（3）批量大小應與夾具工作數相適應。

（4）應考慮大件小批量、小件大批量。

（5）一般毛坯批量應大於零件加工批量，零件加工批量應大於裝配批量，它們最好成整倍數。

（6）批量大小應與零件占用面積和設備容積相適應。

2. 以期定量法

以期定量法是先確定生產間隔期，然后使批量與之相適應。其與經濟批量法不同。經濟批量法著重考慮經濟因素，而以期定量法則是為了便於生產管理。生產間隔期與批量關係如表 6-7 所示。

表 6-7　　　　　　　　　標準生產間隔期表

生產間隔期	批類	批量	投入批次
1 天	日批	裝配平均日產量	每日一次
10 天	旬批	裝配旬平均產量	每月三次
半月	半月批	裝配半月平均產量	每月兩次
1 個月	月批	裝配月產量	每月一次
1 季度	季批	裝配季產量	每季一次
半年	半年批	裝配半年產量	每年兩次
1 年	年批	裝配年產量	每年一次

生產間隔期批量的種類不宜過多，一般以六種以內為宜。超過了六種，可以按照裝配需要的順序、零件結構的工藝特徵、外形尺寸和重量大小、工時長短劃分為若干組，然后從中選擇一個典型零件制定批量和生產間隔期，同一組的零件就可仿此制定批量。

(二) 生產週期

生產週期是從原材料投入生產開始，到製成品出產時為止的整個生產過程所需的時間。

成批生產中的生產週期是按零件工序、零件加工過程和產品進行計算的，其中，零件工序生產週期是計算產品生產週期的基礎。

1. 零件工序生產週期

零件工序生產週期是一批零件在渠道工序上的製造時間。

$$T_{op} = \frac{Q}{SF_eK_t} + T_{se}$$

式中，T_{op}——批零件的工序生產週期；F_e——有效工作時間總額；K_t——工時定額完成系數；S——同時完成該工序的工作地數；Q——零件批量；T_{se}——準備結束時間。

2. 零件加工過程的生產週期

在成批生產中，零件是成批加工的，因此，零件加工過程的生產週期在很大程度上取決於零件工序間的移動方式。通常先按順序移動方式計算一批零件的生產週期，然后用一個平行系數加以修正。

（1）順序移動方式。

$$T_{順} = \sum_{i=1}^{m} T_{opi} + (m-1) \times t_d$$

式中，$T_{順}$——批零件順序移動方式計算的加工過程生產週期（分或小時）；T_{opi}——該批零件在第 i 道工序加工的工序同期（分或小時）；m——工序數目；T_d——零件批在工序間轉移的平均間隔時間（分或小時）。

（2）平行移動方式。

考慮平行移動（或部分平行移動）后的零件加工過程的生產週期：

$$T_{平} = K_p \times T_{op}$$

式中，K_p——平行系數。

3. 產品生產週期

在零件加工生產週期確定后，並按此計算毛坯製造、產品裝配及其他工藝階段的生產週期。在此基礎上根據裝備系統圖及工藝階段的生產同期的平衡銜接關係，編製出生產週期圖表，確定產品的生產週期。

(三) 生產提前期

生產提前期是產品（毛坯、零件）在各工藝階段出產（或投入）的日期應比成品出產的日期提前的時間。產品裝配出產期是計算提前期的起點。生產週期和生產間隔期是計算提前期的基礎。提前期分為投入提前期和產出提前期。

1. 投入提前期

投入提前期是指各車間投入的日期應比成品出產日期提前的時間。

　　　　　某車間投入提前期＝該車間出產提前期＋該車間生產週期

2. 出產提前期

出產提前期是指各車間出產的日期應比成品出產日期提前的時間。

　　　　　某車間出產提前期＝后車間投入提前期＋保險期

其計算可按工藝過程及順序連鎖進行。

上述兩公式，是指在前后車間批量相等的情況下計算提前期的方法，實際上，計算生產提前期的主要方法是在生產週期的基礎上加上保險期。如前后車間批量不等時該怎麼計算呢？這時不僅要考慮生產週期和保險期，而且還要考慮生產間隔期。

如前后車間批量不等，則應對上述計算予以調整。

首先看投入提前期的計算。它的公式不變，因為車間之間的批量不等，不會影響投入提前期的計算。原因是投入提前期算的是本車間的出產提前期加上本車間的生產週期，算的都是車間內部的，而一般來說，車間之間的批量可以不等，而車間內部投入和出產批量相等。

其次看出產提前期。因為出產提前期要以后一車間的投入提前期為基礎，並加上一個保險期。后一車間的批量與本車間的批量不等。計算時，還要加上一個車間的生產間隔期和后車間的生產間隔期之差。即前后車間的生產間隔期之差。因為前后車間的批量不等，所以前后車間的生產間隔期也不等。生產間隔期和批量成正比例。

例 6.6 毛坯車間的批量是 500 件，機加工車間的批量是 250 件。每月任務是 500 件，保險期為 2 天。假設一個月 24 個工作日，計算投入出產提前期。

解：由已知條件知，毛坯車間是一個月一批，機加工則是一個月兩批，機加工一批的工作日是十二天。

因此，毛坯投入提前期＝24＋毛坯車間出產提前期

毛坯出產提前期＝機加工車間投入提前期＋保險期＋兩車間生產間隔之差

機加工投入提前期＝機加工出產提前期＋機加工出產日期＝0＋12＝12（天）

毛坯出產提前期＝12＋2＋（24－12）＝26（天）

毛坯投入提前期＝24＋26＝50（天）

為什麼要加上前后車間間隔期之差呢？

原因就在於前面生產一批要供后面兩批使用。前面的毛坯是 500 件，后面需要兩批加工，先用一半，隔一段時間再用一半，故等待的時間要長一些。

（四）在製品占用量

成批生產中的在製品，分為車間內部在製品和庫存在製品兩部分，后者又可分為流動在製品和保險在製品。由於成批生產中在製品占用量是變動的，因此，占用量指月末的在製品數量。

1. 車間內部在製品占用量

車間在製品占用量是由於成批投入但尚未完工出產而形成的。它們整批地停留在車間內，因此應計算其批數和總量。成批生產車間內部的各種在製品是在不斷變化的，因此，需分類計算。車間內部在製品儲備量只是指月末在製品數量。

$$Z_{in} = T_c \cdot n_d$$

式中：T_c——該批零件生產週期（日）；n_d——平均每日零件需要量，$n_d = Q/T_{im}$；Q——零件批量（件）；T_{im}——生產間隔期（日）。

故 $Z_{in} = Q \cdot T_c / T_{im}$

從上述可看出，車間內部在製品占用量與生產週期同生產間隔之比有關係；這種關係可分為三種情況，如圖6-9所示。

T 的 R	T （天）	R （天）	T/R	上旬	中旬	下旬	在製品平均占用	在製品期末占用量
T=R	10	10	1				一批	一批
T>R	20	10	2				二批	二批
T>R	25	10	2.5				三批半	三批
T<R	5	10	0.5				半批	一批

圖6-9 成批生產時在製品占用的各種情況

（1）生產週期小於生產間隔期。此時在製品占用量不超過一批零件的數量，僅僅出現在該零件投入期與產出期之間，其他時間沒有在製品。

（2）生產週期等於生產間隔期。此時，期末在製品占用量經常為一批。

（3）生產週期大於生產間隔期。此時，在製品占用量經常為好幾批，其批數決定於生產週期與生產間隔之比。

2. 車間之間庫存在製品

車間之間庫存在製品，是由於前后車間的批量間隔期不同而形成的。

$$Z_{st} = n_d \cdot D_{st} \quad D_{st} = (T_{m1} - T_{in2}) \quad n_d = N_2 / D$$

故 $Z_{st} = \dfrac{N_2}{D} \times (T_{in1} - T_{in2})$

式中，Z_{st}——平均庫存流動占用量（件）；n_d——每日平均需求量（件/日）；D_{st}——庫存天數（日）；N_2——后車間領用批量；D——兩次領用間隔天數；T_{in1}——前車間的出產間隔期；T_{in2}——后車間的投入間隔期。

可以看出，計算平均庫存流動占用量，還必須計算期末庫存流動占用量。確定期末庫存流動占用量的方法分為以下四種：

（1）前車間成批出產交庫，后車間成批領用。當交庫數量與領用數量相等，交庫間隔日數與領用間隔日數相等時，期末流動量為零（當后車間已領用而下一批尚未交庫時），或者為一批（當已交庫而后車間尚未領走時）。

（2）前車間成批交庫，后車間分批領用。這種情況下期末流動量很不固定，取決於交庫日期、交庫批量和領用批量。

（3）前車間成批交庫，后車間連續領用。這種情況和第二種情況基本相似，所不同的是連續領用，庫存占用量漸次減少，到下一次前車間交庫前，庫存占用量為零。

（4）車間之間的庫存占用量，是為了防止意外使前后車間生產脫節而設置的。

$$Z_{is} = D_{is} \cdot n_d$$

式中，Z_{is}——車間之間庫存保險占用量（件）；D_{is}——保險天數（日）。

三、單件小批生產期量標準的制定

單件小批量生產的特點是產品品種多、每種產品的生產數量很少，一般是根據用戶的訂貨要求組織生產的。因此單件小批生產作業計劃所要解決的主要問題是控制好產品的生產流程，按訂貨要求的交貨期交貨。其期量標準有生產週期、生產提前期等。

第六節　生產作業計劃的編製

生產作業計劃的編製就是把生產計劃中所規定的有關任務，按照月、旬、周、日輪班以至小時，具體合理地分配到車間、工段、小組以至工作地和員工個人，從而保證整個企業生產計劃規定的生產任務能夠按品種、質量、產量和期限完成。

編製生產作業計劃，除了明確一些總的問題（如要求分工、資料、程序等）外，主要是①編製各車間的作業計劃，著重解決各車間之間的生產在時間上下的銜接問題；②編製車間內部的作業計劃，著重解決工段之間的生產在時間上和數量上的銜接問題。

一、編製生產作業計劃的要求及分工

編製生產作業計劃的要求有以下五方面：

（1）要使生產計劃規定的該時期的生產任務在品種、質量、產量和期限方面得到全面落實。

（2）要使各車間、工段、班組和工作地之間的具體生產任務相互配合、緊密銜接。

（3）要使生產單位的生產任務與生產能力相適應，並能充分利用企業現有生產能力。

（4）要切實落實各項生產前的準備工作。

（5）要有利於縮短生產週期，節約流動資金，降低生產成本，建立正常的生產和工作秩序，實現均衡生產。

計劃編製的分工，主要反應在兩個方面：一是計劃內容的分工；二是計劃單位的選擇。計劃內容是指生產的品種、數量、投入、出產時間和生產進度。計劃單位的選擇是指下達計劃對臺份單位、成套部件單位、零件組單位和零件單位的選擇問題。

二、廠級生產作業計劃的編製

廠級生產作業計劃是由廠級生產管理部門編製的。它根據企業年度（季）生產計劃，編製各車間的月（旬、周）的生產作業計劃，包括：出產品種、數量（投入量、產儲量）、日期（投入期、產出期）和進度（投入進度和產出進度）。應使各車間生產任務與生產能力相平衡，並且使各車間的任務在時間上和空間上相互銜接，保證按時、按量、配套地完成生產任務。編製廠級生產作業計劃分兩個步驟：正確選擇計劃單位；確定各車間的生產作業任務。

（一）計劃單位的選擇

計劃單位是編製生產作業計劃時規定生產任務所用的計算單位。它反應了生產作業計劃的詳細程度即各級分工關係。流水生產企業中，編製廠級生產作業計劃時採用的計劃單位有：產品、部件、零件組和零件。

(1) 產品計劃單位。產品計劃單位是以產品作為編製生產作業計劃時分配生產任務的計算單位。採用這種單位規定車間生產任務的特點是不分裝配產品需用零件的先後次序，也不論零件生產週期的長短，只統一規定投入產品數、出產產品數和相應日期，不具體規定每個車間生產的零件品種、數量和進度。採用這種計劃單位可以簡化廠級生產作業計劃的編製，便於車間根據自己的實際情況靈活調度。缺點是整個生產的配套性差，生產週期長，在製品占用量大。

(2) 部件計劃單位。部件計劃單位是以部件作為分配生產任務的計算單位。採用部件計劃單位編製生產作業計劃時，根據裝配工藝的先後次序和主要部件中主要零件的生產週期，按部件規定投入和產出的品種、數量及時間。採用這種計劃單位的優點是生產的配套性較好，車間也具有一定的靈活性，但缺點是編製計劃的工作量加大。

(3) 零件組計劃單位。零件組計劃單位是以生產中具有共同特徵的一組零件作為分配生產任務的計算單位。同一組零件中的各零件，加工工藝相似，投入裝配的時間相近，生產週期基本相同。如果裝配週期比較長，而且各零件的生產週期懸殊，那麼這時採用零件組計劃單位可以減少零件在各生產階段中及生產階段間的擱置時間，從而減少在製品及流動資金占用。採用這種計劃單位的優點是生產配套性更好，在製品占用更少；缺點是計劃工作量大，不容易劃分好零件組，車間靈活性較差。

(4) 零件計劃單位。零件計劃單位是以零件作為各車間生產任務的計劃單位。採用這種計劃單位編製生產作業計劃時，先根據生產計劃規定的生產任務層層分解，計算出每種零件的投入量、產出量、投入期和產出期要求。然後以零件為單位，為每個生產單位分配生產任務，具體規定每種零件的投入、產出量和投入、產出期。大量流水生產企業普遍採用這種計劃單位。它的優點是生產的配套性很好，在製品及流動資金占用最少，生產週期最短。同時，當發生零件的實際生產與計劃有出入時，易於發現問題並調整處理。但缺點是編製計劃的工作量很大。由於目前計算機在企業中的廣泛應用，尤其是運用製造資源計劃（MRP Ⅱ）後計劃編製工作量大大減少，因此，如果有條件應盡量採用這種計劃單位，因為它的優點很突出而缺點不明顯。另外編製車間內部的生產作業計劃時，一般都採用這種計劃單位。

上面分別介紹了四種計劃單位和各自的優缺點，見表6-8：

表 6-8　　　　　　　　　　計劃單位優缺點比較

計劃單位	生產配套性	占用量	計劃工作量	車間靈活性
產品	差	最大	小	強
部件	較好	較大	較大	較強
零件組	好	較少	大	較強
零件	最好	少	最大	差

一種產品的不同零件可以採用不同的計劃單位，如關鍵零件、主要零件採用零件計劃單位，而一般零件則採用產品計劃單位。企業應根據自己的生產特點、生產類型、管理水平和產品特點等選擇合適的計劃單位。

(二) 確定各車間生產任務的方法

編製廠級生產作業計劃的主要任務是：根據企業的生產計劃，為每個車間正確地規定每一種製品（部件、零件）的出產量和出產期。安排車間生產任務的方法隨車間

的生產類型和生產組織形式的不同而不同，主要包括在製品定額法、累計編號法、生產週期法。

1. 在製品定額法

在製品定額法也叫連鎖計算法。它根據在製品定額來確定車間的生產任務，保證各車間生產的銜接。大量流水生產企業中各車間生產的產品品種較少，生產任務穩定，各車間投入量、產出量與時間之間有密切的配合關係。大量流水生產企業生產作業計劃的編製重點在於解決各車間在生產數量上的協調配合問題。這是因為同一時間各車間都在完成同一產品的不同工序，這就決定了「期」不是最主要的問題，而「量」是最重要的。在製品定額法正好適合這種特點。這種方法還可以很好地控制住在製品數量。

大批大量生產條件下，車間分工相對穩定，車間之間在生產上的聯繫主要表現在一種或少數幾種半成品的提供量上。只要前車間的半成品能滿足後車間加工的需求和車間之間庫存、庫存半成品變動的需求，就可以使生產協調和均衡地進行。

因此，在大批大量生產條件下，應著重解決各車間在生產數量上的銜接問題。在製品定額法，就是根據大量大批生產的這一特點，用在製品定額作為調節生產任務數量的標準，以保證車間之間的銜接。也就是運用預先制定的在製品定額，按照工藝反順序計算方法，調整車間的投入和出產數量，順次確定各車間的生產任務。

本車間出產量=后續車間投入量+本車間半成品外售量+（車間之間半成品占用定額−期初預計半成品庫存量）

本車間投入量=本車間出產量+本車間計劃允許廢品數+（本車間期末在製品定額−本車間期初在製品預計數）

舉例，如表6-9所示。

表6-9　　　　　　　　　　在製品定額計算表

		產品名稱		130 汽車	
		產品產量		10,000 臺	
		零件編號		A1-001	A1-012
		零件名稱		齒輪	軸
		每輛件數		1	4
裝配車間	1	出產量		10,000	40,000
	2	廢品及損耗		−	−
	3	在製品定額		1,000	5,000
	4	期初預計在製品結存量		600	3,500
	5	投入量（1+2+3−4）		10,400	41,500
零件庫	6	半成品外售量		−	2,000
	7	庫存半成品定額		900	6,000
	8	期初預計結存量		1,000	7,100
加工車間	9	出產量（5+6+7−8）		10,300	42,400
	10	廢品及損耗		100	1,400
	11	在製品定額		1,900	4,500
	12	期初預計在製品結存量		600	3,400
	13	投入量（9+10+11−12）		11,700	44,900

表6-9(續)

	14	半成品外售量	500	6,100
毛坯庫	15	庫存半成品定額	2,000	10,000
	16	期初預計結存量	3,000	10,000
	17	出產量（13+14+15−16）	11,200	51,000
	18	廢品及損耗	900	—
毛坯車間	19	在製品定額	400	2,500
	20	期初預計在製品結存量	300	1,500
	21	投入量（17+18+19−20）	12,200	52,000

　　從「期」的銜接到「量」的銜接，將預先制定的提前期轉化為提前量，確定各車間計劃期應達到的投入和出產的累計數，再減去計劃期前已投入和出產的累計數，求得車間計劃期應完成的投入和出產數。

　　提前期的原理就是首先建立車間之間在生產期限上也就是時間上的聯繫，然后再把這種時間上的聯繫轉化為數量上的聯繫。

　　2. 累計編號法

　　累計編號過程中可以發現兩點：第一，前一個車間的累計編號一定大於后一車間的累計編號；第二，各車間累計編號有大有小。各車間累計編號的差數就是提前量。

　　提前量＝提前期×平均日產量

　　本車間出產累計號數＝最后車間出產累計號＋本車間的出產提前期×最后車間平均日產量

　　本車間投入累計號數＝最后車間出產累計號＋本車間投入提前期×最后車間平均日產量

　　下面舉例說明累計編號法。

　　例6.7 4月份編製5月份的作業計劃，就是要計算5月底各車間應達到的累計號數。為此需要幾類數據。第一，要知道計劃期末（5月底）成品出產的累計號應達到多少，這是一個基數，假定是195號。假定第一季度的實際產量為100臺，即累計編號是100臺。另外可以預計4月份產量為35臺，根據生產計劃要求，5月份要完成50臺。這樣，5月底成品出產累計號數就應達到185號。第二，要知道市場日產量，假定5月份工作日按25天計算，平均日產量為50/25＝2臺/天。第三，要知道提前期的定額資料。

　　解：裝配車間出產累計數＝185+0×2＝185

　　裝配車間投入累計數＝185+10×2＝205

　　機加工車間出產累計號＝185+15×2＝215

　　機加工車間投入累計號＝185+35×2＝255

　　毛坯車間出產累計號＝185+40×2＝265

　　毛坯車間投入累計號＝185+55×2＝295

　　有了投入和出產累計號數，就可以確定本車間在計劃期的出產量或投入量：

　　　　計劃期車間出產（或投入）量＝計劃期末出產（或投入）的累計號數

　　裝配車間計劃期末應達到的出產累計號數是195號，計劃期初已出產的累計號數

可以通過統計得知。假定計劃期初已出產的累計號數是 125 號，兩個數字相減是 60，這就是裝配車間在計劃期內（5 月份）的出產量，也是用絕對數表示的產量任務。同樣道理，用裝配車間計劃期末應達到的投入累計數 205 減去通過統計得知的計劃期初已達到的投入累計號數（假定為 145），就是裝配車間在計劃期內（5 月份）的投入量，計算結果是 60。

其餘車間：加工車間出產量 = 215 - 150 = 65，機加工車間投入量 = 255 - 195 = 60，毛坯車間出產量 = 265 - 205 = 60，毛坯車間投入量 = 295 - 245 = 50

這種方法的優點：①各個車間可以平衡地編製作業計劃；②不需要預計當月任務完成情況；③生產任務可以自動修改；④可以用來檢查零部件生產的成套性。

3. 生產週期法

這種方法適用單件小批生產。

單件小批生產企業一般是按訂貨來組織生產，因而生產的數量和時間都不穩定。因此不能用累計編號法，更不能用在製品定額法。單件小批生產企業編製作業計劃要解決的主要問題是各車間在生產時間上的聯繫問題，以保證按訂貨要求如期交貨，這一點與大量流水線生產及成批生產是不一樣的。從這個特點出發，單件小批（大量大批是解決數量上的聯繫問題）類型採用的方法是生產週期法，即用計算生產週期的方法來解決車間之間在生產時間上的聯繫問題。

生產週期法的具體步驟是：

（1）為每一批訂貨編製一份產品生產週期進度表。這個圖表是單件小批生產編製生產作業計劃的依據，實際上也是一種期量標準。

（2）為每一批訂貨編製訂貨生產說明書。有了產品生產週期進度表以後，各車間在生產時間上的聯繫已經可以確定，但是具體的投入和出產日期還沒說明，這就要進行推算。

（3）把有關資料匯總成各車間的生產作業計劃。上面講的訂貨生產說明書中，各車間的生產任務都有。現在要給車間下達任務，因此從各訂貨生產說明書中摘錄各車間的任務，按車間分別匯總在一起，這就是車間任務。

針對生產類型的不同，採取不同的方法。大量生產用在製品定額法，成批生產用提前期法（也叫累計編號法），單件小批生產用生產週期法。之所以採用不同方法，是因為生產類型不同，作業計劃所要解決的具體問題不同。有的是解決數量上的聯繫問題，有的是解決時間上的聯繫問題；在數量聯繫方面，有的生產比較穩定，有的不太穩定。另外生產條件也不同，因此要採用不同的方法。

三、車間內部生產作業計劃的編製

車間內部生產作業計劃的編製，主要包括：車間生產作業計劃日常安排、工段（班、組）生產作業計劃的編製、工段（班、組）內部生產作業計劃的編製等。具體的編製工作由車間及工段計劃人員完成。

在大量流水線生產條件下，一條流水線可以完成零件的全部工序或大部分主要工序。工段的生產對象也就是車間的生產對象。企業給車間下達的計劃中規定了產品品種、數量和進度，也就是工段的產品品種、數量和進度。若廠級生產作業計劃採用的計劃單位是零件，則對其略加修改就可作為車間內部的生產作業計劃，不必再做計算；

若採用的計劃單位是產品或部件，則首先需要分解，然后再以零件為單位將任務分配到各流水線（工段）。

（一）車間內部生產作業計劃編製原則

進一步把生產任務落實到工作地和工人，並使之在生產的日期和數量上協調銜接。其內容包括工段、工作地月度或旬的生產作業計劃和工作班的安排。

車間內部生產作業計劃編製的原則有：

(1) 保證廠級生產作業計劃中各項指標的落實；

(2) 認真進行各工種設備生產能力的核算和平衡；

(3) 根據任務的輕重緩急，安排零件投入、加工和出產進度；

(4) 保證前後工段、前後工序互相協調，緊密銜接。

（二）大量（大批）生產工段（小組）作業計劃的編製方法

對於產品品種少、生產穩定、節拍生產的流水線，車間內部作業計劃的編製工作比較簡單，一般只需從廠級月度作業計劃中，將有關零件的產量，按日均勻地分配給相應工段（班組）即可。

通常用標準計劃法對工段（小組）分配工作地（工人）生產任務，即編製出標準計劃指示圖標，把工段（小組）所加工的各種製品的投入出產順序、期限和數量，以及各工作地的不同製品次序、期限和數量全部制成標準，並固定下來。可見，標準計劃就是標準化的生產作業計劃。有了它就可以有計劃地做好生產前的各項準備工作。嚴格按標準安排生產活動，就不必每日都編製計劃，而只需要將每月產量任務做適當調整就可以了。

（三）成批生產車間內部作業計劃的編製方法

成批生產車間內部作業計劃的編製方法，取決於車間內部化生產組織形式和成批生產的穩定性。

如果工段（小組）是按對象原則組成的，那麼各工段（小組）生產的零件也就是車間零件分工表中規定的零件。因此，工段（小組）月計劃任務只要從車間月度生產任務中摘出，無需進行計算。如果工段（小組）是按工藝原則組成的，那麼可按在製品定額法或累計編號法，通過在製品定額和提前期定額標準安排任務，並編製相應的生產進度計劃。

（四）單件（小批）生產車間內部作業計劃的編製方法

單件小批生產品種多，工藝和生產組織條件不穩定，不能編製零件分工序進度計劃。根據單件小批生產特點，對於單個或一次投入一次產出的產品，先對其中主要零件、主要工種制訂計劃，用以指導生產過程各工序之間的銜接。其余零件可根據產品生產週期表中規定的各工序階段提前期類別或按廠部計劃規定的具體時期，以日或周為單位，按各零件的生產週期，規定投入和出產時間。

第七節　生產運作控制

生產運作控制是指對生產運作全過程進行監督、檢查、調節和控制。它是生產與運作管理的重要職能之一，是實現生產運作主生產計劃和生產作業計劃的手段。前面

所講的主生產計劃和生產作業計劃僅僅是對生產運作過程事前的「預測性」安排。在執行計劃的過程中，注定會出現一些預想不到的情況，管理者必須及時監督、檢查，發現出現的偏差，並進行必要的調節和校正，也就是對生產系統實行即時控制，以確保計劃的實現。

一、生產運作控制概述

生產運作系統是指與實現規定的生產目標有關的生產單位的集合體，是一個人造的、開放的、動態的系統。根據系統理論，生產系統是由物流、信息流和資金流三大部分組成的系統。在這個系統中，物流是指原材料的轉變、貯存和運輸過程；資金流是指與生產過程有關的資金的籌集與使用過程；信息流是指圍繞著生產過程所用到的各種知識、信息和數據的處理、傳遞、轉換和利用過程。為了使生產運作系統能有條不紊地運作，就必須建立計劃與控制系統。有關計劃方面的問題前面已有介紹，這裡僅介紹控制方面的問題。

根據控制理論原理，控制是指施控主體對受控客體的一種能動作用，使受控客體按照施控主體的預定目標而運動，並最終達到系統目標。一般採用自動控制論中的負反饋原理。管理學中所說的「控制」是指：①核對或驗證；②調節；③與某項標準進行比較；④行使職權；⑤限制或抑制。這種控製作用是通過反饋控制方式和前饋控制方式來實現的。反饋控制是將系統的輸出反過來饋送到系統的輸入端，借以調整輸入，使系統的輸出按照施控主體的預定目標方向發展的一種控制方式；前饋控制是指運用一定的方法，及時識別受控客體即將出現的偏差，並採取措施加以預防的控制方式。

生產運作控制是指在生產過程中，按既定的政策、目標、計劃和標準，通過監督和檢查生產活動的進展情況、實際成效，及時發現偏差，找出原因，採取措施，以保證目標、計劃的實現。生產運作控制的受控客體是生產運作過程，其預定目標是主生產計劃與生產作業計劃的目標值。為了實現生產運作過程的控制，需要在輸出端設置測量機構，以檢測輸出結果，並把結果反饋給決策機構；決策機構在對收到的輸出結果與目標值進行比較後，做出決策，並把決策結果（如即將採取什麼措施）傳達給執行機構，由執行機構採取實際措施，以實現控制，達到目標。生產運作控制的過程如圖6-10所示：

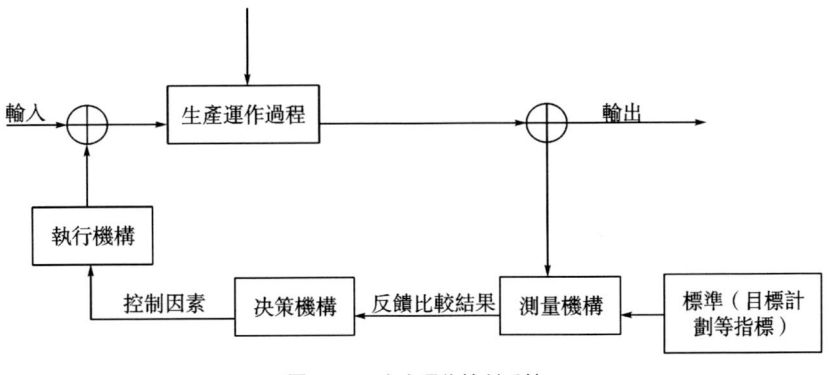

圖6-10 生產運作控制系統

雖然企業的主生產計劃和生產作業計劃對日常生產活動已做了比較周密而具體的安排，但是，在計劃的執行過程中，還會出現一些人們預想不到的情況和矛盾（如圖6-10 中的干擾因素）。通過及時監督和檢查，探索發生偏差的原因，並果斷地採取措施，對對象進行調節和校正。這種在主生產計劃執行過程中的監督、檢查、調節和校正等工作，就叫生產運作控制工作。

生產運作控制既是生產與運作管理的一項重要職能，又是實現生產與運作管理的目的、完成主生產計劃和生產作業計劃的手段。管理一個現代化企業，要協調生產過程各個方面的活動和實現生產活動的預定目標。沒有生產運作控制就難以進行有效的生產與運作管理。要搞好企業的生產與運作管理，不僅要對生產過程有科學的計劃和組織，而且要有科學的生產運作控制。比如，為了實現生產作業計劃任務，就需要以生產作業計劃為依據進行進度控制，對生產作業計劃的執行及時進行指導和調節；為了實現生產中消耗資源的減少和費用的降低，就必須加強成本控制；為了經常保持適量的原材料、外購件、在製品，降低庫存，加快物資和資金的週轉，就必須進行有效的庫存控制等。

生產運作控制既要保證生產過程協調進行，又要保證以最少的人力和物力完成生產任務。因此，它又是一種協調性和促進性的管理活動，是生產與運作管理系統的一個重要組成部分。生產運作控制的目的是提高生產與運作管理的有效性，即通過生產運作控制，企業的生產活動可在嚴格的計劃指導下進行，既可滿足品種、質量、數量和時間進度的要求，按各種標準來消耗活勞動和物化勞動，資金占用，又可加速物資和資金的週轉，實現成本目標，從而取得良好的經濟效益。

二、實行生產運作控制的原因和條件

生產計劃和生產作業計劃都是在生產活動發生之前制訂的。儘管制訂計劃時充分考慮了現有的生產能力，但是計劃在實施過程中由於以下原因，往往出現實施情況與計劃要求偏離的情況。

（1）加工時間估計不準確。對於單件小批量生產類型，很多任務都是第一次碰到，很難將每道工序的加工時間估計得很精確。而加工時間是編製作業計劃的依據。加工時間不準確，計劃也就不準確，實施中就會出現偏離計劃的情況。

（2）隨機因素的影響。即使加工時間的估計是精確的，但是很多隨機因素的影響也會引起偏離計劃的情況，如員工的勞動態度和勞動技能的差別、人員缺勤、設備故障和原材料的差異等。這些都會造成實際進度與計劃要求不一致。

（3）加工路線的多樣性。調度人員在決定按哪種加工路線加工時，往往有多種加工路線可供選擇，不同的加工路線會造成完工時間的偏離。

（4）企業環境的動態性。儘管制訂了一個準確的計劃，但是第二天又出現一個更有吸引力的新任務，或者關鍵崗位的員工跳槽，或者物資不能按時到達，或者停電停水等。這些都使得實際生產難以按計劃進行。

實施作業控制有三個條件：一是要有一個標準。生產計劃和生產作業計劃，沒有標準就無法衡量實際情況是否發生偏離。二是要取得實際生產進度與計劃偏離的信息。控制離不開信息。只有取得實際生產進度偏離計劃的信息，才知道兩者發生了不一致。計算機輔助生產管理信息系統能有效地提供實際生產與計劃偏離的信息。通過生產作

業統計模塊，每天都可以取得各個零部件的實際加工進度和每臺機床負荷情況的信息。三是要採取糾正偏差的行動。糾正偏差是通過調度來實行的。

三、不同生產類型作業控制特點

如表 6-10 所示，在物流、庫存、設備和工人方面，不同生產類型的作業控制具有不同的特點。

表 6-10　　　　　　　　　不同生產類型作業控制的特點

項目	單件小批生產	大量大批生產
零件的流動	沒有主要的流動路線	單一流動路線
瓶頸	經常變動	穩定
設備	通用設備、有柔性	高效專用設備
調整設備費用	低	高
工人操作	多	少
工人工作的範圍	寬	窄
工作節奏的控制	由工人自己和工長控制	由機器和工藝控制
在製品庫存	高	低
產品庫存	很少	較高
供應商	經常變化	穩定
編製作業計劃	不穩定性高、變化大	不穩定性低、變化小

1. 單件小批生產

單件小批生產是為顧客生產特定產品或提供特定服務的，因此，產品品種千差萬別，零件種類繁多。每一種零件都有其特定的加工路線，整個物流沒有什麼主流。各種零件都在不同的機器前面排隊等待加工。工件的生產提前期各不相同。各個工作地之間的聯繫不是固定的。有時為了加工某個特定的零件，兩個工作地才發生聯繫。該零件加工完成之後，也許再也不會發生什麼聯繫了。這種複雜的情況使得沒有任何一個人能夠把握如此眾多的零件機器加工情況。為此，需要專門的部門來進行控制。

工件的生產提前期可以分成以下五個部分：

（1）移動時間。移動時間是指上道工序加工完成后轉送到本工序途中所需時間。這個時間取決於運輸工具和運輸距離，是相對穩定的。

（2）排隊時間。排隊時間是指由於本工序有很多工件等待加工，新到的工件都需排隊等待一段時間才能加工。排隊時間的變化最大，單個工件的排隊時間是優先權的函數。所有工件的平均排隊時間與計劃調度的水平有關。

（3）調整準備時間。調整準備時間是調整準備所花的時間。它與技術和現場組織管理水平有關。

（4）加工時間。加工時間是按設計和工藝加工要求，改變物料形態所花的時間。加工時間取決於所採用的加工技術和工人的熟練程度，與計劃調度方法無關。

（5）等待運輸時間。等待運輸時間是加工完畢，等待轉到下一道工序所花的時間，與計劃調度工作有關。

對於單件小批生產，排隊時間是主要的。它大約占工件加工提前期的 90%～95%。

排隊時間越長，在製品庫存就越多。如果能夠控制排隊時間，那麼也就控制了工件在車間的停留時間。控制排隊時間，實際上是控制排隊長度。因此，如何控制排隊長度，是運作控制要解決的主要問題。

2. 大量大批生產

大量大批生產的產品通常採用流水線或自動線的組織生產。在流水線或自動線上，每個工件的加工順序都是確定的。工件在加工過程中沒有排隊，沒有派工問題，也無優先權問題。因此，控制問題比較簡單，主要通過改變工作班次，調整工作時間和工人數來控制產量。但是，在組織混流生產時，由於產品型號、規格和花色的變化，也要加強計劃性，使生產均衡。

四、生產運作控制的方法

運作控制的方法也在不斷地革新。隨著製造資源計劃（Manufacturing Resources Planning Ⅱ，MRP Ⅱ）系統的出現，投入/產出的控制方法和優先控制方法逐漸應用在企業的運作控制中。同時，運作控制的方法不斷推陳出新，出現了漏鬥模型控制和約束理論的控制方法。這些都是運作控制方法的現代進展。

1. 優先控制方法

MRP Ⅱ系統的主要功能就是設置和更新各種零件在車間生產過程的訂貨期（完工要求）。管理人員根據MRP Ⅱ提出的計劃，安排零件在生產中的次序。當有若干種零部件需要同時經某一臺機床進行加工時，就必須根據交貨期信息確定有關零件的優先權。在作業計劃中已經介紹了確定優先權的多種方法，但是現在還沒有適用於一般情況的算法。最常用的是臨界比率法。

臨界比率法是零部件與計劃交貨期之間的間隔與零部件到完工時的間隔之比。根據臨界比率可以確定哪些零件滯后於計劃，哪些零件超前於計劃。臨界比率大於1，說明零件超前於計劃要求的交貨期；臨界比率等於1，說明零件正好符合計劃要求的交貨期；臨界比率小於1，說明零件滯后於計劃要求。因此，臨界比率越小，該批零件加工越緊迫，應該將生產資源優先安排在這批零件上。

2. 投入/產出控制方法

如果待加工的工件數量過多，就有可能在后面的生產中產生積壓，造成生產的停滯；如果工件產出太多，下一道工序就有相當長的等待時間，意味著生產週期的延長和生產資源的浪費。投入/產出控制方法的作用就在於控制在車間裡排隊等待加工件的數量，並由此控制工序生產週期。投入/產出方法的實施可以保證整個生產過程的平穩進行，沒有過多的積壓和等待加工時間。

投入/產出的著眼點在於生產工序的兩頭，對工序中投入量和產出量進行控制，其主要內容包括：一方面，將實際投入的數量和計劃應當投入的數量進行比較，控制投入某一工序的零部件數量；另一方面，比較實際產出與計劃規定產出的數量，控制從某一工序流出的零件數量。

採用這些措施的目的是及時修正由於延期或停頓產生的偏差，使新投入某一工序加工的零件數量不要過多地超過從該工序加工結束待運出零件的數量。當然，對於不同的工序而言，投入的含義是不同的。投入/產出可以控制第一個工序的投入，但是以后每個工序的「投入」其實就是上一道工序的產出。因此，投入實際就是控制上一道

工序輸出量的大小。

3. 漏門模型

從存量控制的思想出發，20世紀90年代，德國漢諾威大學的 Bechte & Wiendall 等人提出了「漏門模型」（Funnel Model）。所謂「漏門」，是為了方便地研究生產系統而做出的一種形象化描述。一臺機床、一個班組、一個車間乃至一個工廠，都可以看成一個「漏門」。作為「漏門」的輸入，可以是上道工序轉來的加工任務，也可以是來自用戶的訂貨；作為「漏門」的輸出，可以是某工序完成的加工任務，也可以是企業制成的產品。而「漏門」中的液體，則表示累積的任務或在製品。液體的量則表示在製品量。漏門模型通過分析生產系統工序時間和在製品占用量的關係，提出了完整的基於負荷導向的作業控制理論和方法。「漏門模型」很適合多品種中小批量生產系統計劃與控制。

由於管理側重的方面不同，漏門模型在進行運作控制的時候又可以分為三種基本形式：

（1）監控車間生產過程。在這種形式中，可以利用漏門模型對整個生產系統進行整體和動態的監控，而不僅僅是傳統意義上的對某道工序進行監控，能夠從整體上把握整個生產過程的進程。在實施生產系統監控時，主要包括兩方面內容：一方面，編製監測流程圖，監測生產任務從計劃到加工結束期間的全過程，進而提高整個生產過程中的管理效率。另一方面，建立相應的生產監控和診斷系統，對各個工序的工作情況進行定期的跟蹤，計算相關指標，根據實際指標和計劃指標之間的偏差對生產進行調整。這種調整是漸進的、動態的，直到調整到最優為止。

（2）按交貨期制訂加工任務的計劃並且進行控制。這也是建立在現代的柔性製造理論基礎上的方法。傳統的作業控制理論認為，對於特定時間的特定工序，加工能力是一定的，因此，安排計劃時應盡量排滿就可以了。然而，現代柔性製造理論認為，加工能力應該而且能夠進行經常性的調整。適時調整加工能力可以有效地降低庫存和減少在製品數量，縮短生產的週期，保證按照制訂的時間交貨。因此，在下達生產任務時，可以用工序通過時間的緩衝時間，找出該工序要求的一定變化範圍，確定投料時間，使工序能力始終處於最佳狀態。

（3）根據生產的實際負荷控制生產的投入指令。按照負荷導向型的計劃，依負荷釋放任務，根據現有的生產任務和加工能力確定任務和原材料的投放數量。第一，根據生產任務的緊急程度進行安排。第二，確定允許投入物料的界限和時間安排。第三，根據交貨期的要求，對所有的加工任務進行排序。計劃提前期是管理人員預先設定的參數，對交貨期界限以外的任務暫不安排加工，防止過早投料。第四，根據排序結果，優先安排交貨期緊急的任務，同時應保證與該生產任務相關工序的負荷不超過其負荷界限。

五、服務業作業控制

服務是一種無形的產品。服務作業與製造性作業有一定的區別，有自己的一些特殊性質。因此，服務作業的控制方法也與製造業有一定的區別。

（一）服務作業的特徵

服務業與顧客的關係十分緊密。服務業的生產系統叫做服務交付系統（Service Delivery System)。服務是通過服務臺進行的,在各個服務臺工作的員工就像是製造業第一線的工人。他們所提供的成套服務就是服務作業。當然,他們也向顧客提供產品。服務業需要接觸顧客且服務無法通過庫存調節,這給服務作業帶來很大的影響。

1. 顧客參與影響服務運作實現標準化和服務效率

顧客直接與服務員工接觸,會對服務人員提出各種各樣的要求和發出各種各樣的指示,使得服務人員不能按預定的程序工作,從而影響服務的效率。顧客參與的程度越深,對效率的影響越大。同時,顧客的口味各異也使得服務時間難以預計,導致所需服務人員的數量難以確定。

2. 顧客的舒適、方便會造成服務能力的浪費

顧客為了不孤獨和與他人分享信息和興趣,會與服務人員交談。為了滿足顧客這種需求,服務人員難以控制時間。這使顧客感到舒適和有趣,但浪費了服務人員的時間。

3. 難以獲得客觀的質量評價

對服務質量的感覺是主觀的。服務是無形的,難以獲得客觀的質量評價。服務質量與顧客的感覺有關。如果某些顧客感到某些要求不能得到及時地滿足,就會感到不滿。儘管他們所得到的服務與其他顧客一樣多,也會認為服務質量差。因此,與顧客接觸的服務人員必須敏感,善於與顧客交往。

(二) 服務作業控制的方法

1. 減少顧客參與的影響

由於顧客參與對服務運作的效率造成不利的影響,就要設法減少這種影響。有許多方法使服務運作在提高效率的同時也能提高顧客的滿意度。

(1) 通過服務標準化減少服務品種。顧客需求的多樣性會造成服務品種無限多。服務品種的增加會降低效率,而服務標準化可以用有限的服務滿足顧客不同的需求。飯館裡的菜單或快餐店食品都是標準化的例子。

(2) 通過自動化減少同顧客的接觸。有的服務業通過操作自動化限制同顧客的接觸,如銀行的自動櫃員機、商店的自動售貨機。這種方法不僅降低了勞動力成本,而且限制了顧客的參與。

(3) 將部分操作與顧客分離。提高效率的一個常用策略是將顧客不需要接觸的那部分操作與顧客分離。如在酒店,服務員在顧客不在時才清掃房間。這樣做不僅避免打擾顧客,而且可以減少顧客的干擾,提高清掃的效率。另一種方法是設置前臺和後臺,前臺直接與顧客打交道,後臺專門從事生產運作,不與顧客直接接觸。例如,對於飯館,前臺服務員接待顧客,為顧客提供點菜服務;後臺廚師專門炒菜,不與顧客直接打交道。這樣做的好處是既可改善服務質量,又可提高效率。此外,前臺服務設施可以建在交通方便、市面繁華的地點。這樣可以吸引更多的顧客,以顧客為導向;相反,後臺設施可以集中建在地價便宜的、較為偏僻的地方,以效率為導向。

(4) 設置一定庫存量。服務是不能庫存的,但很多一般服務還是可以通過庫存來調節生產活動。例如,批發和零售服務,都可以通過庫存來調節。

2. 處理非均勻需求的策略

各種轉移需求的辦法只能緩解需求的不均勻性,不能完全消除不均勻性。因此,需要採取各種處理非均勻需求的策略。

（1）改善人員班次安排。很多服務是每週 7 天、每天 24 小時進行的。其中有些時間是負荷高峰，有些時間是負荷低谷。完全按高峰負荷安排人員，會造成人力資源的浪費；完全按低谷負荷安排人員，又會造成供不應求，喪失顧客。因此，要對每週和每天的負荷進行預測，在不同的班次或時間段安排數量不同的服務人員。這樣既保證服務水平，又減少人員數量。

（2）利用半時工作人員。在不能採用庫存調節的情況下，可以雇傭半時工作人員。採用半時工作人員可以減少全時工作的固定人員的數量。對於一天內需求變化大的服務業或者是季節性波動大的服務業，都可以雇傭半時工作人員。在服務業採用半時工作人員來適應服務負荷的變化，如同製造業採用庫存調節生產一樣。

（3）讓顧客自己選擇服務水平。設置不同的服務水平供顧客選擇，這既可滿足顧客的不同需求，又使不同水平的服務得到不同的收入。如郵寄信件，可採用普通平信或特快專遞。顧客希望縮短郵寄時間，就得多花郵費。

（4）利用外單位的設施和設備。為了減少設施和設備的投資，可以借用其他單位的設施和設備，或者採用半時方式使用其他單位的設施和設備，如機場可以將運輸貨物的任務交給運輸公司去做。

（5）雇傭多技能員工。相對於單技能員工，多技能員工具有更大的柔韌性。當負荷不均勻時，多技能員工可以到任何高負荷的地方工作，從而較容易地做到負荷能力平衡。

（6）顧客自我服務。若能做到顧客自我服務，則需求一旦出現，能力也就有了，就不會出現能力與需求的不平衡。顧客自己加油和洗車、超級市場自助購物、自助餐等，都是顧客自我服務的例子。

（7）採用生產線方法。一些準製造式的服務業，如麥當勞，採用生產線方法來滿足顧客需求。在前臺，顧客仍可按菜單點他們所需的食品。在后臺，採用流水線生產方式加工不同的食品。然后按訂貨型生產方式，提供不同的食品組合，供顧客消費。這種方式的生產效率非常高，從而實現低成本、高效率和及時服務。

復習思考題

1. 生產作業計劃的作用是什麼？
2. 為什麼要制定期量標準？企業有哪些主要的期量標準？
3. 如何確定批量和生產週期？
4. 不同生產類型下，如何編製車間生產作業計劃？
5. 怎樣正確選擇生產批量？
6. 生產中的在製品對企業經濟效益有何影響？如何控制在製品的占用量？
7. 為什麼要實行生產運作控制？
8. 服務作業有何特徵？
9. 如何進行服務作業控制？
10. 什麼是計劃管理？企業計劃的層次如何劃分？各種職能計劃之間有什麼聯繫？
11. 敘述生產計劃的層次、內容、主要指標及含義。

第七章
製造資源計劃

製造資源計劃是一種適用於多品種、多級製造裝配系統的、具有代表性的管理思想、管理規範和管理技術。製造資源計劃是計算機技術在生產管理中應用的產物。本章主要講述了物料需求計劃、製造資源計劃的基本原理和邏輯，企業資源計劃的思想，製造資源計劃與現行計劃的主要區別。

第一節　物料需求計劃概述

物料需求計劃（Material Requirements Planning，MRP）是20世紀60年代發展起來的一種計算物料需求量和需求時間的系統，是對構成產品的各種物料的需求量與需求時間所做的計劃。它是企業生產計劃管理體系中作業層次的計劃。物料需求計劃最初只是一種計算物料需求的計算器，是開環的，沒有信息反饋，后來發展為閉環物料需求計劃。

一、訂貨點法

早在20世紀40年代初期，西方經濟學家就推出了訂貨點方法的理論，並將其用於企業的庫存計劃管理。訂貨點方法的理論基礎比較簡單，即庫存物料隨著時間的推移而使用和消耗，庫存效益逐漸減少。當某一時刻的庫存數可供生產使用消耗的時間等於採購此種物料所需要的時間（提前期）時，就要進行訂貨以補充庫存。決定訂貨時的數量和時間即訂貨點。一般情況下，訂貨點時的庫存量都考慮了安全庫存量。依據訂貨點的理論，實際工作中又派生出定量訂購和定期訂購兩種基本方法。

訂貨點法基於以下假設：
（1）假定庫存項目的需求是常數，即需求是連續的，庫存消耗是穩定的；
（2）對多項庫存設定一個固定的安全庫存，而不考慮需求的變化與庫存項目之間的聯繫；
（3）提前期是常數而不計需求期的變化。
在以上假設條件下，訂貨點法用於庫存管理會出現以下問題：
（1）訂貨點法面向的是相互獨立的需求項目。即認為庫存項目是孤立的，每個項目可獨立確定需求量和需求期。這對庫存中的某些項目是適宜的，如最終項目產品和

備件、備品等。然而生產庫存的庫存項目主要是原材料、坯料、零件、組件和部件等。它們的需求量和需求期是相互牽制的。訂貨點方法認為庫存項目全部是獨立的，自然會導致庫存計劃與控制上的不合理。

（2）訂貨點法的需求量和需求期是通過對庫存歷史數據資料預測而得到的。這樣，只有當這些規律在未來還會重演的情況下，預測才會有意義。然而，實際情況是不可能的。這種使用歷史數據的庫存管理方法必然會帶來較大的誤差。

（3）訂貨點法假定需求是連續的，並按以往的平均消耗率間接地提出需求時間，保證庫存在任何時刻都維持在一定水平。一旦庫存低於訂貨點，就立即補充。其訂貨時間往往較需求時間提前，再加上安全庫存，倉庫在實際需求發生以前就有大的存貨。

（4）為裝配成產品，要求部件、組件、零件和原材料等各庫存項目的數量必須配套。否則，即使每個基礎上的供貨率得到保證，也不能保證總供貨率是準確的。例如，假定各庫存項目的供貨率為 95%，則 10 個不同基礎上聯合供貨率只有 $0.95 \times 0.95 \cdots = 0.95^{10} \approx 0.6$，即 60%。可見，按訂貨點法計劃與控制庫存，想要在總裝時不發生短缺或者不突擊加班，那只能碰運氣了。

因此，用訂貨點法來處理相關需求問題，是一種很不合理、很不經濟和效率極低的方法。它很容易導致庫存量過大，需要的物料未到，不需要的物料先到，各種所需物料不配套等問題。訂貨點法儘管有上述不足，但是直到 20 世紀 60 年代中期還一直被廣泛使用。直至 MRP 法出現，它才基本被取代。

二、物料需求計劃（MRP）

物料需求計劃系統是專門為裝配型產品生產所設計的生產計劃與控制系統。它的基本工作原理是滿足相關性需求的原理。物料需求計劃中的物料指的是構成產品的所有物品，包括部件、零件、外購件、標準件以及製造零件所用的毛坯與材料等。這類物料的需求性質屬於相關性需求，其特點是：需要量與需要時間確定且已知；需求成批並分時段，即呈現出離散性；百分之百地保證供應。

由於企業中相關需求物料的種類和數量相當繁多，而且不同的零部件之間還具有多層「母子」關係，因此這種相關需求物料的計劃和管理比獨立需求要複雜得多。對於相關需求物料來說，就很有必要採用已有的最終產品的生產計劃作為主要的信息來源，而不是根據過去的統計平均值來制訂生產和庫存計劃。而 MRP（物料需求計劃）正是基於這樣一種思路的相關需求物料的生產與庫存計劃。

（一）與物料需求計劃相關的概念

在制訂物料需求計劃中，涉及一些概念，如獨立需求與相關需求，時間分段與提前期等。

（1）獨立需求：決定庫存量項目的企業外部需求稱為獨立需求，如產品、成品、樣品、備品和備件等。

（2）相關需求：由企業內部物料轉化各環節之間所發生的需求稱為相關需求，如半成品、零部件和原材料等。

（3）產品結構或物料清單（Bill of Materials），簡稱 BOM，如圖 7-1 所示。它提供了產品全部構成項目以及這些項目的相互依賴的隸屬關係。

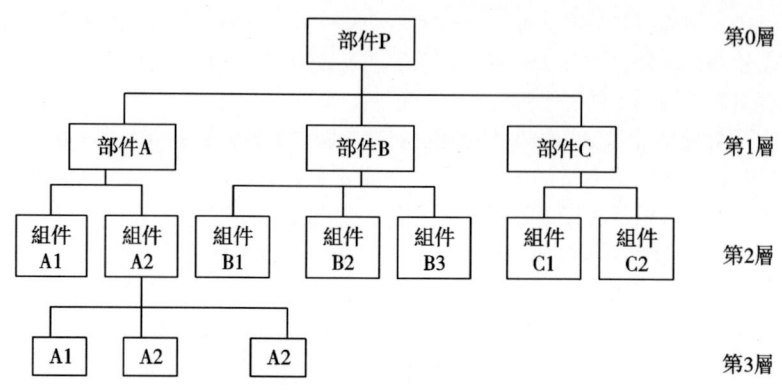

```
                        部件P                        第0層
             ┌───────────┼───────────┐
           部件A        部件B        部件C            第1層
          ┌──┴──┐    ┌───┼───┐    ┌──┴──┐
        組件  組件  組件 組件 組件  組件  組件        第2層
        A1   A2   B1  B2  B3   C1   C2
           ┌──┼──┐
          A1  A2  A2                                  第3層
```

圖7-1　產品結構或物料清單

（4）時間分段：將連續的時間流劃分成一些適當的時間單元。通常以工廠日曆（或稱計劃日曆）為依據，見表7-1。

表7-1　　　　　　　　　　　　　物料需求展開表

時間分段(周) 記錄項目		1	2	3	4	5	6	7	8	9
需求量		40	0	0	70	0	0	0	35	
庫存量	60	0	0	0	50	0	0	0	50	
計劃入庫		0	0	0	0	0	0	0	15	
可供貨量		20	20	20	0	0	50	0		
計劃訂單下達										

由表7-1可知，訂貨批量=50，訂貨提前期=2周。採用時間分段記錄庫存狀態，不但清楚地擺明了需求時間，也可大大降低庫存。

（5）提前期：對於不同類型和類別的庫存項目，提前期的含義是不同的。如：外購件應定義採購提前期，是指物料進貨入庫日期與訂貨日期之差。零件製造提前期是指工藝階段比成品出產要提前的時間。MRP對生產庫存的計劃與控制就是按各相關需求的提前期進行計算而實現的。

因此，MRP基本理論和方法與傳統的訂貨點法有明顯的不同。它在傳統方法的基礎上引入了反應產品結構的物料清單（BOM），較好地解決了庫存管理與生產控制中的難題，即按時按量得到所需的物料。

（二）MRP的原理和邏輯

1. MRP的原理

1975年美國人約瑟夫·奧里奇編寫了有關MRP的權威性專著。他針對訂貨點法的應用範圍，提出了一些對製造業庫存管理有重要影響的新觀點。他認為：

（1）根據主生產計劃（Master Production Schedule，MPS）確定獨立需求產品或備品備件的需求數量和日期。

（2）依據物料清單自動推導出構成獨立需求物料的所有相關需求物料的需求，即毛需求。

（3）由毛需求以及現有庫存量和計劃接收量得到每種相關需求的淨需求量。

（4）根據每種相關需求物料的各自提前期（採購或製造）推導出每種相關需求物料開始採購或製造的日期。圖 7-2 為 MRP 的處理過程圖。

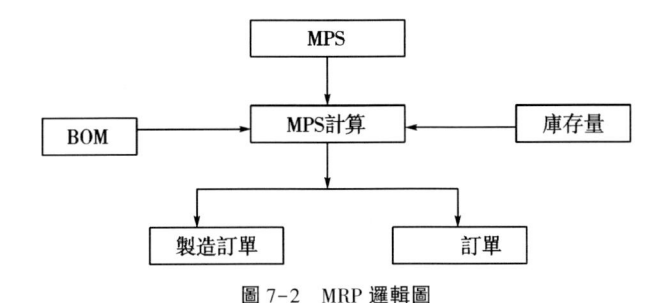

圖 7-2　MRP 邏輯圖

淨需求量＝毛需求量－計劃接收量－現貨量（現有庫存量）

2. MRP 的目標

（1）及時取得生產所需的原材料及零部件，保證按時供應用戶所需產品；

（2）保證盡可能低的庫存水平；

（3）計劃生產活動與採購活動，使各部門生產的零部件、採購的外購件在裝配要求的時間和數量上精確銜接。

3. MRP 的輸入信息

（1）主生產計劃（MPS）。企業主生產作業計劃，是根據需求訂單、市場預測和生產能力等來確定的。它規定在計劃時間內（年、月），每一生產週期（旬、周、日）的最終產品的計劃生產量。

（2）庫存狀態。其內容如下：當前庫存量、計劃入庫量、提前期、訂購（生產）批量、安全庫存量。

（3）產品結構信息。產品結構又稱為零件（材料）需求明細，如圖 7-3 所示。

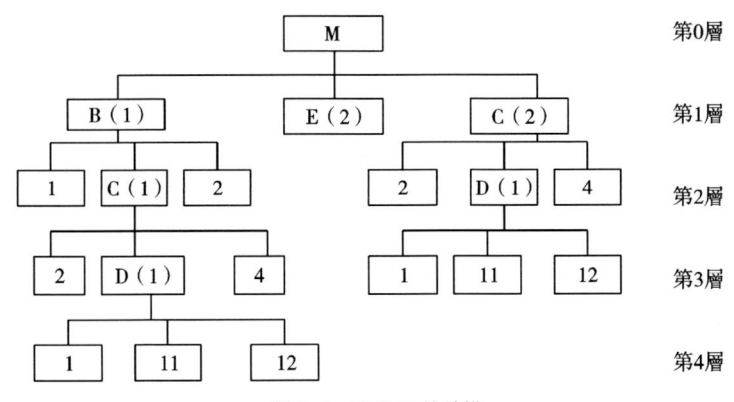

圖 7-3　產品 M 的結構

圖 7-3 中以字母表示部件組件，數字表示零件，括號中數字表示裝配數。從圖 7-3 可見，最高層（0 層）的 M 是企業的最終成品。它是由部件 B（一件 M 產品需用 1 個 B）、部件 C（每件 M 產品需用 2 個 C）及部件 E（每件 M 產品需用 2 個 E）組成

的。依次類推，這些部件、組件和零件中，有些是工廠生產的，有些可能是外購件。若是外購件，如圖 7-3 中的 E，則不必再進一步分解。

在產品結構信息輸入計算機后，計算機根據輸入的結構關係自動賦予各部件、零件一個低層代碼。低層代碼概念的引入，是為了簡化 MRP 的計算。當一個零件或部件出現在多種產品結構的不同層次，或者出現在一個產品結構的不同層次上時，該零（部）件就具有不同的層次碼。如圖 7-3 中的部件 C 既處於 1 層，也處於 2 層即部件 C 的層次代碼是 1 和 2。產品結構是按層次代碼逐級展開的。相同零（部）件處於不同層次就會產生重複展開，增加計算工作量。因此當一個零部件有一個以上層次碼時，應以它的最低層代碼（其中數字最大者）為其低層代碼。圖 7-3 中各零部件低層代碼如表 7-2 所示。一個零件的需求量為其上層（父項）部件對其需求量之和。圖 7-3 按低層代碼在做第二層分解時，每件 M 直接需要 2 件 C；B 需要 1 件 C，因此，生產 1 件成品 M 共需 3 件 C。部件 C 的全部需要量可以在第二層展開時一次求出，從而簡化了運算過程。

表 7-2 　　　　　　　　　　各零部件低層代碼

件號	低層代碼
M	0
B	1
E	1
C	2
D	3
1	4
2	3
4	3
11	4
12	4

4. MRP 的工作邏輯

MRP 是指根據反工藝路線的原理，按照主生產計劃規定的產品生產數量及期限要求，利用產品結構、零部件和在製品庫存情況，各生產（或訂購）的提前期、安全庫存等信息，反工藝順序地推算出各個零部件的出產數量與期限。由於它採用電子計算機輔助計算，因此具有以下三個主要特點：

（1）根據產品計劃，可以自動連鎖地推算出製造這些產品所需的各部件、零件的生產任務。

（2）可以進行動態模擬。不僅可以計算出零部件需要數量，而且可以同時計算出它們生產的期限要求；不僅可以算出下一週期的計劃要求，而且可推算出今後多個週期的要求。

（3）計算速度快，便於計劃的調整與修正。

三、閉環 MRP

（一）閉環 MRP 的處理過程

基本 MRP 能根據有關數據計算出相關物料需求的準確時間與數量，對製造業物資管理有重要意義。但它還不夠完善，如沒有解決如何保證零部件生產計劃成功實施的問題；缺乏對完成計劃所需的各種資源進行計劃與保證的功能；也缺乏根據計劃實施情況的反饋信息對計劃進行調整的功能。因此，在基本 MRP 的基礎上，引入了資源計劃與保證、安排生產、執行監控與反饋等功能，形成閉環的 MRP 系統，其處理過程如圖 7-4 所示。

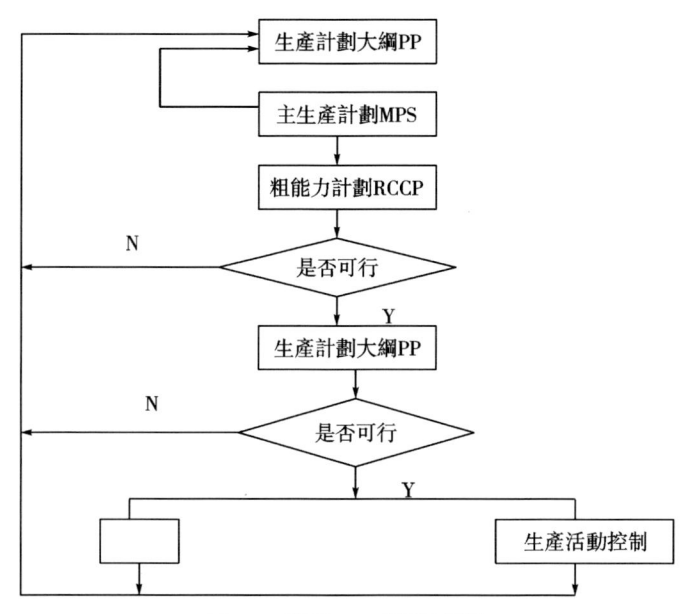

圖 7-4 閉環 MRP 邏輯流程圖

（二）生產數據庫

生產數據庫的建立，是實施閉環 MRP 的基礎。

1. 生產數據庫的基礎數據

在生產數據庫中組織與管理的基礎數據主要有：

（1）產品定義數據。所謂項目可以定義為一種產品、一個部件或者一個零件。有時也可將原材料、消耗品等定義為項目。產品定義數據是企業管理信息系統中最基本的數據集合。企業的產品、部件或零件都有唯一的定義和數據描述，如：項目號、項目名稱、類型（產品、部件、零件、標準件等）、計量單位、批量、安全庫存、提前期（安全提前期）、製造或採購代碼、存放位置、低層代碼、工藝路線號、所用材料標準及價格等。

（2）產品結構數據（BOM）。BOM 描述產品、部件和零件之間的裝配關係與數量要求。本書在產品結構及零件清單中對這部分做介紹。

（3）加工工藝數據。可以分兩級建立與維護，即工藝階段數據和工藝路線數據。

製造過程按物流順序可以劃分為若干工藝階段。

工藝階段數據包括：所在車間、提前期、起止工序、價格（或成本）增值及其他有關數據。

工藝路線數據包括：工序號、工序描述、完成該工序的工作中心號、可替代的工作中心號、有無工裝、工裝號、工序準備時間、到達工作中心作業或批量的運輸時間、工時定額、工序提前期。

（4）工作中心（能力資源）數據。能力資源主要是指人力資源及設備資源。工作中心數據包括：工作中心號、工作中心描述、每班可用機器數（或操作人員數）、工作中心利用率、工作中心效率、每班排產小時數、每天開動班次、工作中心一般排隊時間、單位工時成本、單位臺時成本和單位時間管理費等。

（5）工具數據。工具數據的主要內容是：工具號、工具名、工具描述、在工具庫中的位置、工具狀態、可替代的工具號、工具壽命、已使用的時間累計值和工具壽命計量單位。

（6）工廠日曆。先將普通日曆除去每週雙休日、假日停工和其他不生產的日子，再將日期表示為順序形式，最后得到工廠日曆。

2. 產品結構及零件清單

（1）產品結構。產品結構列出構成產品或裝配件的所有部件、組件、零件的裝配關係和數量要求。

製造業一般都有產品結構複雜、品種繁多的特點。許多企業在基本型產品的基礎上進行一些更改如增加或減少某些零部件而生產出許多變型產品。產品基型少而變型品種多，既能滿足社會多方面的需要，又能減輕企業生產的工作量，提高經濟效益。

為滿足設計和生產情況不斷變化的要求，適應變型產品增加的趨勢，BOM 必須設計得十分靈活，使用戶既能從 BOM 取得與每種產品相對應的零件清單，又不致在計算機中存貯大量重複的數據。因此，在計算機中將項目描述與結構描述分開，產品結構使用單級描述方法。

利用以單級清單為基礎的產品結構數據，通過程序處理，可以生成不同的零件清單來滿足生產經營管理的不同要求。

（2）零件清單。提供給用戶的零件清單，分為展開和反查兩種處理方式。展開處理又稱為拆零或分解。它通過分解產品或部件，求出其組成部分及每部分的數量。反查處理則與之相反，它採用追蹤各零部件在哪些上級裝配件中使用及使用數量多少的方式。每種處理方式又有不同的輸出形式，如展開型清單有以下三種輸出形式：

①單級展開。按水平分層順序分拆一個裝配件，求出它的直接組成部分。

②層次展開。按產品、部件的裝配形態自上而下分解裝配件，直到最基本的零件為止。

③綜合展開。按產品匯總列出一個產品所需各種零部件總需要量的清單。

類似於展開型零件清單，反查型零件清單也有單級反查、層次反查和綜合反查等輸出形式。

（三）能力需求計劃

在編製主生產計劃時，一般要在總體上進行能力平衡核算，即能力計劃工作。但是，對於多品種小批量生產的企業，生產的產品品種、數量每月各不相同，生產能力

需求經常變化。當總負荷核算平衡時，每個生產週期、每個工作中心可能並不平衡。因此還要按較短的時間期、更小的能力範圍（如工作中心）詳細地進行負荷核算與能力平衡，稱為能力需求計劃。閉環 MRP 的能力平衡反應在以下兩個層次上：

首先，在主生產計劃層次需對獨立需求物料用到的關鍵資源進行平衡。只有先對關鍵資源進行平衡後，才能進行 MRP 的運算。因此，主生產計劃層次的能力平衡是先決條件。通常稱此能力平衡為粗能力計劃（Rough Cut Capacity Planning, RCCP）。

其次，在 MRP 層次需對相關需求中的所有自製物料所要用到的工作中心（Work Center, WC）的能力進行平衡，通常稱為能力需求計劃（Capacity Requirements Planning, CRP）。閉環 MRP 就是在 MRP 系統的基礎上，加上能力需求計劃和執行計劃情況的反饋，才形成了環形回路。閉環 MRP 已成為較完整的生產計劃與控制系統。

能力需求計劃的處理過程如下：

（1）編製工序進度計劃。用倒序編排法或工序編排法，利用訂單下達（投入）日期（開工期）、計劃訂單入庫日期（完工日期）及數量，進行工序進度計劃編製。

（2）編製負荷圖。當所有訂單都編製了工序進度計劃以後，以工作中心為單位編製負荷圖，如圖 7-5 所示。

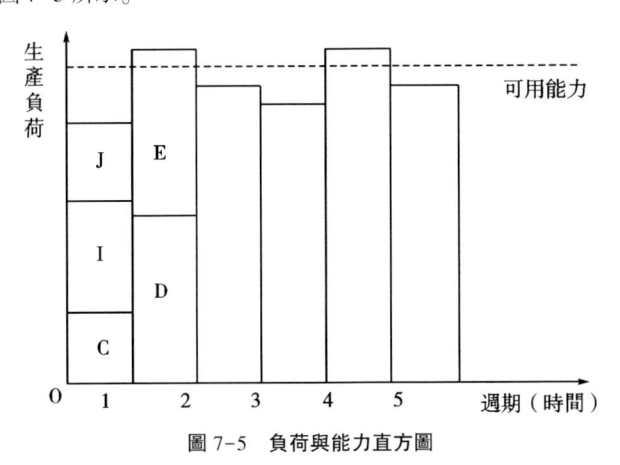

圖 7-5 負荷與能力直方圖

（3）負荷與能力調平。若大多數工作中心表現為超負荷或欠負荷，而且超欠量比較大，則說明能力不平衡。引起能力不平衡的主要原因有：MPS 計劃不全面、能力數據不準確、提前期數據不準確等。對上述因素進行分析，找出原因，逐個糾正，如能力和負荷仍不平衡時，就要通過提高或降低能力，提高或降低負荷，調整能力和負荷等方法，將能力與負荷調平。舉例如下：

累計負荷	170	376	570	762	982	1178
累計能力	200	400	600	800	1,000	1,200
負荷率	85	103	97	96	110	98
累計負荷率	85	94	95	95	98	98
工作中心	3,507

（四）生產活動控制

能力需求計劃，使各工作中心的能力與負荷需求基本平衡，為組織生產活動、安排作業（派工）打下基礎。如何具體地組織生產活動、安排作業順序和及時反饋信息，

對生產活動進行調整與控制，合理利用各種資源又能按期完成各項訂單任務，是需要進一步討論的問題。

1. 作業排序

如前所述，通過執行能力需求計劃，已初步排定各工作中心每週期的具體工作任務。但是在同一週期，一個工作中心往往有多個任務等待完成，如圖 7-5 工作中心在第一週期有 J、I、C 等任務需完成。這時應該先加工哪一個零（部）件，后加工哪一個零（部）件，才能既使整個任務加工時間短，保證按期完工，又使資源利用率高，這就是作業排序的任務。

2. 任務下達

任務下達過程如下：

（1）按工作中心建立可排序的作業集合；

（2）計算各作業的優先級；

（3）下達任務。

在工作中心排序的作業集合中，將最高優先級的作業分配給第一臺可利用的機器；將下一個最優先級的作業分配給第二臺機器，如此下去。當全部工作中心可利用的機器都安排了一個作業後，模擬時鐘增加一個步距，在第一個工作中心再次開始，直到時間達到規定時間為止。

根據作業分配的結果，輸出作業分配表。現場操作人員根據作業分配表進行生產活動。

第二節　製造資源計劃的原理與邏輯

一、製造資源計劃的概念

MRP Ⅱ 是製造資源計劃的簡稱。由於製造資源計劃的英文是 Manufacturing Resources Planning，縮寫為 MRP，因此為了區別物料需求計劃（MRP），所以稱物料需求計劃為 MRPI 或者 MRP，而稱製造資源計劃為 MRP Ⅱ。MRP Ⅱ 究竟是什麼？不同的人接觸的角度不一樣，對 MRP Ⅱ 的瞭解和認識不同，可能會有各種不同的看法和認識。常見的說法是：MRP Ⅱ 是計算機輔助企業管理系統或 MRP Ⅱ 是計算機輔助企業管理軟件。MRP Ⅱ 是一種適用於多品種、多級製造裝配系統的具有代表性的管理思想、管理規範和管理技術。

MRP Ⅱ 的製造資源是企業的物料、人員、設備、資金、信息、技術、能源、市場、空間和時間等用於生產的資源的統稱。

MRP Ⅱ 的計劃反應了它是以計劃管理為主線的生產經營管理模式，其基本思路是企業的製造資源在周密的、客觀的計劃下得到最有效的、充分的利用。

MRP Ⅱ 貫穿於企業生產製造的全過程，充分體現了「三結合」原則，即把企業長遠發展宏觀計劃、企業接受訂單確定要求的中層計劃或產品計劃，以及零部件和原材料等微觀計劃結合起來；把執行計劃和階段工作結合起來；把企業物流、信息流及資金流有機結合起來。

MRPⅡ是在生產實踐中產生的，並反過來指導實踐，具有廣泛的通用性。
MRPⅡ與計算機的關係是相輔相成的。它們相互依賴，相互促進。
MRPⅡ的發展可分為四個階段：

（1）MRP階段：作為一種庫存計劃方法的改進的物料需求計劃階段。
（2）閉環MRP階段：作為一種生產作業計劃與控制系統的閉環需求計劃階段。
（3）MRPⅡ階段：作為一種企業生產管理計劃系統的製造資源計劃階段。
（4）ERP階段：是MRPⅡ的新發展，融合多種現代管理思想和方法，反應在信息企業管理趨勢的企業資源計劃階段。

二、MRPⅡ實施的基本條件

實施MRPⅡ除需要計算機硬、軟件以外，還需要以下基本條件：
（1）客觀需要是企業實施MRPⅡ的動力。

成功實施MRPⅡ是企業為適應市場經濟的變化，為在市場競爭中取勝，有提高生產管理水平、提高生產效率、降低庫存、縮短生產週期，提高用戶服務水平的強烈願望，而MRPⅡ正是企業實現上述願望的有效方式。這樣，企業才能真正認真地開發MRPⅡ系統並堅持實施。

（2）組成以企業領導為首的資產決策機構，是實施成功的重要條件。

MRPⅡ系統成功的關鍵是「人」。高層管理人員的參與程度、中層管理人員的積極性與員工對MRPⅡ的態度，是企業成功實施MRPⅡ的重要條件。

（3）完整和準確的數據是MRPⅡ實施的基礎。

MRPⅡ系統需要大量的數據，且這些數據應力求準確，否則運用MRPⅡ系統所做的決策就會失誤，達不到提高生產效益、降低庫存、縮短提前期和生產週期等的目的。

（4）教育培訓提高員工隊伍素質，是實施MRPⅡ的主要保證。

企業員工素質在現代企業中的作用愈來愈大。這主要是因為現代企業生產中所運用的科學技術，包括管理技術，要求員工必須具備一定的文化水平和技術水平。對員工進行針對性的教育培訓，讓他們積極參與MRPⅡ的開發和實施，使企業從領導到基層管理人員，從開發人員到用戶，都齊心協力、互相配合，保證系統順利實施。

三、製造資源計劃的原理

在由MRP發展到閉環MRP後，人們又認識到了閉環MRP的一些不足，如：①計劃的源頭是從生產計劃大綱（PP）及主生產計劃（MPS）開始的，而尚未考慮企業的高層、長遠經營規劃。②閉環MRP中包含了以製造為主線的物流和信息流，但企業中非常重要的資金流卻無反應。針對閉環MRP的不足，在20世紀70年代末80年代初，有關專家在閉環MRP的基礎上加入了企業的高層長遠經營規劃（宏觀決策層）及企業的財務職能，形成了製造資源計劃（MRPⅡ）。有關MRPⅡ與閉環MRP的主要區別可參見表7-3：

表 7-3　　　　　　　　　　MRP Ⅱ 與閉環 MRP 的主要區別

對象 ＼ 區別	計劃源頭	系統模塊
閉環 MRP	生產計劃大綱 PP	生產計劃
MRP Ⅱ	經營規劃 BP	生產計劃與控制子系統 經營子系統 財務子系統

（一）MRP Ⅱ 的信息集成

MRP Ⅱ 最大的成就在於集成了企業經營的主要信息。在物料需求計劃的基礎上向物料管理延伸，實施對物料的採購管理，包括採購計劃、進貨管理、供應商帳務管理及檔案管理和庫存帳務管理等。系統已經記錄了大量的製造信息，包括物料消耗、加工工時等，在此基礎上擴展到產品成本的核算、成本分析。同時，主生產計劃和生產計劃大綱的依據是客戶訂單，因此，向前又可以擴展到銷售管理業務。故已不能從字面上理解「製造資源計劃（MRP Ⅱ）」的含義。

MRP Ⅱ 的通用軟件含有的數據庫包括了企業最主要的數據，主要有：客戶數據、庫存數據、工藝規程數據、BOM 表、物料數據、主生產計劃、加工中心數據、物料需求計劃、能力需求計劃、工廠日曆、工作指令數據、車間控制數據、採購數據和成本數據。

MRP Ⅱ 軟件包含的模塊也非常豐富，功能也越來越強。一般有銷售管理、物料管理、財務管理、生產計劃與控制以及報表等模塊。

（二）MRP Ⅱ 系統的特點

MRP Ⅱ 系統的特點可從六個方面來說明。每一個特點都含有管理模式的變革和人員素質或行為規範的變革。

（1）計劃的一貫性和可行性。MRP Ⅱ 系統是一種計劃主導型的管理模式。計劃層次從宏觀到微觀，從戰略到戰術，由粗到細逐層細化，都始終保持著與企業經營戰略目標的一致。「一個計劃」是 MRP Ⅱ 系統的原則精神。它把通常的三級計劃管理統一起來，編製計劃集中在廠級職能部門，車間班組只是執行計劃、調度和反饋信息。計劃下達前反覆進行能力平衡，並根據反饋信息及時調整，處理好供需矛盾，保證計劃的一貫性、有效性和可執行性。

（2）管理系統性。MRP Ⅱ 系統是一種系統工程。它把企業所有與生產經營直接相關的部門工作組成一個整體。每個部門都從系統整體出發做好本崗位工作，每個人都清楚自己的工作同其他職能的關係。只有在「一個計劃」下才能成為系統，條框分割、各行其是的局面將被團隊精神取代。

（3）數據共享性。MRP Ⅱ 系統是一種管理信息系統。企業各部門都依據同一數據庫的信息進行管理。任何一種數據變動都能及時地反應給所有部門，做到數據共享，如圖 7-6 所示。在統一數據庫的支持下，按照規範化的處理程序進行管理和決策，改變過去那種信息不同、情況不明、盲目決策、相互矛盾的現象。為此，要求企業員工用嚴肅的態度對待數據，令專人負責維護，以保證數據的及時、準確和完整。

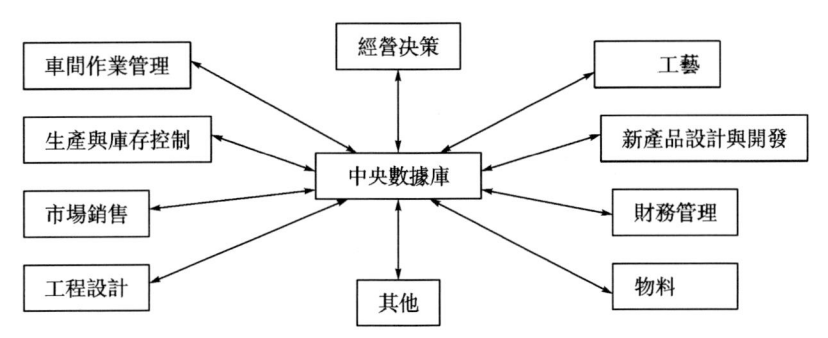

圖 7-6　中央數據庫支持下的 MRP Ⅱ

（4）動態應變性。MRP Ⅱ系統是一個閉環系統。它要求跟蹤、控制和反饋瞬息萬變的實際情況。管理人員可隨時根據企業內外部環境的變化迅速做出回應，及時調整決策，保證生產計劃正常進行。它可以保持較低的庫存水平，縮短生產週期，及時掌握各種動態信息，因而有較強的應變能力。為了做到這一點，必須樹立全員的信息意識，及時準確地把變動了的情況輸入系統。

（5）模擬預見性。MRP Ⅱ系統是生產經營管理客觀規律的反應。按照規律建立的信息邏輯必然具有模擬功能。它可以解決「如果怎樣⋯⋯將會怎樣」的問題，可以預見相當長的計劃期內可能發生的問題，即可事先採取措施消除隱患，而不是等問題已經發生了再花幾倍的精力去處理。這將使管理人員從忙碌的事物裡解脫出來，致力於實質性的分析研究和改進管理工作。

（6）物流、資金流的統一。MRP Ⅱ系統包羅了成本會計和財務功能，可以使生產經營活動直接產生財務數字，把實物形態的物料流動直接轉換為價值形態的資金流動，保證生產和財會數據相一致。財會部門及時得到資金信息用來控制成本，通過資金流動狀況瞭解物流和生產作業情況，隨時分析企業的經濟效益，參與決策，指導經營和生產活動，真正起到會計師和經濟師的作用。同時企業全體員工應牢牢樹立成本意識，把降低成本作為一項經常性任務。

（三）MRP Ⅱ的功能

當今不同的企業在經營過程中所面臨的共性問題有：
（1）資金短缺，原材料漲價，產品積壓，庫存資金占用多；
（2）應變能力差，用戶服務水平差，不能保證交貨期；
（3）信息反饋不及時，預測能力差，產品更新換代慢，市場競爭能力差；
（4）生產管理水平低，計劃跨度長，設備利用率低，生產成本高，生產週期長；
（5）投標、競標能力差。

實施 MRP Ⅱ將會給企業帶來許多方面的效益。具體如下：
（1）保證交貨期，提高服務水平，縮短生產週期；
（2）增強應變能力，提高競爭力，減少資金占用；
（3）提高設備利用率，杜絕或減少物料短缺；
（4）監控成本，找出差異，明確責任，改進管理，降低成本，降低庫存；
（5）提高市場預測能力，提高競標、投標能力，充分有效利用企業各種資源。

MRP Ⅱ之所以能解決企業存在的問題，主要有兩方面原因：一是 MRP Ⅱ的手段功

能。二是依靠計算機這一有力工具來統一數據，及時反饋，使企業管理人員心中有數，有預見性，對可能出現的問題採取相應的、及時的、有效的措施。

　　MRPⅡ分為五個層次。各層次間一脈相承，逐級（層）細化，互為因果。MRPⅡ五個層次的主要區別就在於計劃內容的詳細程度、計劃的時間跨度及週期不同。

　　雖然MRPⅡ的計劃層次各有特點，但是其突出的共性就是在每個層次都要解決三個基本問題。即：打算生產什麼？（生產的目標）能夠生產什麼？（能力的限制）怎樣解決需求與能力之間的矛盾？

　　MRPⅡ五個層次的計劃特點使MRPⅡ計劃的跨度從企業的建廠規劃、長遠經營規劃等宏觀計劃開始，至車間的日常作業計劃等微觀計劃，直至計劃得到執行。MRPⅡ計劃逐層分解，層層細化，上層的結果（輸出）作為下一層的起因需求和輸入。企業從宏觀到微觀、從粗計劃到細計劃，始終體現著一個計劃、一個目標的最基本的統一精神。

（四）MRPⅡ的邏輯

　　製造資源計劃（MRPⅡ）系統的邏輯流程圖如圖7-7所示。

　　如圖7-7所示，在流程圖上，右側是計劃與控制的流程。它包括了宏觀決策層、計劃層和控制執行層，這些功能系統構成了企業的經營計劃管理流程。圖的中間部分是基礎數據，除了物料清單、庫存信息、工藝路線和工作中心等數據之外，還包括會計科目和成本中心的數據。這些數據以數據庫的形式儲存在計算機數據庫管理系統中，以便各部門溝通和共享，達到信息的集成。左側是財務管理系統，有總帳管理、應收帳管理和應付帳管理。流程圖上最后一個框圖是業績評價，即對MRPⅡ系統的成績和效果進行評議，以便進一步改進。

　　由於MRPⅡ將經營、財務與生產系統相結合，並且具有模擬功能，因此它不僅能對生產過程進行有效的管理和控制，還能對整個企業計劃的經濟效果進行模擬，對輔助企業高級管理人員進行決策具有重要的意義。

（五）MRPⅡ系統的實施環境

　　雖然有相當多的企業試用了MRPⅡ系統，但是並不是都取得了成功。其中原因是多方面的，但一個重要的原因便是這些失敗了的企業並沒有提供一個合適的實施MRPⅡ系統的環境。那麼，能使MRPⅡ系統有效實施的環境是什麼呢？

　　首先，MRPⅡ系統不是萬能的，一般主要適用於具有下列特點的企業：

（1）產品的BOM層次較多；

（2）有較大的批量規模；

（3）需求量、生產工藝、生產能力以及供應商有一定的穩定性和可靠性；

（4）採取多品種、中小批量的生產組織形式。

　　MRPⅡ系統最獨特的優勢在於它的相關需求物料的管理方法。當產品的BOM層次較多時，相關需求物料的種類和數量將是非常龐大的。它們的採購、加工和庫存是企業管理中最複雜的一部分，也是最影響企業競爭力的因素。由於MRPⅡ系統很好地解決了相關需求物料的管理問題，因此MRPⅡ首先在機械、電子等行業得到了應用。這些行業的產品的BOM層次一般較多。一般情況下，在使用MRPⅡ的企業，BOM的平均層次是6層以上。此外，當各種產品有一定批量時，MRPⅡ系統可發揮較大威力，而如果屬於單件生產或極小批量生產，MRPⅡ就不一定能帶來很好的效果。

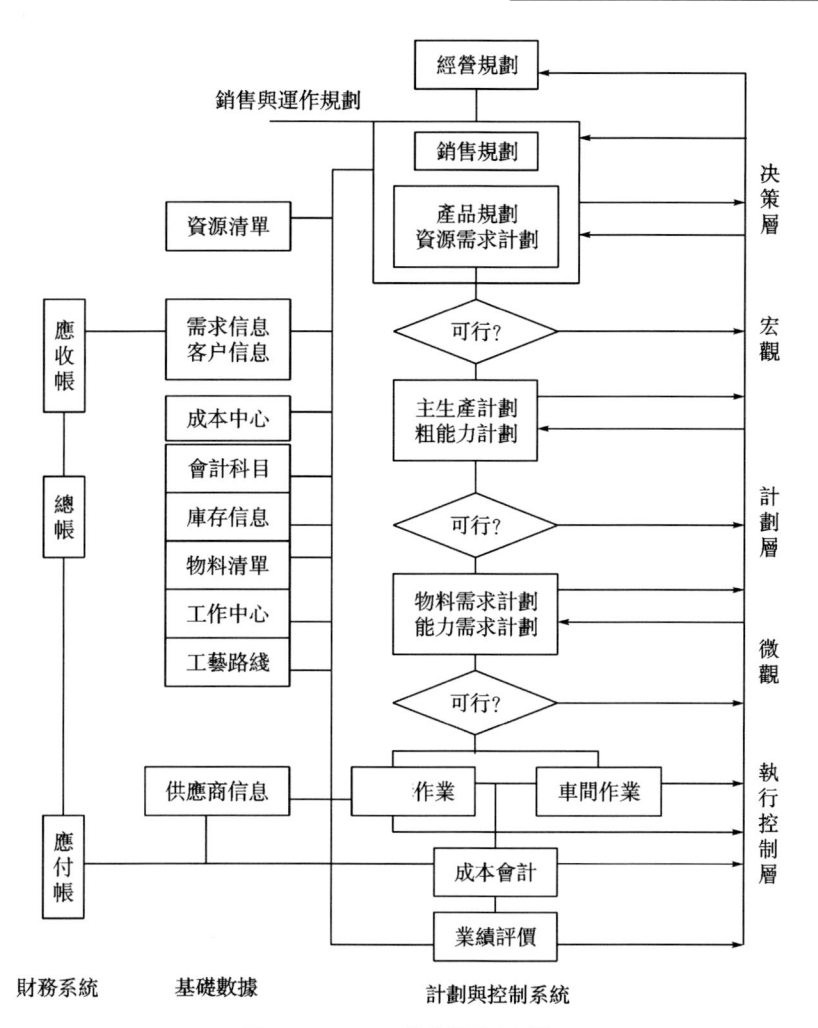

圖 7-7 MRP Ⅱ 系統的邏輯流程圖

其次，MRP Ⅱ 系統中邏輯計算的前提是，計算所用到的粗需求、預計入庫量、計劃發出訂貨量等數據是現實的、可靠的，否則計算出來的東西就無任何意義。這就要求對需求的預測有一定的可靠性（如果主要是按訂單生產的，那麼這一點就很容易保證）。同時，也要求生產工藝和生產能力有一定的穩定性，要求供應商的交貨時間比較可靠。生產現場經常出廢品、生產能力經常出現卡殼的瓶頸環節、外購件經常不能按時交貨或經常出現質量問題，都會影響到 MRP Ⅱ 系統的正常運行。從這個意義上來說，企業要想實施 MRP Ⅱ，首先需要建立企業的科學管理基礎。

最後，在生產組織方式上，採用中少量成批生產方式的企業，也就是說，採用混合生產組織方式的企業，能夠從 MRP Ⅱ 的實施中獲得更多的益處。這種企業通常有多種品種，又因每一品種有一定的批量，故採取輪番生產的方式。這些特點不是成功實施 MRP Ⅱ 系統所必需的，但在這種環境中，MRP Ⅱ 系統能夠被最好地應用，發揮其最

大的優勢。而在工藝對象專業化和產品對象專業化這兩種極端的組織方式之下，MRPⅡ的優勢就不那麼明顯。

總之，MRPⅡ的思想和管理觀念具有廣泛的適用性，但在其具體方法的應用上，必須結合產品的工藝特點和需求特點來考慮，否則將會事倍功半。當然，隨著MRPⅡ系統的繼續發展，它將會克服到目前為止的許多困難，在更大範圍內發揮其優勢。但在任何情況下，MRPⅡ系統的實施都離不開對具體應用環境的仔細考慮和科學管理基礎。

(六) MRPⅡ系統的發展

隨著社會經濟和科學技術的進步，MRPⅡ也在不斷發展。當前企業管理的目標是實現全球戰略的國際化經營，提高企業在國際市場中的競爭地位。在這種形勢下，MRPⅡ的實踐與開發主要體現在以下三個方面：①融合其他現代管理思想和方法來完善自身系統。特別是同準時生產制、全面質量管理、優化生產技術和同步生產等現代生產方式相融合，以提高系統的適應變化能力和優化生產過程。②根據現代企業管理發展的需要，為實現生產廠同分銷網點的信息集成而開發的分銷資源計劃系統，為實現主機廠同配套廠的信息集成而開發的多工廠管理系統，為建立供需雙方業務聯繫而開發的電子數據交換系統等，都將與MRPⅡ系統集成。③在企業內同其他管理系統和生產技術系統之間建立接口。例如，在計算機集成製造系統中，MRPⅡ與計算機輔助質量管理系統是管理領域的兩項主要系統。它要同設計領域中的計算機輔助設計（CAD）、計算機輔助工藝設計（CAPP）和成組技術系統等接口；要同製造領域中的計算機輔助製造（CAPP）、柔性製造系統（FMS）和倉儲自動化（AS/RS）接口，實現更大範圍的集成。

MRPⅡ是以計劃和製造為主線的管理信息系統，但計劃和製造並不是企業管理的全部內容，當今出現了企業需求計劃（ERP）的概念。

1. ERP的管理思想

企業需求計劃（Enterprise Requirements Planning，ERP）在MRPⅡ的基礎上擴大了管理的功能和使用範圍。從功能上講，它把企業的研究與開發管理、人力資源管理等管理功能集成進去，充分有效地利用企業的各種資源，以發揮整體效益。在使用範圍上，ERP通過遠程通信網將多種計算機環境下的各個企業的管理信息系統集成在一起，非常適合大的跨國集團。

ERP已進行了較長時間的理論上的探討，也有些大的軟件公司已經開始了ERP應用軟件的開發工作，但由於技術難度太大，實際進展並不順利。

2. ERP對MRPⅡ的超越

ERP包含的功能除了MRPⅡ（製造、供銷和財務）外，還包括工廠管理、質量管理、實驗室管理、設備維修管理、倉庫管理、運輸管理、過程控制接口、數據採集接口、電子通信、法規與標準、金融投資管理和市場信息管理等。它將重新定義各項業務及其相互關係，在管理和組織上採取靈活的方式，對供需鏈上供需關係的變動，敏捷和及時地做出回應，以便他們在掌握準確、及時和完整信息的基礎上，做出正確的決策。

第三節　製造資源計劃的綜合分析

從上節的介紹可以看到，MRP Ⅱ 是社會經濟和科學技術發展的產物，在西方發達國家中獲得了廣泛運用。但是 MRP Ⅱ 的應用與中國現行計劃方式有一定的區別。企業在運用 MRP Ⅱ 時，應瞭解其特點、應用條件和適用範圍，才能應用成功。

一、MRP Ⅱ 與現行計劃方式的主要區別

由於 MRP Ⅱ 以計劃為主線，其功能和特點很多體現在計劃方面，因此，從計劃角度來加以對比，將有助於理解其實質。

以前企業多數實行廠—車間—班組三級管理，也有企業實行總廠—分廠—車間—班組四級管理。企業計劃層次除建廠綱領、五年規劃等長期規劃外，一般都分為年、季、月和旬四個計劃層次。年度計劃由人工編製需要很多天，一般在年前一個月提出；季度計劃編製一般需一個星期，在季前半個月提出。由計劃編製、完成和通過審批到開始執行（其中包括了計劃提前期和計劃編製的時間），時間間隔較長，情況會發生變化。若信息反饋又不及時和完整，在車間執行計劃時，需做較大調整。調整后的計劃，受時間限制，難以經過全廠統一平衡和考慮。因此，在車間計劃執行時，難免出現統一計劃和現實情況脫節的現象。

採用 MRP Ⅱ 系統后，編製或重排一個主生產計劃（MPS、獨立需求物料計劃，如產品、備件、贈品和展品等）或物料需求計劃（MRP、非獨立需求物料計劃，如零部件、原材料等），根據產品結構和零部件、原材料數量和計算機性能的不同，可能只需幾分鐘或數小時不等。由於計劃提前期和計劃本身所需時間大大縮短，計劃所用數據都是最新的，反應的是最新的現行情況，因此可有較充分的時間進行全廠統一、綜合平衡，可大大提高計劃管理的水平。

圖 7-8 為 MRP Ⅱ 計劃層次與一般企業現行計劃層次的比較示意圖。

兩種計劃方式的主要區別表現在以下三方面：

1. 計劃對象的區別

現行計劃方式多數是按工號（臺套）下達生產任務的，而 MRP Ⅱ 則是按零部件組織生產的。按零部件組織生產，一方面可以根據需求日期和提前期組織成批生產，減少工時準備和其他成本；另一方面可以按零部件的生產週期（提前期）來計劃、排產，可大大減少原材料和庫存半成品數量。

2. 計劃時段的區別

現行計劃方式多數是按月、按旬下達生產任務的，MRP Ⅱ 的計劃時段卻可根據需要精細到按周、按天，直到按小時安排生產。計劃時段越短，越易保證能力平衡、準確和及時地生產，同時由於計劃的應變能力、適應性強，故不到必要時不投料、不組織生產，避免浪費和積壓。

3. 計劃編製方式的區別

現行計劃編製由銷售、生產和供應等部門分頭進行，溝通協調不夠。MRP Ⅱ 則要

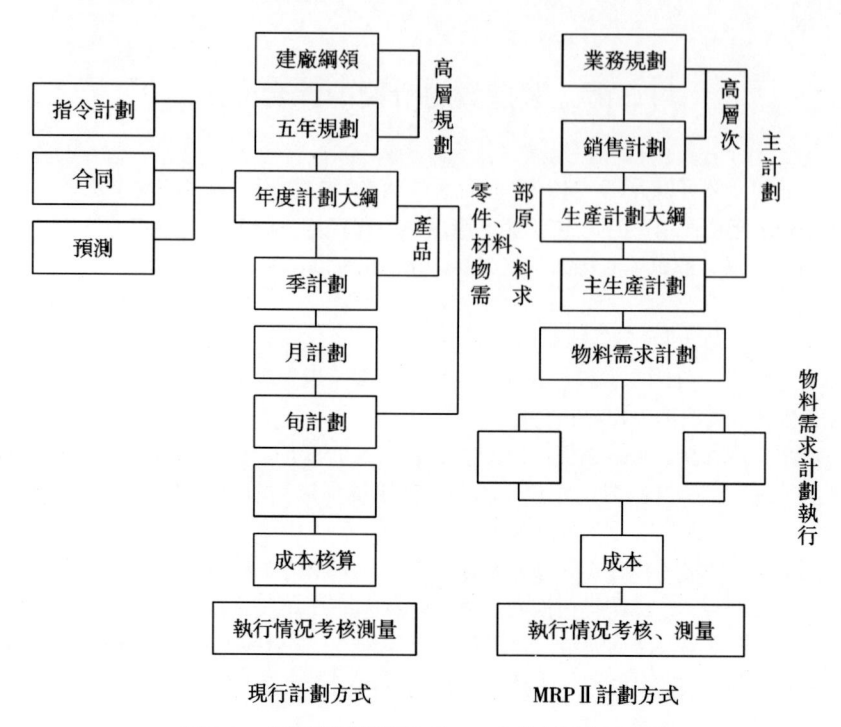

圖 7-8 企業現行計劃層次與 MRP Ⅱ 計劃層次示意圖

求計劃體系統一，各級計劃一脈相承、能及時和準確地反饋，對各項計劃可以進行動態調整，提高計劃的統一性。

二、MRP Ⅱ 與現行計劃在效益方面的分析

作為計算機輔助企業管理信息系統的典型代表 MRP Ⅱ，在國內外 20 多年的應用中，取得了明顯的經濟效益。MRP Ⅱ 系統的應用使企業提高競爭能力，增強管理人員現代化管理的意識，為企業建成計算機集成製造系統（CIMS）打下基礎。

MRP 的創始人之一 Oliver W. Wright 對美國成功實施 MRP Ⅱ 的企業所獲得的效益，做了詳細的調查。結果表明，企業實施 MRP Ⅱ 系統后可在下面兩方面獲益：

1. 定量效益

①庫存量降低 15%～30%；②按期交貨率達到 90%～98%；③勞動生產率提高 20%～40%；④降低採購費用 5%；⑤短缺物料減少 60%～80%；⑥採購提前期縮短 50%；⑦成本下降 7%～12%；⑧利潤增加 5%～10%。

2. 定性效益

（1）人力運用方面。管理人員把主要精力用於分析、研究和處理管理中的實質性問題，減少了大量簡單的、繁瑣的、重複的事務工作，提高了管理水平。

（2）領導能力方面。管理層次提高了計劃能力，提高了集體工作能力，加強了協作精神，大大增強了企業整體團隊意識。

三、MRP II 系統對企業生產經營活動的影響

企業作為社會經濟的細胞，是一個有機整體，其各項活動相互關聯、相互依存和相互作用，故應該建立一個統一的系統，使企業有效地運行。以往，一個企業內往往有多個系統，如生產系統、財務系統、銷售系統、供應系統和技術系統等。它們各自獨立運行，缺乏協調，相互關係並不密切。在各個系統發生聯繫時，常常互相扯皮，出了問題又互相埋怨。MRP II 系統能夠提供一個完整、詳細的計劃，使企業內部各個子系統協調一致，形成一個整體。這就使得 MRP II 系統不僅是生產和庫存的控制系統，而且還成為企業的整體計劃系統，使得各部門的關係更加密切，消除了重複工作和不一致性，提高了整體的效率。從這個意義上來說，MRP II 系統統一了企業的生產經營活動。下面主要介紹一下 MRP II 系統是如何影響和改變企業各部門的生產經營活動的。

(一) 市場銷售

MRP II 是企業的總體計劃，為市場部門和生產部門提供了從未有過的聯合機會。市場部門不但負有向 MRP II 系統提供輸入的責任，而且還可把 MRP II 系統作為它們極好的工具。只有當市場部門瞭解生產部門能夠生產什麼和正在生產什麼，而生產部門也瞭解市場需要生產什麼的時候，企業才能生產出更多適銷對路的產品，投放到市場上。

對於保持生產計劃的有效性，市場部門有直接的責任。在制訂主生產計劃的時候，由市場部門提供的預測數據和客戶訂單是首先要考慮的信息。在對主生產計劃進行維護的常規活動中，市場部門的工作也非常重要。這裡的關鍵是通過及時的信息交流，保持主生產計劃的有效性，從而確保主生產計劃成為市場部門和生產部門協調工作的基礎。

(二) 生產管理

過去，生產部門沒有科學的管理工具。生產部門經常受到市場銷售部門、財務會計和技術等部門的批評。反過來，生產部門也對其他部門不滿。這些抱怨主要是源於企業內部條件和外部環境的不斷變化，生產難以按預定的生產作業計劃進行。因此，一方面，生產計劃部門無法提供給其他職能部門所需的準確信息；另一方面，第一線的生產管理人員也不相信計劃，認為計劃只是「理想化」的東西，永遠跟不上變化。有了 MRP II 以後，計劃的完整性、周密性和應變性大大加強，調度工作大為簡化，工作質量得到提高。總之，從 MRP II 得到的最大好處在於從經驗管理走向科學管理，使生產部門走向正規化。

(三) 採購管理

採購人員有一個最難處理的問題，被稱為「提前期綜合徵」。一方面是供方要求提早訂貨；另一方面是本企業不能提早確定所需物料的數量和交貨期。這種情況促使他們早訂貨和多訂貨。有了 MRP II 系統，採購部門就有可能做到按時、按量地供應各種物料。由於 MRP II 的計劃期可以長達一至二年，相關人員能提前相當長時間將產品所需的外購物料告訴採購部門，並能準確地提供各種物料的「期」和「量」方面的要求，這避免了盲目多訂和早訂。同時，由於 MRP II 不是籠統地提供一個需求總量，而是要求按計劃分期分批地交貨，因此這也為供方組織均衡生產創造了條件。

(四) 財務管理

實行 MRP Ⅱ，可使不同部門採用共同的數據。事實上，一些財務報告在生產報告的基礎上是很容易做出的。例如，只要將生產計劃中的產品單位轉化為貨幣單位，就構成了經營計劃。將實際銷售、生產、庫存與計劃數相比較就會得出控制報告。當生產計劃發生變更時，馬上就可以反應到經營計劃上，可以使決策者迅速瞭解這種變更在財務上的影響。

(五) 技術管理

過去，技術部門並未從企業整體經營的角度來考慮自己的工作，似乎超脫於生產活動以外。但是，對於 MRP Ⅱ 這樣的正規系統來說，技術部門提供的卻是該系統賴以運行的基本數據。它不再是一種參考性的信息，而是一種作控制用的信息。這就要求產品的物料清單必須正確，加工路線必須正確，而且不能有含糊之處。同時，修改設計和工藝文件也要經過嚴格的手續，避免造成混亂。

四、MRP Ⅱ 系統與企業傳統管理模式的比較

從統計資料上看，中國應用 MRP Ⅱ 的企業還很少，應用的效果還不甚理想。據有關部門調查，引進的 MRP 軟件包，只有約 1/3 能正常應用；1/3 需修改后才能應用；還有 1/3 不能投入運行。因此，MRP Ⅱ 是否適合中國國情，能否在中國廣泛應用，是中國企業管理人員及計算機應用部門十分關注的問題。

MRP Ⅱ 是一種組織現代化大生產的技術、一種科學的管理工具。它的應用有其特定的背景及應用條件。中國工業企業要應用 MRP Ⅱ，應正視其背景因素，積極創造適合於國情的應用條件，才能發揮 MRP Ⅱ 的功能。

中國傳統企業有其特定的背景——中國國土面積大、資源豐富、勞動力充足的估計，以及幾千年「自給自足」小農經濟思想的影響。在追求以產值為目標的外延式擴展模式時，以高於發達國家三倍以上的能源及原材料消耗，來維持龐大的「大而全」「小而全」的工業生產體系。整個經濟處於投入多、產出少、消耗高、效益低的粗放型發展狀態。

改革開放后，中國企業的經營機制由生產型向生產經營型轉變，目前正處於完善社會主義市場經濟體制的過程中。改革是一個相當長期的過程。中國企業中許多情況與 MRP Ⅱ 的條件和假設相矛盾。傳統生產模式與 MRP Ⅱ 思維的主要差距，如表 7-4 所示。中國企業管理現狀與 MRP Ⅱ 應用條件的差距如表 7-5 所示。

在中國實施 MRP Ⅱ 的過程中，逐步縮小差距，將有助於企業從由粗放型管理方式向集約型方式轉變，主要表現在以下四方面：

1. 從以產定銷到以銷定產

MRP Ⅱ 根據「以銷定產」安排計劃，是對傳統計劃經濟下「以產定銷」安排計劃的徹底否定。這對促進市場經濟的發展，起到了積極的推動作用。

過去，企業注重產值指標，以設備或者其他製造資源為中心組織生產，追求設備的滿負荷，追求每個工人每時每刻必須有活干，不注重產品的生產價向商品價值的轉化，造成產成品積壓。而市場上急需的商品卻生產不夠，供需嚴重脫節。MRP 是嚴格按照市場需求的數量及交貨期限組織生產的。在生產系統內部，各部門各工序嚴格按照計劃訂單的數量及日期來安排組織生產，既不鼓勵超前，也不鼓勵拖后。上道工

序按下道工序的要求進行生產；前一生產階段為后一生產階段服務，整個企業以「銷售為中心，以服務為宗旨」，展開一切活動，最終按期為顧客提供合格的產品和服務。

表 7-4　　　　　　　　MRP II 系統與中國傳統管理模式比較

功能	MRP II 系統	企業傳統管理模式
確定生產的產品	追求利潤最大化，以銷售收入確定最佳產品組合，有準確的主生產計劃表，以銷定產	根據國家計劃和市場需求決定產品組合，追求產值指標，以產定銷
確定生產率	經營計劃以及生產計劃、主生產計劃的協調，使生產均衡性高，與生產能力相符合	產品生產前松后緊，加班加點，隨機性大，產品質量以及配套率低
確定所需的物料	嚴格按計劃投料。產品結構準確率在98%以上，而且每項物料均有存貨記錄和產、供、銷信息	按照訂貨點法確定物料，材料定額富裕度大，庫存嚴重積壓，資金週轉率低
確定能力	生產能力需求計劃嚴格排定工作中心負荷	生產能力供需不平衡。為了防止能力不足，一般多購置設備，負荷率一般只有70%左右
執行材料計劃（一）自製項目	嚴密的專業分工與協作，自製項目追求增加產品的附加價值，一般只有4～6個加工層次，物料單簡單明瞭	零部件自製率達80%以上，加工層次多達10層左右，難於控制物料執行計劃
（二）外購件	有採購計劃管理，也有嚴格的供貨提前期及數量控制	由於受市場發育不全的限制，外購件數量少，而且很少有期量標準
執行能力需求計劃	執行能力需求計劃成為實現生產計劃的保證，是整個企業價值的創造階段	追求設備滿負荷，生產工人每時每刻有活干，實現產值指標，而不顧市場需求
反饋信息	每日有輸入、輸出報告在線處理，即時跟蹤，動態調整	嚴重滯后，下月初才有上月末的生產統計資料，無法實現動態調查

表 7-5　　　　　　　MRP II 系統應用的條件與企業管理現狀比較

項目	MRP II 系統應用的條件	企業管理現狀
一、物料（一）原材料供應	能及時從市場上買到	一般每年兩次訂貨會議，用訂貨點法確立需求，盡可能多訂貨，代用料、代用件成為具體供應的應變部分，且數目大
（二）與供應商關係	一般有多個供貨來源，在供應商中選擇價廉物美的原料	由國家物資部門或上級主管部門統管，企業要憑關係獲取原材料，而且質量得不到保證
（三）庫存	每件物料需入庫后再出庫，有統一編碼和確定的貨位，庫存準確率在95%以上	庫存積壓非常嚴重，倉庫管理中沒有固定貨位，零部件盤虧盤盈工作複雜，帳物不符
（四）在製品	當工序發生問題時，允許在製品存在，以保證連續生產，目標是取消等待加工隊列，實現零庫存	在製品儲備定額較高，定額工期不變，對在製品突破下限十分重視，而對超越上限則反應不靈敏，在製品積壓多
（五）產品質量	記錄實際廢品數，並且用一些公式來預測廢品數，且能統計分析質量問題	允許有廢品，但由於限額發料措施不嚴，工人可以多生產零部件以抵消廢品，產品質量難以控制，廢品返工返修管理複雜

表7-5(續)

項目	MRPⅡ系統應用的條件	企業管理現狀
二、批量	用某種公式計算批量，一般對庫存費用、生產準備費用，以及物料需求計劃的訂單進行統籌考慮，以確定最佳經濟批量	雖投料與批次有標準可遵循，但在生產現場由操作工人控制的比重大，生產前松後緊且隨機性大
三、生產週期	每個物料項均有準確提前期、工序的通過時間和過渡時間，工時定額的準確率在95%以上，嚴格控制與執行提前期	由於工序長，零部件在多個車間週轉；生產週期長，生產準備時間及生產等待時間沒有標準，也難以控制；提前期越長越好，多數車間及採購部門希望提前期加長而不是縮短
四、設備能力	統一核算工作中心的能力工時，考慮設備維修的需求	設備落後，超期服役的多，工時數據難以確定，設備維修量大
五、反饋信息	以日為單位統計物料、能力、進度，進行即時跟蹤、動態調整	生產作業統計以日為單位核算，工單由工人管理，零件完工與流轉、廢品以及返修品的信息有不真實的因素
六、工人素質	要求生產工人的技術水平高，管理人員的素質高	工人的技術素質低，無法從事多工種的工作，管理人員憑經驗管理

　　中國近幾年來一直強調「以銷定產」的經營思想。這種強調的重點，往往落實在企業針對市場的層次上。按照系統的觀點，在企業內部機制的運行中，各部門環節都是「以銷定產」主線的延伸，MRPⅡ的實施，能使企業徹底擺脫過去的生產管理方式的影響，實現生產經營機制的轉變，促進管理的科學化、現代化。

　　2. 嚴格按生產計劃和作業計劃組織生產

　　MRP嚴格按照計劃集中管理，與傳統的以實施為中心的管理形成鮮明對比。要保證生產系統的高效率運行，企業必須完善計劃體系，嚴格按計劃管理組織生產。

　　傳統生產管理常以加大庫存量來保證交貨期和實現均衡生產，造成成品貯存、在製品積壓、流動資金週轉慢和生產週期長等一系列後果。若用缺貨單或臨時督促、加班加點等方法進行調度和調節，則管理效率低。採用MRPⅡ後，對生產能力及負荷進行粗平衡和細平衡，使在每個時間區間內的負荷與能力協調一致。計劃按時間滾動，在任務下達條件具備時，按優先順序安排任務，使物流暢通無阻，保持現場在製品量最低，創造出文明的生產環境。

　　3. 打破產品品種界限，按零部件最佳批量安排生產

　　傳統生產模式按產品品種組織生產，生產管理人員按產品劃分管理界限。但現代生產中產品愈來愈多，不同產品間有許多共用件、通用件。按產品套封閉式的管理方式既不科學，也不經濟，且在生產管理上易引起很多的矛盾。MRP按零部件最佳經濟批量組織生產，管理人員要打破原有按產品各自分工的界限。

　　4. 實現數據的綜合管理

　　實現MRPⅡ後，企業主要信息由數據庫統一集中管理，由各部門共享。在同一數據基礎上制訂生產計劃、供銷計劃、成本計劃，為實現統一指揮、統一計劃和控制的生產體系打下基礎。

　　綜上所述，可以看到，MRP的實施與企業的深化改革、轉軌變型是相輔相成的，

是建立現代企業制度的一項重要內容。

復習思考題

1. MRP II 的發展經歷了哪幾個階段？
2. 中國企業應用 MRP II 有何現實意義？
3. MRP II 有何特點？它是 MRP 的最高發展階段嗎？
4. MRP II 的關鍵技術是什麼？
5. MRP II 的計劃層次包括哪些？它們的計劃展望期和時間週期有什麼不同？
6. 簡述物料清單的構建原則。
7. 簡述 MRP II 管理模式的特點。

第八章
生產物流管理

企業生產物流是企業物流的關鍵環節。認識並研究生產物流管理的基本原理，將有利於優化企業物流，有利於提高企業競爭力。從物流的角度看，企業的生產過程實際上是物料輸入—轉化—輸出的物料流程系統。因此，只要企業生產類型有差異，其物流就表現出不同的特徵。本章首先界定生產物流的含義及其類型，然后論述不同生產類型的物流特徵以及不同生產模式下的生產物流管理。

第一節　企業生產物流概述

一、生產物流的含義

（一）從生產工藝角度分析

「工藝是龍頭，物流是支柱。」生產物流是指企業在生產工藝中的物流活動（即物料不斷地離開上一工序、進入下一工序，不斷發生搬上搬下、向前運動、暫時停滯等活動）。這種物流活動是與整個生產工藝過程伴生的，實際上已構成了生產工藝過程的一部分。其過程大體為：原材料、燃料和外構件等物料從企業倉庫或企業的「門口」開始，進入生產線的開始端，再進一步隨生產加工過程並借助一定的運輸裝置，一個一個環節地「流」。在「流」的過程中，本身被加工，同時產生一些廢料、余料，直到生產加工終結，再「流」至成品倉庫。

（二）從物流的範圍分析

企業生產系統中物流的邊界起於原材料、外構件的投入，止於成品倉庫。它貫穿生產全過程，橫跨整個企業（車間、工段），其流經的範圍是全廠性的、全過程的。物料投入生產后即形成物流，並隨著時間進程不斷改變實物形態（如加工、裝配、儲存、搬運和等待等狀態）和場所位置（各車間、工段、工作地和倉庫等）。

（三）從物流屬性分析

企業生產物流是指生產所需物料在空間和時間上的運動過程，是生產系統的動態表現。換言之，物料（原材料、輔助材料、零配件、在製品和成品等）經歷生產系統各個生產階段或工序的全部運動過程就是生產物流。

綜上所述，企業生產物流是指伴隨企業內部生產過程的物流活動。也就是說，它是按照工廠佈局、產品生產過程和工藝流程的要求，實現原材料、配件和半成品等物

料在工廠內部供應庫與車間、車間與車間、工序與工序、車間與成品庫之間流轉的物流活動。

二、生產物流的特徵

製造企業的生產過程實質上是每一個生產加工過程「串」起來時出現的物流活動。因此，一個合理的生產物流過程應該具有以下基本特徵，才能保證生產過程始終處於最佳狀態。

1. 連續性

它是指物料總是在不停地流動，包括空間上的連續性和時間上的流暢性。空間上的連續性要求生產過程各個環節在空間布置上合理緊湊，使物料的流程盡可能短，沒有迂迴往返現象。時間上的流暢性要求物料在生產過程的各個環節的運動，自始至終處於連續流暢的狀態，沒有或很少有不必要的停頓與等待現象。

2. 平行性

它是指物料在生產過程中應實行平行交叉流動。平行是指相同的在製品同時在道數相同的工作地（機床）上加工流動；交叉是指一批在製品在上道工序還未加工完時，將已完成的部分在製品轉到下道工序加工。平行交叉流動可以大大縮短產品的生產週期。

3. 比例性

它是指生產過程的各個工藝階段之間、各工序之間在生產能力上要保持一定的比例以滿足產品製造的要求。比例關係表現在各生產環節的工人數、設備數、生產面積、生產速率和開動班次等因素之間相互協調和適應。因此，比例是相對的、動態的。

4. 均衡性

它是指產品從投料到最后完工都能按預定的計劃（一定的節拍、批次）均衡地進行，能夠在相等的時間間隔內（如月、旬、周、日）完成大體相等的工作量或穩定遞增的生產工作量。很少有時松時緊、突擊加班的現象。

5. 準時性

它是指生產的各階段、各工序都按后續階段和工序的需要生產，即在需要的時候，按需要的數量，生產需要的零部件。只有保證準時性，才有可能保證連續性、平行性、比例性和均衡性。

6. 柔性

它是指加工製造的靈活性、可變性和調節性。即在短時間內以最少的資源從一種產品的生產轉換為另一種產品的生產，從而滿足市場的多樣化、個性化要求。

三、生產物流的類型

通常情況下，企業生產的產品產量越大，產品的品種數越少，生產的專業化程度也越高，而物流過程的穩定性和重複性也就越大。因此生產物流類型與決定生產類型的產品產量、品種和專業化程度有著內在的聯繫。正因為此，把劃分生產物流的類型與劃分生產類型看成一個問題的兩種說法。

(一) 從物料流向的角度分類

根據物料在生產工藝過程中的特點，可以把生產物流劃分為：項目、連續和離散

三種類型。

（1）項目型生產物流（固定式生產）。即當生產系統需要的物料進入生產場地后，幾乎處於停止的「凝固」狀態，或者說在生產過程中物料流動性不強。有兩種狀態：一種是物料進入生產場地后就被凝固在場地中和生產場地一起形成最終產品，如住宅、廠房、公路、鐵路、機場和大壩等；另一種是在物料流入生產場地后，「滯留」時間很長，形成最終產品後再流出，如大型的水電設備、冶金設備、輪船和飛機等。管理的重點是按照項目的生命週期對每階段所需的物料在質量、費用以及時間進度等方面進行嚴格的計劃和控制。

（2）連續型生產物流（流程式生產）。物料均勻、連續地進行，不能中斷。生產出的產品和使用的設備、工藝流程都是固定且標準化的。工序之間幾乎沒有在製品儲存。管理的重點是保證連續供應物料和確保每一生產環節正常運行。由於工藝相對穩定，因此有條件採用自動化裝置實現對生產過程的即時監控。

（3）離散型生產物流（加工裝配式生產）。產品是由許多零部件構成的。各個零部件的加工過程彼此獨立。制成的零件通過部件裝配和總裝配最后成為產品。整個產品的生產工藝是離散的。各個生產環節之間要求有一定的在製品儲備。管理的重點是在保證供料和零件、部件的加工質量的基礎上，準確控制零部件的生產進度，既要減少在製品積壓，又要保證生產的成套性。

（二）從物料流經的區域和功能角度分類

將生產過程中的物流細分為兩部分：工廠間物流、工序間物流（車間物流）。

（1）工廠間物流。它是指大型企業各專業廠間的運輸物流或獨立工廠與材料、配件供應廠之間的物流。

（2）工序間物流。它也稱工位間物流、車間物流，是指生產過程中車間內部和車間、倉庫之間各工序與工位上的物流。其內容包括：接受原材料、零部件后的儲存活動；加工過程中間的在製品儲存活動；成品出廠前的儲存活動；倉庫向生產車間運送原材料、零部件的搬運活動；各種物料在車間、工序之間的搬運活動。

根據一些機械製造業的典型調查資料，按其工藝過程，零件在機床上全部切削時間只占生產過程全部時間的10%左右。在其余90%左右的時間內，原材料、零部件、半成品或製成品處於等待、裝卸、搬運和包裝等物流過程，即工序間物流活動時間約占產品生產過程總時間的90%。可見，如果從時間上考慮，那麼工序間物流已成為生產物流的代名詞。為了盡量壓縮工序間物流在生產過程中的時間，從管理的角度考慮，重點是進行合理倉庫佈局，確定合理的庫存量，配置設備與人員，建立搬運作業流程、儲存制度，確定適當的搬運路線，正確選定儲存、搬運項目的信息收集、匯總、統計和使用方法，以實現「適時、適量、高效、低耗」的生產目標。

由於工序間物流實際上主要與兩種物流狀態——儲存和移動有關，因此對於倉儲與搬運這兩個物流環節而言，首先要講究合理性原則，然后才是具體形式的選擇問題。

合理性原則體現在倉儲環節時要求：首先，要以工藝流程和生產作業排序的要求確定倉庫的形式、規模和位置。位置布置的目標是要滿足物料移動中道路通暢、安全的要求，有利於廠內外物流作業，盡可能在方便作業的前提下縮短作業距離。其次，要有利於作業時間的有效利用，避免重複作業，減少窩工，防止物流阻塞。最後，在符合安全規範的前提下充分利用生產面積和空間。

合理性原則體現在車間物料的搬運環節時要求：首先，搬運路線要按直線設置，避免交叉、往復、混雜和多餘路線。其次，搬運設備機械化、省力化和標準化。再次，物料集中堆放，便於減少搬運次數。搬運採用集裝、托盤和拖運方式，以提高作業效率。最后，減少等待和空載，提高作業效率和搬運設備的利用率。

第二節　不同生產類型的物流管理

一、不同生產類型的物流特徵

生產系統中的物流特徵表現在：（1）物料按照工藝流程流動；（2）物流作業與生產作業緊密關聯，相互交叉；（3）物流連續地、有節奏地按比例運轉。通常，根據物流連續性特徵從低到高，產品需求特徵從品種多、產量少到品種少、產量多，把生產過程劃分成四種類型：單件小批量型、多品種小批量型、單品種大批量型和多品種大批量型。

（一）單件小批量型生產過程的生產物流特徵

單件小批量型是指需要生產的產品品種多但每一品種生產的數量甚少，生產重複度低的生產物流系統。單件小批量型生產過程的生產物流特徵表現在以下三個方面：

（1）生產的重複程度低，物料需求與具體產品製造存在對應的相關需求。

（2）由於單件生產，產品設計和工藝設計的重複性低，物料的消耗定額不容易或不適宜準確制定。

（3）由於生產品種的多樣性，製造過程中採購物料所需的供應商多變，外部物流較難控制。

（二）多品種小批量型生產過程的生產物流特徵

多品種小批量型是指生產的產品品種繁多並且每一品種有一定的生產數量，生產的重複性中等的生產物流系統。

由於企業必須按用戶需求以銷定產，企業物流配送管理工作複雜化，協調採購、生產、銷售物流並最大限度地降低物流費用是該生產物流系統最大的目標。其生產物流特徵表現在：

（1）物料生產的重複性介於單件生產和大量生產之間。一般是制定生產頻率，採用混流生產。

（2）以 MRP（物料需求計劃）實現物料的外部獨立需求與內部的相關需求之間的平衡。以 JIT（準時生產制）發揮客戶個性化特徵對生產過程中物料、零部件和成品需求的拉動作用。

（3）由於產品設計和工藝設計採用並行工程處理，物料的消耗定額容易準確制定，因此產品成本容易降低。

（4）由於生產品種的多樣性，對製造過程中物料的供應商有較強的選擇要求，因此外部物流的協調較難控制。

（三）單一品種大批量型生產過程的生產物流特徵

單一品種大批量型是指生產的產品品種數相對單一而產量却相當大，生產的重複度非常高且大批量配送的生產物流系統。

由於企業面臨的主要問題是如何增加產品數量，因此從物流的角度看，各種物料的計劃、採購、驗收、保管、發放、節約使用和綜合利用貫穿了生產物流管理過程。其生產物流特徵表現在：

（1）由於物料被加工的重複度高，因此物料需求的外部獨立性和內部相關性易於計劃和控制。

（2）由於產品設計和工藝設計相對標準和穩定，因此物料的消耗定額容易準確制定。

（3）由於生產品種的單一性使得製造過程中物料採購的供應商固定，因此外部物流相對而言較容易控制。

（4）為達到物流自動化和效率化，強調在採購、生產和銷售物流各功能的系統化方面，在運輸、保管、配送、裝卸和包裝等物流作業中實現各種先進技術的有機配合。

（四）多品種大批量型生產過程的生產物流特徵

多品種大批量型也叫大批量定制生產（Mass Customization, MC）。它是一種以大批量生產的成本和時間，提供滿足客戶特定需求的產品和服務的新生產物流系統。其基本思想是：將定制產品的生產，通過產品重組和過程重組轉化或部分轉化為大批量生產。對客戶而言，所得到的產品是定制的、個性化的；對生產廠家而言，該產品是採用大批量生產方式製造的成熟產品。這種生產方式目前在國外得到了較快的發展，並作為一種有效的競爭手段逐漸被企業採納。事實上，製造的全球化和專業化分工是促使大批量定制生產在全球範圍逐步實施的動力。

按照客戶不同層次的需求，可以將大批量定制生產粗略分成三種模式，即：面向訂單設計（Engineering to Order, ETO）；面向訂單製造（Making to Order, MTO）；面向訂單裝配（Assembly to Order, ATO）。可以看到，三種模式都是以訂單為前提的。因此其以生產物流特徵表現在：

（1）由於要按照大批量生產模式生產出標準化的基型產品，並在此基礎上按客戶訂單的實際要求對基型產品進行重新配置和變型，因此物料被加工成基型產品的重複度高，而對裝配流水線則有更高的柔性要求，從而實現大批量生產和傳統定制生產的有機結合。

（2）物料的採購、設計、加工、裝配和銷售等流程要滿足個性化定制要求。這就促使物流必須有堅實的基礎——訂單信息化、工藝過程管理計算機化與物流配送網路化。而實現這個基礎需要一些關鍵技術支持，如現代產品設計技術（CAD、CAM）、產品數據管理技術（PDM）、產品建模技術、編碼技術、產品與過程的標準化技術、面向MC的供應鏈管理技術、柔性製造系統等。

（3）產品設計的「可定制性」與零部件製造過程中由「標準化、通用化、集中化」帶來的「可操作性」的矛盾，往往與物料的性質與選購、生產技術手段的柔性與敏捷性有很大關聯。因此，創建可定制的產品與服務非常關鍵。

（4）庫存不再是生產物流的終結點。以快捷滿足客戶需求為目標的物流配送與合理化庫存等才真正體現出基於時間競爭的物流速度效益。單個企業物流將發展成供應鏈系統物流、全球供應鏈系統物流。

（5）生產品種的多樣性和規模化製造，要求物料供應商、零部件製造商以及成品銷售商之間的選擇是全球化、電子化和網路化的。這會促使生產與服務緊密結合，使

得基於標準服務的定制化產品和基於定制服務的產品標準化，從交貨點開始就提升整個企業供應鏈價值。

二、不同生產模式下的生產物流管理

生產模式是一種製造哲理的體現。它支持製造業企業的發展戰略，並具體表現為生產過程中管理方式的集成（包括與一定的社會生產力發展水平相適應的企業體制、經營、管理、生產組織、技術系統的形態和運作方式的總和）。生產模式不同，對生產物流管理的側重點也不同。事實上，從物流角度看，正是生產物流的類型特徵決定了生產模式的變遷。

回顧製造業的發展過程，企業生產模式才僅僅經歷三個階段：作坊式手工生產、大批量生產、多品種小批量生產。

（一）作坊式手工生產模式

1. 背景

作坊式手工生產模式（Craft Production，CP），也叫單件生產模式，產生於16世紀的歐洲。隨著技術的發展，它大致可分為三個階段：

第一階段的特徵是按每個用戶的要求進行單件生產，即按照每個用戶的要求，單獨製作每件產品，產品的零部件完全沒有互換性，製作產品依靠的是操作者自己高度嫻熟的技藝。

第二階段是第二次社會的大分工，即手工業與農業相分離，形成了專職工匠，手工業者完全依靠製造謀生。製造工具的目的不是為了自己使用而是為了同他人交換。

第三階段以瓦特蒸汽機的發明為標誌，形成近代製造體系，但使用的是手動操作的機床。從業者在產品設計、機械加工和裝配方面都有較高的技藝。大多數從學徒開始，最后成為製作整臺機器的技師或作坊業主。

2. 管理要點

在單件生產模式下，一般是憑藉個人的勞動經驗和師傅定的行規進行生產物流管理，因此個人的經驗智慧和技術水平起了決定性的作用。

（二）大批量生產模式

1. 背景

大批量生產模式（Mass Production，MP）產生於19世紀末至20世紀60年代。第一次世界大戰結束后，市場對產品數量的需求劇增，以美國企業為代表的大批量生產方式逐步取代了以歐洲企業為代表的手工單件生產方式。泰勒、甘特、福特等人在推動手工單件生產模式向大批量生產模式轉化中起了重要作用。

1903年，費雷德里克·泰勒首先研究了刀具壽命和切削速度的關係，在工廠進行時間研究，制定工序標準，於1911年提出了以勞動分工和計件工資制為基礎的科學管理方法——《科學管理原理》，從而成為製造工程學科的奠基人。亨利·甘特用一張事先準備好的圖表（甘特圖）對生產過程進行計劃和控制，使得管理部門可以看到計劃執行的進展情況，並可以採取一切必要行動使計劃能按時或在預期的許可範圍內完成。1913年，亨利·福特認為大量的專用設備、專業化的大批量生產是降低成本、提高競爭力的主要方式。他在泰勒的單工序動作研究基礎之上，提出作業單純化原理和產品標準化原理（產品系列化、零件規格化、工廠專業化、機器、工具專業化、作業專門

化等），並進一步對如何提高整個生產過程的效率進行了研究，規定了各個工序的標準時間定額，使整個生產過程在時間上協調起來（移動裝配法），最終創造性地建立起大量生產廉價的 T 型汽車的第一條專用流水線——福特汽車流水生產線。這標誌著「大批量生產模式」的誕生。與此同時，全面質量管理在美國等先進的工業化國家開始嘗試推廣，並開始在實踐中體現一定的效益。

由於這種生產模式以流水線形式生產大批量、少品種的產品，以規模效應帶動勞動生產率的提高和成本的降低，並由此帶來價格上的競爭力，因此，在當時它代表了先進的管理思想與方法並成為各國企業效仿的典範。這一過程的完成，標誌著人類實現了製造業生產模式的第一次大轉換，即由單件生產模式發展成為以標準化、通用化和集中化為主要特徵的大批量生產模式。這種模式推動了工業化的進程和世界經濟的高速發展，為社會提供了大量的物質產品，促進了市場經濟的形成。

2. 管理要點

大批量生產模式下的生產物流管理是建立在科學管理的基礎上的，即事先必須制定科學標準——物料消耗定額，然后編製各級生產進度計劃對生產物流進行控制，並利用庫存制度或庫存管理模型對物料的採購及分配過程進行相應的調節。生產中對庫存控制的管理與優化是基於外界風險因素而建立的，因此強調一種風險管理，即面對設備與供應等生產中不確定因素，應保持適當的庫存，用以緩解各個生產環節之間的矛盾，避免風險從而保證生產連續進行。物流管理的目標在於追求供應物流、生產物流和銷售物流等物流子系統的最優化。

（三）多品種小批量生產模式

多品種小批量生產模式（Lean Production，LP），也叫精益生產，產生於 20 世紀 70 年代。第二次世界大戰結束后，雖然以大批量生產方式獲利頗豐的美國汽車工業已處於發展的頂點，但是以日本豐田公司為代表的汽車業開始醞釀一場製造史上的革命。本書將在十六章中詳細介紹精益生產。

精益生產下的生產物流管理有兩種模式：推進式和拉動式。

1. 推進式模式

（1）原理。

該模式是基於美國計算機信息技術的發展和美國製造業大批量生產提出的以 MRP Ⅱ技術為核心的生產物流管理模式，但它的長處却在多品種小批量生產類型的加工裝配企業得到了最有效的發揮。該模式的基本思想是：生產的目標應是圍繞著物料轉化組織製造資源，即在計算機、通信技術控制下制訂和調節產品需求預測、主生產計劃、物料需求計劃、能力需求計劃、物料採購計劃和生產成本核算等環節。信息流往返於每道工序、車間，而生產物流要嚴格按照反工藝順序確定的物料需要數量、需要時間（物料清單所表示的提前期），從前道工序「推進」到后道工序或下游車間，而不管后道工序或下游車間當時是否需要。信息流與生產物流完全分離。信息流控制的目的是保證按生產作業計劃要求按時完成物料加工任務。

（2）特色。

①在管理標準化和制度方面，重點處理突發事件。②在管理手段上，大量運用計算機管理。③在生產物流方式上，以零件為中心，強調嚴格執行計劃，維持一定量的在製品庫存。④在生產物流計劃的編製和控制上，以零件需求為依據，編製主生產計

劃、物料需求計劃、生產作業計劃。⑤在對待在製品庫存的態度上，認為「風險」是外界的必然。為了防止由計劃與實際的差異帶來的庫存短缺現象出現，當編製物料需求計劃時，往往採用較大的安全庫存和留有餘地的固定提前期，而實際生產時間又往往低於提前期，於是不可避免地會產生在製品庫存，因此，必要的庫存是合理的。

2. 拉動式模式

（1）原理。

拉動式模式是以日本製造業提出的 JIT（準時制）技術為核心的生產物流管理模式，也稱「現場一個流」生產方式，表現為物流始終不停滯、不堆積、不超越並按節拍地貫穿於從原材料、毛坯的投入到成品的全過程。其基本思想是：強調物流同步管理。第一，在必要的時間內將必要數量的物料送到必要的地點。理想狀態是整個企業按同一節拍有比例性、節奏性、連續性和協調性，即根據后道工序的需要投入和產出，不製造工序不需要的過量製品（零件、部件、組件和產品），工序間在製品向「零」挑戰。第二，必要的生產工具、工位器具要按位置擺放並掛牌明示，以保持現場無雜物。第三，從最終的市場需求出發，每道工序、每個車間都按照當時的需要由看板向前道工序、上游車間下達生產指令，前道工序、上游車間只生產后道工序、下游車間需要的數量。信息流與物流完全結合在一起，但信息流（生產指令）與（生產）物流方向相反。信息流控制的目的是保證按后道工序的要求準時完成物料加工任務。

（2）特色。

①在管理標準化和制度方面，重點採用標準化作業。②在管理手段上，將計算機管理與看板管理相結合。③在生產物流方式上，以零件為中心，要求前一道工序加工完的零件立即進入后一道工序，強調物流平衡且沒有在製品庫存，從而保證物流與市場需求同步。④在生產物流計劃的編製和控制上，以零件為中心編製物料生產計劃並運用看板系統執行和控制在實施計劃的過程中，工作的重點在製造現場。⑤在對待庫存的態度上（與傳統的大批量生產方式相比較），認為基於整個生產系統而言，「風險」不僅來自於外界的必然，更重要的是來自於內部的在製品庫存。正是庫存掩蓋了生產系統中的各種缺陷，因此應將生產中的一切庫存視為「浪費」，要「消滅一切浪費」。庫存管理思想表現為：一方面強調供應對生產的保證；另一方面強調對零庫存的要求，以不斷暴露生產中基本環節的問題並加以改進，不斷降低庫存，以消滅因庫存產生的「浪費」為終極目標。

第三節　生產物資定額管理

一、物資消耗定額

（一）物資消耗定額的內容

物資消耗定額是指在一定的生產技術條件下，生產單位產品或完成單位工作量所合理消耗的數量標準。物資消耗定額是編製物資供應計劃和計算物資需要量的依據，是科學組織物資供應的重要基礎。物資消耗的構成主要有：

（1）構成產品的淨重的消耗。它是指產品自身的重量，是物資消耗最主要的部分。這部分消耗是由產品設計決定的，充分反應了產品設計的水平。

（2）工藝性消耗。它是指在生產準備和加工過程中，由於改變材料物理或化學性能所產生的物資消耗。這一部分是由工藝技術水平決定的。

（3）非工藝性消耗。它是指由於生產過程中不可避免產生廢品，運輸、保管過程中的合理損耗和其他非工藝技術的原因而引起的損耗。

由於物資消耗構成不同，工業企業物資消耗定額一般分為工藝消耗定額和物資供應定額兩種：

（1）工藝消耗定額，是指在一定條件下，生產單位產品或完成單位工作量所用物資的有效消耗量（由產品消耗和合理的工藝消耗兩部分構成）。它是發料和考核物資消耗情況的主要依據。

（2）物資供應計劃由工藝消耗定額和合理的非工藝性損耗確定。物資供應定額是核算物資需要量、確定物資訂貨量和採購量的主要依據。

單位產品工藝消耗定額＝單位產品淨重＋各種工藝消耗
物資供應定額＝工藝消耗定額×（1＋材料供應系數）
材料供應系數＝單位產品非工藝消耗／工藝消耗定額

（二）制定物資消耗定額的基本方法

1. 經驗估計法

經驗估計法是根據定額制定人員的經驗和掌握的資料來估計並制定的。採用這種方法簡便易行，工作量最少，但主觀因素較多，科學性和準確性較差一些。為了提高經驗估計法的質量，充分考慮廣大員工經過努力可以改正這一缺點，一般採用平均概率的方法。其計算公式：

$$M = (a+4c+b)/6$$

式中，M——加權平均概率求出的物資消耗定額；a——先進的消耗數量，即最少的消耗數量；b——落後的消耗數量，即最多的消耗數量；c——一般的消耗數量。

經驗估計法一般適用於單件小批或者在技術資料和統計資料不全的情況下採用。

2. 統計分析法

統計分析法是指按以往實際統計資料，通過對計劃期生產技術組織條件等因素的分析進行計算。但是，在運用這種方法的過程中，由於過去統計資料往往比較保守，未能充分反應先進的因素，因此為了改善統計分析法制定消耗定額的效果，確保定額的先進合理性，一般盡量採用平均先進定額計算方法。其計算公式為：

平均先進消耗定額＝（平均實際消耗量＋最少實際消耗量）／2

統計分析法簡單易行，但必須有健全和準確的統計資料，一般適用於成批輪番生產的產品。

3. 技術計算法

技術計算法是指根據產品圖紙和工藝資料進行分析計算。它是通過科學地計算，確定最經濟合理的物資定額的方法。技術計算法準確、科學，但工作量大，而且要求具備完整的技術文件和資料，因此這種方法主要用於產品定型、產量較大、技術資料較全的產品。

（三）主要材料消耗定額的制定

1. 選料法

它適用於生產比較穩定的大批大量生產的零件。在機加工企業制定主要材料消耗

定額，通常是根據設計圖紙和有關技術規定的產品尺寸、規格和重量等進行計算的。

（1）鍛造零件材料消耗定額。一般分兩步計算。第一步，在毛坯重量的基礎上加上鍛造切割損失和燒損重量，求得鍛造前的重量，一般稱為下料重量；第二步，在鍛造前的重量基礎上，再加上毛坯料鋸口、夾頭、殘料等重量，從而求出材料定額。其計算公式：

鍛件材料消耗定額＝毛坯重量＋鍛造切割損耗重量＋燒損重量＋鋸口重量＋夾頭重量＋殘料重量

（2）棒料零件消耗定額。它一般也是在毛坯重量的基礎上加上鋸口、夾頭和殘料重量求得的。

零件棒材消耗＝一根棒材的重量／一根棒材可能鋸出的毛坯數量

一根棒材重量＝棒材單位長度的重量×棒材長度

一根棒材可鋸毛坯的數量＝（棒材長度－料夾長度－剩余料長度）／（單位毛坯長度＋鋸口寬度）

2. 材料綜合利用率法

板材零件消耗定額可用材料綜合利用率方法。按工藝規定的下料方法，劃出合理的下料草圖，並在圖上註明零件名稱和毛坯尺寸，據此計算從這塊板材上裁出的零件毛坯的總重量，然後除以板材重量，先求出板材下料利用率，最后就可計算板材的消耗定額。其計算公式為：

板材下料利用率＝零件毛坯總重量／板材重量×100％

零件板材消耗定額＝每個零件的毛坯重量／板材下料利用率×100％

3. 用配料比法

這種方法通常適用於冶金、鑄造和化工性質的加工企業。它是根據其工藝流程特點和預定的配料比來計算的。

如鑄造企業計算金屬爐消耗定額：

每噸鑄件所需某種金屬爐料消耗定額＝1,000kg／合格鑄件成品率×配料比

式中的配料比是指投入熔爐中的各種金屬材料的比例，如鑄造生鐵50％，舊生鐵25.3％，廢鋼20％，錫鐵2.82％，錳鐵1.88％。合格鑄件成品率，是指合格鑄件重量與金屬爐料重量之比。

（四）輔助材料及其他材料定額的制定

輔助材料及其他材料消耗的特點是品種多、用途廣。一般難以用計算法確定它們的消耗定額，多採用間接方法求得。

1. 輔助材料消耗定額

由於工業企業所需的輔助材料品種繁多，使用情況也較複雜，因此應根據企業的生產特點和實際情況，採用不同的制定消耗定額方法。一般地說，主要有：

（1）針對與主要原材料消耗成正比例的輔助材料，其消耗定額可按主要原材料單位消耗量的比例進行計算。如煉一噸生鐵需耗用多少熔劑等。

（2）針對與產品產量成正比例消耗的輔助材料，其消耗定額可按單位產品需要量來計算，如包裝用材料和保護用塗料等。

（3）針對與設備開動時間或工作日有關的輔助材料，其消耗定額可根據設備開動的時間或工作天數來計算，如潤滑油等輔料。

（4）針對與使用期限有關的輔助材料，一般應按規定的使用期限來確定消耗定額，如勞保用品和清掃工具等輔料。

對於難以計算的輔助材料，其消耗定額有的可按統計值計算確定，有的應根據經驗估計或實際耗用情況加以確定。

2. 燃料消耗定額

動力用燃料的消耗定額，一般是以發一度電、生產一立方米壓縮空氣或生產一噸蒸汽所需燃料為標準來制定的。工藝用燃料消耗定額，主要是以加工一噸產品或生產一噸合格鑄件等所需燃料為標準來制定的。取暖用燃料的消耗定額，通常是按每個鍋爐或按單位受熱面積來制定的。

但是在具體計算燃料消耗定額時，由於燃料品種不同，其物理狀態（固、液、氣）和發熱量各不相同，因此，在制定定額時，應先以標準燃料（每千克燃料發熱量七千大卡）為基礎，然后根據標準燃料換算成實際燃料確定消耗定額。

（五）動力消耗

一般按不同用途分別制定動力消耗，如用於發動機的電力消耗定額，一般是先按實際開動馬力計算電力消耗量，然后再按每種產品所消耗的機械小時數，算出單位產品電力消耗定額。又如用於操作過程的電力消耗，如電爐煉鋼一般可直接按單位產品來確定消耗定額。

（六）工具消耗定額

工具消耗定額一般是根據工具耐用期限和使用時間來制定的。其計算公式：

某種工具的消耗定額＝製造一定數量產品時某種工具使用時間／某種工具的耐用期限

對於工具需求量較少的企業，可採用統計分析法和經驗估計法來確定消耗定額。

二、物資儲備定額

（一）物資儲備定額的內容

1. 物資儲備定額的內容

企業物資儲備是指已由廠外供應單位進入廠內，但尚未投入生產領域而在一定時間內需要在倉庫內暫時停滯的物資，或者確切地說，是指在一定管理條件下，為保證生產順利進行所必需的經濟合理的物資儲備數量。它一般包括經常儲備和保險儲備兩個部分。有些企業由於物資的採購、運輸或者生產具有季節性，還需要建立一定數量的季節性儲備。

物資儲備產生的原因是：

（1）供應部門（生產單位）和需要部門（消耗單位）兩者的供求在時間和數量上的差異；

（2）供應部門與需要部門在地理位置上的差異；

（3）需要單位為了有效地組織本企業的生產，防止難以預料的意外情況發生而對正常生產秩序產生不利影響，也必須要求有一定物資儲備作為調解的手段。

物資儲備定額在計算上根據使用方式和對象的不同，一般以物資數量、物資金額和週轉天數三種形式為計算單位。以物資數量為計算單位並納入企業物資供應計劃的，通稱為物資儲備定額。以物資金額為計算單位並納入企業財務計劃、取得採購資金的

稱為資金儲備定額。以週轉天數為計算單位的，稱為週轉定額。週轉定額是儲備定額和儲備資金定額的相對數，是確定物資儲備定額和儲備資金定額的計算依據。

2. 物資儲備定額的種類

物資儲備定額一般由經常儲備量、保險儲備量和季節性儲備量三部分組成。

經常儲備量是指在前後兩批物資進廠的間隔期內，為滿足日常生產需要而建立的物資儲備數量；保險儲備量是為了避免意外因素導致缺貨而進行的儲備數量；季節性儲備定額是指因某種物資受到自然條件的影響，物資供應具有季節性的限制，而必須儲備的數量。

(二) 物資儲備定額的影響因素

(1) 物資儲備結構。其結構主要有品種、數量和庫存分佈三個方面。

(2) 企業內部條件。如企業的規模和生產性質、企業的計劃性和管理水平、物資採購的間隔和生產準備所需的時間。

(3) 企業的外部環境。如物資供需狀況、供貨部門的服務質量、供貨距離和運輸條件、退貨的可能性、價格因素。

(三) 物資儲備的計算方法

1. 經常儲備量的制定方法

(1) 供應間隔期法。根據經驗或過去統計資料確定儲備時間（天數），然后乘以日平均消耗量。供應間隔天數，是指前后兩批到貨的間隔時間，這是確定經常儲備定額的主要因素。

經常儲備 = (供應間隔天數+準備天數) ×平均每天需要量

其中，供應間隔天數用加權平均法和訂貨期限法確定。

(2) 加權平均法。根據歷史統計資料，考慮每次交貨期一定的差異影響，一般採用加權平均法，求出供應間隔天數。

平均供應間隔天數 = $\sum$ (每次到貨數量×每次間隔天數) / $\sum$ 每次到貨數量

(3) 經濟批量法。它是指求出採購費用和保管費兩者之和總費用最小的批量。這種方式適用於供應條件較好，而且貨源又較豐富的物資。

2. 保險儲備量的制定方法

保險儲備量 = 保險儲備天數×平均每天需要量

保險儲備天數，一般是根據物資的供應條件、運輸條件、生產中的重要程度，以及缺貨的概率等因素來決定的。具體計算方法，可按歷史統計資料可能誤期到貨的天數或按實際情況而定。

3. 季節性儲備量的制定方法

季節性儲備量 = 季節性儲備天數×平均每天需要量

季節性儲備天數，一般是由生產需要和供應中斷天數決定的。如農產品一年收穫一次，即農產品加工企業一年供應一次；如河道冰凍時間為三個月，則水運物料供應中斷三個月。但是，它必須以保證生產需要為前提，否則，就會出現由過剩儲備而造成的浪費。在實際工作中，凡是建立季節性儲備的物資，往往就不需要經常儲備和保險儲備了。

第四節　現代企業生產物流管理面臨的挑戰

為確保企業擁有較強的回應市場急遽變化的能力，針對目前多品種小批量生產占主導地位的形勢，採用一種基於柔性自動化（Flexibility Automation，FA）或可編程自動化（Programmable Automation，PA）的技術，以計算機集成製造（Computer Integrated Manufacturing System，CIMS）、敏捷製造（Agile Manufacturing，AM）、高效快速重組生產（Lean Agile Flexible，LAF）等系統為代表的現代先進生產模式，已成為20世紀90年代以來製造業變革的趨勢。

一、基於計算機集成製造系統環境的物流管理的變革

隨著20世紀90年代信息技術、網路技術、控制技術、系統技術等的發展和進步，計算機集成便成為可以實現的模式。作為製造技術的支撐，生產物流應該適合CIMS的生產運作方式。雖然這種模式下的物流管理以可編程自動化為手段，利用以計算機網路、營銷管理與決策支持系統、庫存管理系統為代表的信息技術，但是實現它還需要消除企業各級人員在觀念認識上的分歧，解決企業業務流程的重組、技術投資規模與風險等問題。

1. 對企業物流營運的有關基本思想和營運方式的認識要有所改變

存在著供需關係的企業之間不應該僅僅是一種賣與買的關係，還應該是一種互利互惠的合作夥伴關係。在生產供應鏈中所有企業都追求精益生產的時候，也就對各個企業的合作提出了更高的要求。基於低庫存量的可靠生產離不開協作供應商的良好物流配合。產品製造商對供貨的要求已從數量與價格更多地轉向了可靠、及時的服務，以此保證生產供應鏈的順利連接。而未來企業內部的生產模式強調的是技術及經營的集成，而不單是信息和物流的集成。因此，從事企業物流工作的員工對CIMS的目的，以及由CIMS環境下企業業務流程的重構所引起的物流技術的基本原則、方法及約束的變革，要有正確的認識，同時還要建立嚴格的計劃管理制度和正確的數據信息基礎。

2. 對企業物流營運的基礎設施要進行適當的規劃

物流是實實在在的物質的流動。因此，企業內外部的交通建設、運輸工具、裝卸工具和容器標準等基礎設施的建設，應該是一個動態的物流優化規劃過程。例如，高速鐵路。對於高速公路的建設，政府交通部門應根據物流量的變化，調整運轉政策，利用財政方面的政策，進行規劃建設。對於各種運輸方式，需要分別針對其流通路線、流通量和服務對象進行統計分析，並根據現有的數據，借助有關的預測模型，進行預測分析，以達到整體物流系統優化的目的，而且實現技術可持續發展。對於微觀技術的具體實施，應該著力推進各種包裝規格、運輸工具、裝卸工具和集裝箱體的標準化工作，以利於企業間國際合作。在具體地進行廠址的選擇、車間規劃與佈局時，必須考慮到物流的迅捷通暢。

3. 要加強信息集成、CIMS環境下技術共享

為了使物流滿足CIMS環境的需求，就缺少不了信息的集成和共享。通過物流與信息流的配合，能夠提高生產－供應－需求鏈中的商務處理能力和回應能力。

傳統的商務信息交流，通常通過信件、電報、電話和傳真等進行。由於信息的格式不一致，信息難以集成、共享，信息不能被供貨商直接利用與處理，而且生產方難以及時獲得有關信息。而通過網路技術，企業與物料供給部門可以通過標準的數據格式，如電子數據交換、電子商務，建立起貿易夥伴間的應用接口，從而將需求、供給信息發布在網路上。經由查詢、匹配和優化，信息的提交與處理，可以在短時間內得以完成。這可實現資源的節省，為生產節約成本，縮短產品上市時間，提高企業的競爭力。

二、基於互聯網網路環境的物流管理的變革

近年來，隨著電子數據交換、技術數據交換和互聯網技術的發展，企業間及企業與顧客間開始共享對方所擁有的資源。這使國家之間、企業之間的貿易經濟邊界逐漸消失。許多企業可以通過互聯網進入其夥伴內部的信息系統。例如 A 公司的外聯網延伸到主要供應商和分銷商。一方面，其分銷商可以在線採購本企業的產品，每年可為分銷商節約採購資金；另一方面，A 公司也可以根據分銷商的銷售情況安排自己的生產計劃，節約生產管理成本。這一實際上的變化，已使企業的管理範圍不僅包括其自身資源，還延伸到其供應商、客戶甚至競爭者。因此，企業間的核心問題是突破一系列觀念，重塑企業間關係。

1. 工業時代企業間的關係

由於信息封閉、資源獨占，企業間往往是對抗性關係。因此，企業往往會選擇較多的供應商，使供應商之間形成競爭關係。另外，由於生產經營過程通常的序列化，其管理過程一般也順序化進行。序列化的生產經營過程使得相關人員及各環節割裂開來。每一個職能部門、環節都有其特定任務，對其他環節或職能部門運轉所需的條件缺乏正確的認識。因此，經常出現前后環節或部門之間互相矛盾、指責的狀況。

2. 網路經濟時代企業間的關係

由於開放的信息、便捷的網路，企業間更需要相互溝通、交流，以及共用數據庫等其他資源。普遍採用的視窗工作方式，使得工作在空間或時間上的接近不再是至關重要的問題。這樣，工作可以由順序化向並行化發展。這不僅意味著各環節、各職能部門可以同時運轉，而且意味著他們可以在設計、製造和工業工程等方面進行有效的協作，共同設計產品和工藝流程。例如，在德國大眾的生產物流和採購管理系統中，只要網上發出或收到一個訂單，其財會、生產計劃和採購等部門就可以立即知道。他們可以根據該訂單對本領域的影響立即做出反應，並進行相應的協同式工作。在這種方式下，可以基於統一的數據資料庫，並在組織機構中建立特定的回應程序，採用項目管理的方法。顯然，這種方式可以大大縮短生產週期，提高工作的協同性，提高工作效率和效益。

另外，新產品投放市場的速度成為企業取得競爭優勢的關鍵。每一個企業在某些方面確立獨特的優勢，培育自身的核心技術和核心能力，同其他企業共同形成一種強有力的競爭優勢。這成為世界級企業運作的思路。於是，一種由兩個以上的企業成員組成的、在有限的時間和範圍內進行合作的、相互信任的、相互依存的臨時性組織——虛擬公司（又稱為動態聯盟企業）應運而生。這是一種沒有圍牆的、超越時空約束的、靠信息傳輸手段聯繫並統一指揮的經營實體。虛擬公司面對分佈在不同地區

甚至不同國度的產品進行設計、開發、製造、質量保障、分配和服務等，其管理方式、方法和程序將是完全新穎的，尚有待人們去不斷探索和完善。

復習思考題

1. 什麼是生產物流？
2. 生產物流有何特徵？
3. 如何劃分生產物流的類型？
4. 各種劃分方法分別可以把生產物流劃分為哪幾種類型？
5. 企業生產戰略對生產物流有何影響？
6. 各種生產類型分別有哪些物流特徵？
7. 簡述各種生產模式下生產物流管理的要點（或特色）。

第九章
項目計劃管理

在生產類型的劃分中，項目屬於單件生產，但又不同於一般的單件生產。這類生產的管理有其特殊性，如新產品開發、軟件系統開發、大型設備大修、大型技術改造以及特殊的大型單件產品生產等。它要求在規定的時間和預算費用內完成一項大型工程或創新性強、風險大的研究項目，為此需要組織由多種專業人員組成的專門隊伍。因此，它屬於另一種特殊的生產類型，其採用的管理方法也具有特殊性，通常稱為項目管理。項目管理研究的重點是項目的目標管理、項目的計劃管理和項目管理應遵循的基本原則和方法。

第一節 項目管理概述

一、項目及項目管理

項目是一種一次性的工作；是一個用於達到某一明確目標的組織單元，應當在規定的時間內完成，有明確的可利用資源、明確的性能指標約定；需要擁有多種學科知識的人員；需要成功地完成一次開發性的產品或勞務。因此，美國《管理百科全書》將項目定義為：那些在指定的時間內、特定的範圍內、限定的預算內和規定的質量指標內所要完成的一次性任務或工作。

項目有些共同的特點。一是它們相對規模較大，甚至規模巨大。比如波音777飛機的研製，需要在眾多合作者之間進行廣泛的協調，當然也包括大量的資源和管理精力的投入。二是項目的複雜性。這要根據活動的多少和它們之間的相互依賴程度來確定。這也包括要按特定順序來進行的許多活動。這種順序一般是根據技術要求或策略來確定的。三是必須估算各項活動需要的時間和資源。這對於以前從來沒做過的工作來說是特別困難的，研究和開發項目經常是這種情況。四是項目相對無慣例可循。這意味著組織不能按照慣例和重複的方式開展特殊項目（例外的是航空公司對飛機進行定期維護的項目）。一般來說，每一項目都因為要滿足定制的管理要求而具有創新的特點。

項目管理包括許多製造和服務活動。大型項目如奧運會工程、長江三峽工程以及美國的曼哈頓計劃與阿波羅登月計劃等；小型項目如房地產開發中的小區工程、某個影視製作、高爐和發電機組的維修等。這些都是在項目管理思想的基礎上進行的。這

些都是一次性的活動或工作，都受期限和費用的約束，並有一定的技術、經濟性能指標要求等。由此可見，在各種不同的項目中，項目內容可以是千差萬別的，但項目本身有其共同的特點。可以概括如下：①項目通常是為了追求一種新產物而組織的，具有單一性、任務可辨認性；②項目是由多個部分組成的，跨越多個（社會）組織，因此具有（社會）協同性；③項目的完成需要多個職能部門的人員同時協調與配合，在項目結束後原則上這些人員仍回原職能組織中；④可利用現有資源，事先對未來的項目有明確的預算；⑤一般來說，可利用資源一經約定，不再接受其他支援；⑥有嚴格的時間期限，並公之於眾；⑦項目的產物保全或擴展通常由項目參加者以外的人員來進行。

與項目的概念相對應，項目管理可以說是在一個確定的時間範圍內，為了完成一個既定的目標，並通過特殊形式的臨時性組織運行機制，通過有效的計劃、組織、實施、領導與控制，充分利用既定有限資源的一種系統管理方法。

上述定義中的「確定的時間範圍」應該是相對短期的，但不同項目中的「相對短期」的概念並不完全相同。例如，一種新產品的研製開發可以是半年至二年，工業建設項目可能是三至五年，而一座核電廠建設期以及一個新型運載火箭的研製時間可能更長。

二、項目管理的目標

在項目管理中，通常有三個不同的目標：成本、進度和效果。

項目成本是直接成本與應由項目分擔的間接成本的總和。項目經理的工作就是通過合理組織項目的施工，控制各項費用支出，使其不要超出該項目的預算。

項目管理的第二個目標是進度。一般在項目開始時就確定了項目的完工日期和中間幾個主要階段進展的日程。正如項目經理必須把成本控制在預算之內一樣，也必須控制項目的進度計劃，但預算和成本常常發生衝突。例如，如果項目進展落後於安排的進度，那麼就需要加班加點來趕進度。這就需要在預算中有足夠的資金來支付加班的成本。因此在時間和成本之間必須進行權衡，做出決策，管理部門必須確定某個進度安排的目標是否重要到必須增加成本來加以支持。

項目管理的第三個目標是效果。它也就是指項目生產的產品或服務的成果的特性。如果項目研究和開發一個新型的產品，那麼其成果就是新產品的經濟效果和技術性能指標。如果項目是某部影視片，那麼其成果就是該部影視片的質量和票房收入。效果也需要在成本和進度安排上進行權衡。例如，某部影視片達不到預期的效果，那麼就需要對燈光、布景等，甚至劇本內容做出重大修改。這樣就會引起成本和進度的變化。因為在項目開始前幾乎不可能精確地預見項目的效果、進度和必需的成本，所以在項目進行過程中需要做大量的權衡工作。

三、項目管理的內容

項目管理的本質是計劃和控制一次性的工作，在規定期限內達到預定目標。一旦目標滿足，項目因失去其存在的意義而解體。因此項目具有一種可預知的壽命週期。項目在其壽命週期中，通常有一個較明確的階段順序。這些階段可通過任務的類型來加以區分，或通過關鍵的決策點來加以區分。根據內容的不同，項目階段的劃分和定

義也有所區別。一般認為，應根據管理上的不同特點，提出項目的每個階段需完成的不同任務，如表 9-1 所示：

表 9-1　　　　　　　　　　　　　項目階段的任務

階段 1	階段 2	階段 3	階段 4
確定項目需要 建立目標 估計所需資源和組織 按需要構成項目組織 指定關鍵人員	確認項目組織方法 制定基本預算和進度 為執行階段做準備 進行可行性研究與分析	項目的實施（設計、建設、生產、場地、試驗、交貨）	幫助項目產品轉移 轉移人力和非人力資源 培訓職能人員 轉移或完成承諾 項目終止

表 9-1 提出了一種項目階段的劃分方法，並說明每個階段應採取的行動。但是，無論如何劃分，對每個階段開始和完成的條件與時間要有明確的定義，以便於審查其完成程度。

四、項目管理組織

項目管理組織是指為了完成某個特定的項目任務而由不同部門、不同專業的人員組成的一個特別工作組織。它不受現存的職能組織構造的束縛，但也不能代替各種職能組織的職能活動。

項目管理組織有多種形式，例如職能型組織、矩陣型組織和混合型組織等。每種組織形式都有各自的優勢和劣勢。企業應根據每種組織形式的特點，結合項目具體內容選擇一種合適的組織形式。

如果項目的開展需要多個職能部門的協助並涉及複雜的技術問題，但又不要求技術專家全日制參與的話，那麼矩陣組織是比較令人滿意的選擇，尤其是在若干項目需要共享技術專家的情況下作用更明顯。

矩陣組織是一種項目職能混合結構，是一個橫向按工程項目劃分的部門與縱向按職能劃分的部門結合起來的關係網，而不是傳統的垂直或職能關係。當很多項目對有限資源的競爭引起對職能部門的資源的廣泛需求時，矩陣組織就是一個有效的組織形式。傳統的職能組織在這種情況下無法適應的主要原因在於，職能組織無力對包含大量職能相互影響的工作任務提供集中、持續和綜合的關注與協調。因為在職能組織中，組織結構的基本設計是職能專業化和按職能分工的，不可能期望一個職能部門的主管會不顧他在自己的職能部門中的利益和責任，或者完全打消職能中心主義的念頭，把項目作為一個整體，對職能之外的項目各方面也加以專心致志的關注。

在矩陣組織中，項目經理在項目活動的「什麼」和「何時」方面，即內容和時間方面對職能部門行使權力，而各職能部門負責人決定如何支持。每個項目經理直接向最高管理層負責，並由最高管理層授權。而職能部門則從另一方面來控制，對各種資源做出合理的分配和有效的控制與調度。職能部門負責人既要對他們的直接上司負責，也要對項目經理負責。

矩陣組織的複雜性對項目經理是一個挑戰。項目經理必須能夠瞭解項目在技術邏輯方面的複雜性，必須能夠綜合各種不同專業觀點來考慮問題。但只有這些技術知識和專業知識仍是不夠的，成功的管理還取決於預測和控制人的行為能力。因此，項目

負責人還必須通過人的因素來熟練地運用技術因素和管理因素，以達到其項目目標。也就是說，項目負責人必須使他的組織成員成為一支真正的隊伍，即一個工作配合默契、具有積極性和責任心的高效率群體。

第二節　網路計劃技術

一、網路計劃技術的概念

網路計劃技術是現代科學管理的一種有效方法。它是指通過網路圖的形式來反應和表達生產線工程項目活動之間的關係，並且在計算和實施過程中不斷進行組織，控制和協調生產進度或成本費用使整個生產或工程項目達到預期的目標。或者這樣說：網路計劃技術是運用網路圖形式來表達一項計劃中各個工序（任務、活動等）的先後順序和相互關係，然后通過計算找出關鍵運作和關鍵路線，接著不斷改善網路計劃，選擇最優方案並付諸實踐，最後在計劃執行中進行有效的控制與監督，保證人、財、物的合理使用。

二、網路計劃技術的內容

廣泛應用的網路計劃技術，主要有關鍵路線法與計劃評審技術兩種。

關鍵路線法（Critical Path Method，CPM）於20世紀50年代最早應用於美國杜邦化學公司。1956年，為了系統地制定和有效協調企業不同業務部門的工作，該公司的科技人員與雷明頓‧蘭德合作，創造了一種圖解理論的方法。這種方法不但用圖解表示各項工序所需時間，同時也表示了它們之間的程序關係。用這種方法制訂計劃可以考慮到一切影響計劃執行的因素，從而易於修改計劃，並能運用計算機快速運算，這種方法叫CPM法。

與此同時，美國海軍在研究北極星導彈潛艇時用計劃評審技術（Program Evaluation and Review Technique，PERT）。這一技術把該工程的200多家承包廠商和十萬家精包廠共1,100家企業有效地組織起來，使整個工程完工期大大縮短，節約了兩年時間。1962年后，美國政府決定對一切新開發工程全面實行PERT。PERT的基本思路與方法同CPM類似，都以網路圖為主要工具。區別在於PERT增加了對隨機因素的考慮。因此，PERT叫非肯定型網路法，而CPM叫肯定型法。

三、橫道圖與網路圖的異同處

長期以來，計劃工作都採用橫道圖（又名甘特圖法、線條圖法）來計劃和控制工作進度。橫道圖具有形象、直觀、簡明、易懂和作圖簡便等優點，至今一直被廣泛採用，將來也會是行之有效的主要計劃方法之一。但有以下不足之處：

（1）不能在圖上清晰和嚴密地顯示出各項工作的邏輯關係。也就是在工作上互為條件、互為因果的依存關係，在時間上的銜接關係。

（2）不能既具有顯示計劃全貌的輪廓功能，又具有實施和控製作業計劃功能，即兩者不能同時兼備。

（3）不能從保證生產和進度上找出關鍵工序和路線以及優化工作，也不適合使用

計算機編製、修改和控制計劃。

網路圖克服了橫道圖的不足之處。但網路圖在許多場合仍需要橫道圖配合，以取得更好的效果。網路計劃技術的功能如下：

（1）從輪廓計劃的角度來研究其功能。

①網路計劃能顯示全部工序及其構成和工序的開工時間，便於掌握瞭解計劃全貌；②在網路中能顯示出工序之間的依存關係；③在網路計劃編製階段各部門共同參加網路圖的編製，目標一致。

（2）從執行計劃的角度來研究其功能。

①由於任務分解，工序具體而不籠統；②網路法可以區分出關鍵工序和非關鍵工序；③網路法還可以計算出非關鍵工序的時差，也就是可以知道有多少機動時間。

四、網路計劃技術的應用步驟

網路計劃技術的應用主要遵循以下步驟：

（一）確定目標

確定目標，是指決定將網路計劃技術應用於哪一個工程項目，並提出對工程項目和有關技術經濟指標的具體要求，如在工期方面、成本費用方面要達到什麼要求。依據企業現有的管理基礎，掌握各方面的情況，利用網路計劃技術為工程項目尋求最合適的方案。

（二）分解工程項目，列出作業明細表

一個工程項目是由許多作業組成的。在繪製網路圖前就要將工程項目分解成各項作業。作業項目劃分的粗細程度視工程內容以及不同單位要求而定。通常情況下，作業所包含的內容多，範圍可分粗些；反之細些。作業項目分得細，網路圖的結點和箭線就多。對於上層領導機關，網路圖可繪製得粗些，主要是通觀全局、分析矛盾、掌握關鍵、協調工作和進行決策；對於基層單位，網路圖就可繪製得細些，以便具體組織和指導工作。

在工程項目分解成作業的基礎上，還要進行作業分析，以便明確先行作業（緊前作業）、平行作業和后續作業（緊后作業）。即在該作業開始前，明確哪些作業必須先期完成，哪些作業可以平行地進行，哪些作業必須后期完成，或者在該作業進行的過程中，哪些作業可以與之平行交叉地進行。在劃分作業項目后便可計算和確定作業時間。一般採用單點估計或三點估計法，然后一併填入明細表中。

（三）繪製網路圖，進行結點編號

根據作業時間明細表，繪製網路圖。網路圖的繪製方法有順推法和逆推法。

（1）順推法，即從始點時間開始根據每項作業的直接緊后作業，依次繪出各項作業的箭線，直至終點事件為止。

（2）逆推法，即從終點事件開始，根據每項作業的緊前作業的逆箭頭前進方向逐一繪出各項作業的箭線，直至始點事件為止。

同一項任務，用上述兩種方法畫出的網路圖是相同的。一般習慣於按反工藝順序安排計劃的企業，如機器製造企業，採用逆推較方便，而建築安裝等企業，則大多採用順推法。按照各項作業之間的關係繪製網路圖后，要進行結點編號。

（四）計算網路時間、確定關鍵路線

根據網路圖和各項活動的作業時間，可以計算出全部網路時間和時差，並確定關鍵路線。具體計算網路時間並不太難，但比較繁瑣。在實際工作中影響計劃的因素很多，要耗費很多的人力和時間。因此，只有採用計算機才能對計劃進行局部或全部調整。這也為推廣應用網路計劃技術提出了新內容和新要求。

（五）進行網路計劃方案的優化

找出關鍵路線，也就初步確定了完成整個計劃任務所需要的工期。這個總工期，是否符合合同或計劃規定的時間要求，是否與計劃期的勞動力、物資供應、成本費用等計劃指標相適應，需要進一步綜合平衡。然後通過優化，擇取最優方案。最后正式繪製網路圖，編製進度表，以及工程預算等各種計劃文件。

（六）網路計劃的貫徹執行

編製網路計劃僅僅是計劃工作的開始。對於計劃工作，不僅要正確地編製計劃，更重要的是組織計劃的實施。網路計劃的貫徹執行，要發動群眾討論計劃，加強生產管理工作，採取切實有效的措施，保證計劃任務的完成。在應用計算機的情況下，可以利用計算機對網路計劃的執行進行監督、控制和調整。只要將網路計劃及執行情況輸入計算機，它就能自動運算、調整，並輸出結果，以指導生產。

第三節　網路圖的組成

一、網路圖的構成

它是一種表示一項工程或一個計劃中各項工作或各道工序的銜接關係和所需時間的圖解模型。網路圖由以下兩部分組成：

1. 網路模型

它反應整個工程任務的分解與合成。分解是對整個工程任務仔細劃分；合成是解決各項工作的協作和配合。

2. 時間數值

這也就是數學模型。它反應整個工程任務的過程中，人、事、物的運動狀態。這些運動狀態都是通過轉化為時間、函數來反應。反應人、事、物運動狀態的時間數值，包括各項工作的作業時間、開工和完工時間、工作之間的銜接時間、完成任務的機動時間及日程範圍、總工期。這從時間上顯示出保證工期的關鍵所在及其縮短、優化的途徑。

二、網路圖的構成要素

1. 活動

一項工作或一道工序又稱工種工序作業，又分為實活動和虛活動兩種。實活動：占用時間，消耗資源，用「→」表示活動，又稱箭線。虛活動：不占用時間、資源，而僅僅表示邏輯關係。用「-->」表示。箭線長短與工序時間長短無關。

2. 事項（事件）

一項事件的瞬時開始和瞬時結束，又叫結點（節點）。它用「O」表示，有雙重含

意，表示前一事項結束后一事件開始，有瞬時性、連續性和直觀性。在網路中，左邊第一個結點，叫做始點；最右端的結點，叫做終點。

3. 路線

從始點到終點，中間一系列箭線首尾相接的箭線叫路線，又叫通道。網路圖由許多路線構成，其中最長的路線叫做關鍵路線，其上的工序叫關鍵工序，關鍵路線一般用雙實線或加粗線表示。

三、繪製網路圖規則和邏輯表示方法

(一) 網路圖繪製的基本規則

網路圖的繪製遵循以下基本規則：

①不允許出現循環回路，如圖9-1。②箭頭結點的標號必須大於箭尾結點的編號。③兩結點間只能有一條箭線，如圖9-2。④網路圖只有一個源、一個匯，如圖9-3。⑤每項活動都應有結點表示開始與結束，如圖9-4。⑥箭線交叉必須用暗橋，如圖9-5。

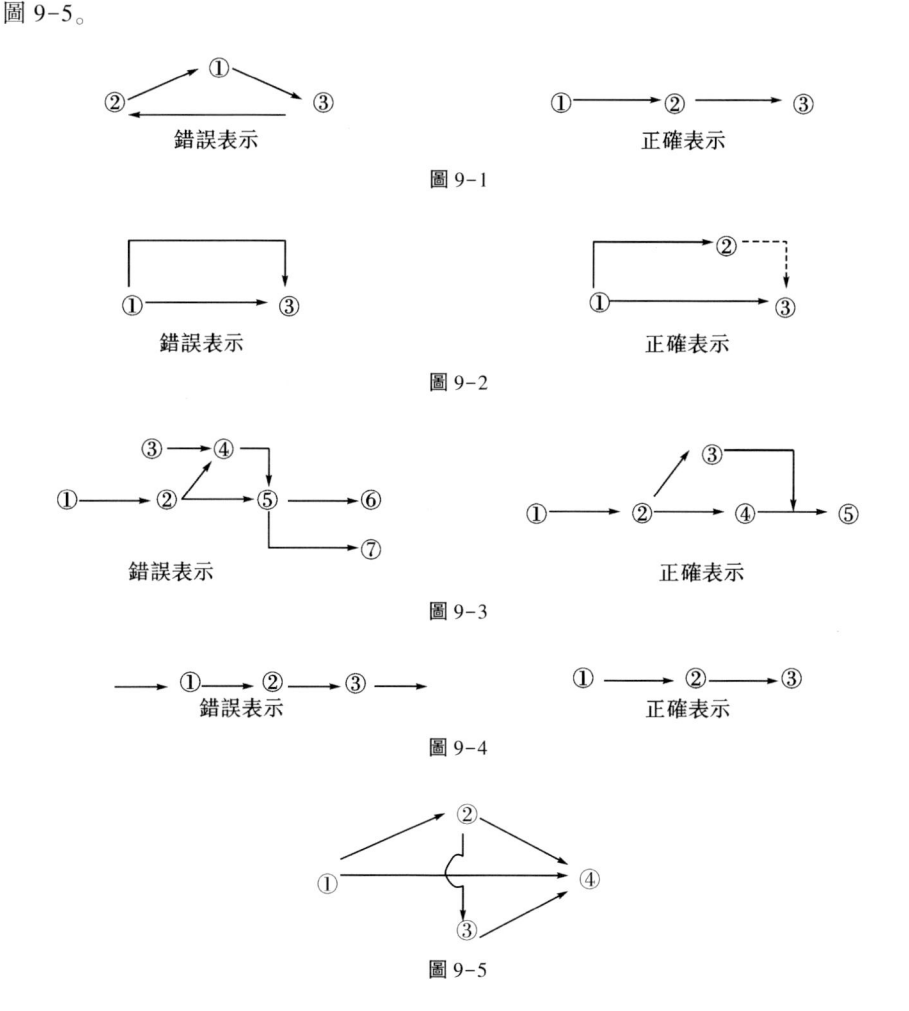

圖 9-1

圖 9-2

圖 9-3

圖 9-4

圖 9-5

(二) 網路圖作業之間的邏輯關係

根據網路圖中有關作業之間的相互關係，可以將作業劃分為：緊前作業、緊後作業、平行作業和交叉作業。

(1) 緊前作業，是指緊接在該作業之前的作業。緊前作業不結束，則該作業不能開始。

(2) 緊后作業，是指緊接在該作業之后的作業。該作業不結束，緊后作業不能開始。

(3) 平行作業，是指能與該作業同時開始的作業。

(4) 交叉作業，是指能與該作業相互交替進行的作業。

例 9.1 根據表 9-2 所示的已知條件，運用網路圖的原則和邏輯表示方法繪製網路圖。

表 9-2　　　　　　　　　　某機加工企業作業清單

順序	作業名稱	作業時間（天）	作業代號	緊前作業
1	圖紙設計	3	A	—
2	工藝設計	4	B	A
3	模型製造	2	C	A
4	澆註模具	2	D	B
5	工裝製造	5	E	B
6	毛坯製造	2	F	C、D
7	機械加工	4	G	E、F
8	裝配協作	3	H	G
9	採購外協	2	I	A

根據表 9-2，可繪製網路圖，見圖 9-6：

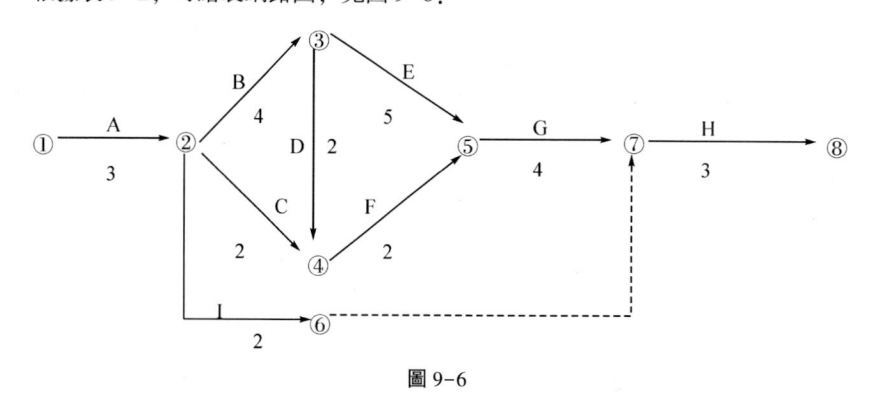

圖 9-6

第四節　網路時間參數計算

在分析研究網路圖時，除了從空間反應整個計劃任務及其組成部分的相互關係以外，還必須分析與確定各項活動的時間。這樣才能動態模擬生產過程，建立編製計劃的基礎。

網路時間的計算，包括以下幾項內容：①確定各項活動的作業時間；②計算各結點的時間參數；③計算工序的時間參數；④計算時差，並確定關鍵路線。

一、各項活動作業時間的計算

1. 單時法

單時法即單一時間估計法。這種方法對活動的作業時間只確定一個時間值，估計時應以完成各項活動可能性最大的作業時間為準。採用單時法的網路圖為肯定型網路圖。它適用於在不可知因素較少、有同類工程或類似產品的工時資料可供借鑑情況下的項目。

2. 三點估計法

在沒有肯定可靠的工時定額時，只能用估計時間來確定，一般用三點估計法，即先估計出最樂觀時間、最保守時間、最可能時間，然后求其平均值。

$$T_E = \frac{a+4m+b}{6}$$

式中，T_E——估計時間；a——最樂觀時間；b——最保守時間；m——最可能時間。

3. 估計活動工期分佈

上述時間的標準偏差為 $\sigma = (b-a)/6$

計劃任務規定日期內完成的概率 $\lambda = (T_K - T_S)/\sum\sigma$

式中，T_K——計劃規定完工日期或目標時間；T_S——計劃任務最早可能完成的時間，即關鍵線路上各項活動平均作業時間總和；λ——概率系數；$\sum\sigma$——關鍵線路上各項活動標準差之和。

例9.2 如表9-3所示，要求能按期完成的概率能達90%，問工程週期定為幾天？若將工期定為25天，問能按期完工的可能性有多大？

解：如圖9-7所示，關鍵路線為 ①→②→③→④→⑦ $T_S = 23.7$（天）

$$\sum\sigma = \sqrt{\sum\frac{(b-a)^2}{6^2}} = \sqrt{\frac{(64+25+16+49)}{36}} = 2.068$$

查正態分佈表，概率為90%時，概率系數為 $\lambda = 1.3$

(1) 生產週期 $T_K = T_S + \sum\sigma\lambda = 23.7 + 2.068 \times 1.3 = 26.4$（天）

表9-3　　　　　　　　　　　某作業數值

作業名稱	三點估計 a	三點估計 m	三點估計 b	平均作業時間	方差
A	2	3	9	3.8	
B	2	4	10	4.7	64/36
C	3	5	9	5.3	
D	5	8	10	7.8	25/36
E	1	5	10	5.2	
F	5	7	9	7.0	16/36
G	4	5	7	5.2	
H	1	4	8	4.2	49/36
I	2	5	6	4.7	
合計				4.278	

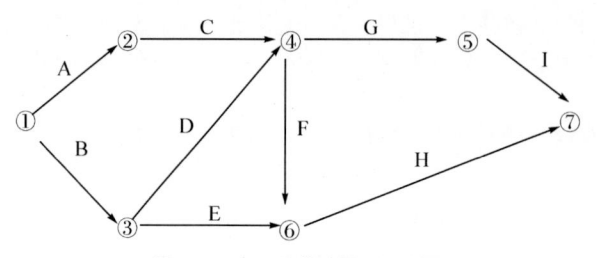

```
        ②──C──→④──G──→⑤
       ╱  ╲    │       ╲ I
      A    D   F        ↘
     ╱      ╲  │         ⑦
    ①       ╲ ↓    H    ↗
     ╲       ╲│  ───────
      B       ③──E──→⑥
       ╲    ╱
        ╲  ╱
         ╲╱
         ③
```

圖 9-7 工程作業時間及順序圖

(2) 假設工期為 25 天，即 $T_K = 25$ 天

則 $\lambda = \dfrac{T_K + T_S}{\sum \sigma} = \dfrac{25 + 23.7}{2.068} = 0.36$

查正態分佈表，概率 $\lambda = 0.36$ 時，完工概率為 73%。

二、結點時間的計算

1. 結點的最早開始時間

結點的最早開始時間是指從該結點開始的各項作業最早可能開始進行的時間，用 ET 表示。在此之前各項活動不具備開工條件。網路始點事項的最早開始時間為零，因終點事項無后續作業，其最早開始時間也是它的結束時間。網路中間事項的最早開始時間計算方法可歸納為：前進法、用加法、選大法。

2. 結點的最遲結束時間

結點的最遲結束時間指以該結點為結束各項活動最遲必須完成的時間，用 LT 表示。網路終點事項的最遲結束時間等於它的最早開始時間。其他事項的最遲結束時間的計算方法可歸納為：后退法、用減法、選小法。

結點最早開始時間和最遲結束時間可用圖上計算法計算。就是根據網路時間計算的基本原理，在網路上直接進行計算，把時間標明在圖上，一般結點最早開始時間標在「□」中，結點最遲結束時間標在「△」中。

三、工序時間的計算

1. 工序的最早開工時間與最早完工時間

工序最早開工時間（ES）是工序最早可能開始的時間。它就是代表該工序箭線的箭尾結點的最早開始時間，即 $ES_{(i,j)} = ET_{(i)}$。

工序的最早完工時間（EF）指工序最早可能完成的時間，它等於工序最早開工時間與該工序的作業時間之和，即 $EF_{(i,j)} = ES_{(i)} + T_{(i,j)} = ES_{(i,j)} + T_{(i,j)}$。

2. 工序的最遲開工時間和最遲完工時間

工序的最遲開工時間（LS）是指工序最遲必須開始、而不會影響總工期的時間，它是工序最遲必須完工時間與該工序的作業時間之差。工序的最遲完工時間（LF）等於代表該工序的箭線箭頭結點的最遲結束時間，因此，在已知結點最遲結束時間的條件下，可以確定各項工序的最遲完工時間，然后確定工序的最遲開工時間。

$LF_{(i,j)} = LT_{(j)}$

$LS_{(i,j)} = LF_{(i,j)} - T_{(i,j)} = LT_{(j)} - T_{(i,j)}$

四、時差及關鍵路線的確定

1. 時差

時差又叫機動時間、富裕時間，是每道工序的最遲開工（完工）時間與最早開工（完工）時間之差。關鍵路線上工序的時差為零。時差用 $S_{(i,j)}$ 表示，計算公式如下：

$$S_{(i,j)} = LS_{(i,j)} - ES_{(i,j)} = LF_{(i,j)} - EF_{(i,j)}$$

2. 關鍵路線的確定

關鍵路線是在網路圖中完成各個工序時間最長的路線，又稱主要矛盾線。如果能夠縮短關鍵工序（作業）的時間，就可以縮短工程的完工時間。而縮短非關鍵路線上的各個工序（作業）所需要的時間，卻不能使工程完工時間提前。

對各關鍵工序，優先安排資源，挖掘潛力，採取相應措施，盡量壓縮需要的時間。而對非關鍵路線上的各個工序，只要在不影響工程完工時間的條件下，抽出適當的人力、物力等資源，用在關鍵工序（工作）上，以達到縮短工程工期、合理利用資源的目的。在執行過程中，可以明確工作重點，對各個關鍵工序加以有效控制和調度。確定關鍵路線的方法有以下三種：

（1）最長路線法：計算出工期最長的路線，即關鍵路線。
（2）時差法：由時差為零的活動所組成的路線為關鍵路線。
（3）破圈法：從一個結點到另一個結點之間如果存在兩條不同的線路，形成一個封閉的環，稱為圈。若形成圈的兩條線路的作業時間不等，則該圈稱可破圈。可將其中較短的一條線路刪除，圈就被打破了，保留下來的是較長的一條線路，也就是兩結點間的關鍵線路。以此類推，剩下的最后一條線路即關鍵路線。

第五節　網路計劃的優化

一、網路計劃優化概述

運用網路計劃技術的目的是求得一個時間短、資源耗費少、費用低的計劃方案。網路計劃優化，主要是根據預定目標，在滿足既定條件的要求下，按照衡量指標尋求最優方案。其方法主要是利用時差，不斷改善網路的最初方案，縮短週期，有效利用各種資源。網路計劃的優化有時間優化、成本優化和資源優化等。

二、時間優化

時間優化是在人力、原材料、設備和資金等資源基本有保證的條件下，尋求最短的工程項目總工期。其具體方法為：①採取措施，壓縮關鍵作業的作業時間。如，採取改進工藝方案，合理地劃分工序的組成，改進工藝裝備等以壓縮作業時間。②採取組織措施，在工藝流程允許條件下，對關鍵路線上的各作業組織平行或交叉作業。合理調配人員，盡量縮短各關鍵路線上的作業時間。③充分利用時差。如在非關鍵作業上抽調人、財、物，用於關鍵路線上的作業，以縮短關鍵路線的作業時間。

確定關鍵路線後得到的是一個初始的計劃方案，通常還要對初始方案進行調整和完善。網路計劃的優化就是在滿足一定的約束條件下，利用時差，不斷改善網路計劃

的初始方案，獲得最低成本、最佳週期，實現對資源的最有效利用，最終確定最優的計劃方案。網路計劃的優化，通常包括時間優化、時間-費用優化和時間-資源優化。

三、時間-費用優化

時間-費用優化，又稱成本優化，就是根據計劃規定的期限，確定最低成本或根據最低成本的要求，尋求最佳工期。運用網路計劃技術制訂工程計劃，不僅要考慮工期和資源情況，還必須考慮成本，講求經濟效益。

1. 時間與費用的關係

某一計劃任務或工程項目的總費用是由該任務的直接費用和間接費用兩部分組成的。間接費用是指不能或不宜直接計算，必須按一定標準分攤於成本計算對象的費用。這部分費用與各項作業沒有直接關係，只和工期長短有關。工期越長，間接費用越大。直接費用是指與完成工程項目直接有關的費用。直接費用與工期成正比關係。

一般來說，縮短工期會增加直接費用的投入量；反之，減少直接費用的投入量，則工期將延長。但直接費用減少到一定程度，工期即使再延長，直接費用也不會再減少，這時的直接費用為正常工期；反之，當工期縮短，此時的工期稱為趕工工期。當工期縮短到一定程度，直接費用即使再增加，工期也不會縮短，這時的工期稱為極限工期。與趕工工期所對應的是趕工費用，與極限工期所對應的是極限費用。計算直接費用率的公式為：

$$K = (C_M - C_N) / (T_N - T_M)$$

式中，K——成本斜率；C_M——極限費用；C_N——正常費用；T_N——正常工期；T_M——極限工期。

直接費用率表示每縮短單位時間所需增加的直接費用。

2. 時間-費用優化的方法

進行時間-費用優化的步驟是：第一步，作網路圖；第二步，尋找網路計劃的關鍵線路，並計算計劃完成的時間；第三步，計算正常時間的總費用；第四步，計算網路計劃各項作業的成本斜率；第五步，選關鍵線路上成本斜率最低作業作為趕工對象進行趕工，以縮短計劃完成時間；第六步，尋找新的關鍵線路，並計算趕工后計劃完成時間；第七步，計算趕工后時間總成本費用；第八步，重複第五、第七步，計算各種改進方案的成本；第九步，選定最佳時間。

時間費用優化應按以下規則進行：

第一，壓縮工期時，應選關鍵路線上直接費用最小的作業，以達到增加最少直接費用來縮短工期的目的。

第二，在確定壓縮某項作業期限時，既要滿足作業極限時間所允許的趕工限制，又要考慮網路圖中長路線工期同關鍵路線工期的差額限制，並應取兩者中較小者。

第三，為使網路圖不斷優化，出現數條關鍵路線時，繼續壓縮工期就必須在這數條關鍵路線上同時進行，否則僅壓縮其中一條關鍵路線的時間，不會達到縮短工程總工期的目的。

四、時間-資源優化

時間-資源優化，是指在一定的工期條件下，通過平衡資源，求得工期與資源的最

佳結合。時間-資源優化是一項工作量大的作業，往往難以將工程進度和資源利用都能夠做出合理的安排，常常是需要進行幾次綜合平衡後，才能得到最後的優化結果。

時間-資源優化主要靠試算。對於比較簡單的問題，可以按以下步驟進行：

（1）根據日程進度繪製線條圖；

（2）繪製資源需要動態曲線；

（3）依據有限資源條件和優化目標，在坐標圖上利用非關鍵工序的時差，依次調整超過資源約束條件的工作時期內各項作業的開工時間，直到滿足平衡條件為止。

時間-資源優化是有限資源的調配優化問題，就是在資源一定的條件下，完成計劃工期最短。

時間-資源優化的方法要點是：

第一，根據規定的工期和工作量，計算出作業所需要的資源數量，並按計劃規定的時間單位做出日程上的進度安排；

第二，在不超過有限資源和保證總工期的條件下，合理調配資源，將資源優先分配給關鍵線路上的作業和時差較小的作業，並盡量使資源均衡地、連續地投入，避免驟增驟減；

第三，必要時適當調整總工期，以保證資源的合理使用。

復習思考題

1. 什麼是網路計劃技術？
2. 網路圖的組成及其應遵循的原則是什麼？
3. 計算網路時間包括哪些內容？什麼是結點時間、工序時間？
4. 網路圖與甘特圖的異同處是什麼？

案例二

淮海電器有限責任公司生產方案的選擇

淮海電器有限責任公司於 2010 年 11 月底召開了 2011 年生產方案討論會。其主要產品 X 電子產品近幾年的有關生產經營歷史資料統計如下：

年份	2007 年	2008 年	2009 年	2010 年
產品價格（元/件）	100	85	85	80
銷售量 Q（萬件）	10	13.4	15.5	16.6
市場佔有率（%）	28	33	35	36.7
變動費用 V（萬元）	500	626.5	724.7	780.2
固定費用 F（萬元）	200	210	230	250
稅前利潤 Z（萬元）	300	302.6	362.4	297.8

由於原材料價格上漲，預計該產品 2011 年單位產品變動費用將在 2010 年的基礎上增加 15%，而價格仍維持在 2010 年的水平。在討論 2011 年的計劃時，確定 2011 年目

標利潤（稅前利潤）不得低於280萬元。為此，公司總經理布置要求企業各部門根據本公司情況獻策，研究可行方案。經過認真討論，各部門提出了若干方案，其中生產部門提出，目前生產能力已經飽和，最多只能生產出17萬件，而且生產線上有幾臺設備老化，經常因故停機，現在既影響生產效率，也影響產品合格率，增加了產品成本，所以他們認為需要更新和增加幾臺設備，約需30萬元，資金來源由銀行貸款，並可同意稅前還款。投資部分從當年起，分三年在稅前等額還款，年利率6％。如果這樣，按市場需要生產，可使銷售收入增加到1,500萬元以上。雖然使固定費用增加以253萬元，但可因此大大降低廢品率和提高勞動生產率，這兩項的綜合效果，至少可使單位產品變動成本費用降低6％，確保目標利潤的實現。

技術部門也提出了一項方案，他們認為生產部門的方案有其正確的一面，但目前廢品率高和勞動生產率低的原因，既有設備因素，又有企業管理因素。據統計，現產品廢品率為11％，若從工藝和質量管理方面採取措施，廢品率可降低3％，經測算，原材料漲價的情況下，至少可使每件產品變動費用降低1元以上。同時，他們根據市場佔有率情況計算，從市場總銷售情況看，該產品已進入成熟期，市場競爭激烈，他們認為應及時投入新產品，作為增加利潤的重要途徑之，他們已經設計成功X-6型新產品，經2010年上半年度銷售價格為100元，（單位產品的變動成本為56.5元/件）深受用戶歡迎。據預測，2011年訂貨至少可達4.5萬件。而且可以原有生產線上進行生產，技術部門認為，按他們的方案完全可以實現目標利潤280萬元。

資料來源：曹德弼. 現代生產管理學［M］. 北京：清華大學出版社，2012：50-51.

思考題

1. 試預測公司2011年的銷售量。
2. 試對該產品生產計劃指標情況進行分析和決策。

第四篇 生產與運作系統的維護與改善

第十章
設備綜合管理

隨著科學技術的發展，生產手段現代化愈來愈成為提高經濟效益的決定因素之一。設備在固定資產中的比重逐漸加大，已經成為工業企業賴以生存和發展的重要物質技術基礎。對於保證企業生產的正常進行，推動技術進步，促進產品開發，提高產品質量和企業經濟效益，搞好設備管理有著重要意義。因此，設備管理是企業管理的一個重要方面。本章主要講述了設備綜合管理的概念、內容和任務，設備選擇與評價，設備合理使用和維護保養，設備的檢查與預防維修，設備更新與改造。

第一節　設備綜合管理概述

設備是現代生產工具，是社會生產力的重要因素。生產工具是人類改造自然能力的物質標誌。生產工具越先進，標誌著人們對客觀自然的認識支配能力越強，也就意味著生產力水平越高。加強設備管理，對保證企業生產的正常秩序、提高經濟效益有著十分重要的意義。

機器設備就其範圍來說包括：生產工藝設備、輔助生產設備、科學研究設備、管理設備以及公用設備。

一、設備綜合管理的含義

設備管理是隨著工業生產的發展，設備現代化水平的不斷提高，以及管理科學和技術的發展逐步發展起來的。它經歷了傳統設備管理和設備綜合管理兩個階段。

傳統設備管理的理論核心是設備使用過程中的維修管理，其工作集中在設備的維修階段，側重技術管理，把設計、製造過程的管理與使用過程的管理嚴格分開，忽視了全面管理。

設備綜合管理是在設備維修管理的基礎上為提高設備的管理技術水平、經濟效益和社會效益，滿足市場經濟的進一步發展要求，運用了設備綜合工程學的成果，吸取了現代管理理論，綜合了現代科學技術的新成果，而逐步發展起來的設備管理理論和方法。

二、設備綜合管理的內容

設備綜合管理的內容就是對設備運動全過程的管理。它一般表現為兩種狀態：一

是物質運動形態；二是價值運動形態。

設備的物質運動形態是指計劃、設計、製造、購置、驗收、安裝、調試、運行、點檢、維修、更新、改造，直至報廢處理。設備的價值運動形態，表現為設備的資金籌集、最初投資、維修保養、費用支出、折舊費計提、更新改造資金的籌集與使用、設備的經營或有償轉讓等。設備物質形態的管理，通常叫設備的技術管理。設備價值形態的管理，通常叫設備的經濟管理。設備綜合管理的內容歸納如下：

（1）實行設備的全過程管理；
（2）對設備從工程技術、經濟和組織管理三個方面進行綜合管理；
（3）實行設備的全員管理；
（4）開展設備的經營工作。

三、設備綜合管理的任務

設備綜合管理的任務是為企業的生產提供先進適用的技術裝備，使企業的生產經營活動建立在技術先進、經濟合理的物質技術基礎上，保證經營目標的實現。它的具體任務是：

（1）以設備的壽命週期作為設備管理的對象，力求設備消耗的費用最少、設備的綜合效率最高；
（2）根據技術先進、經濟合理、生產可行的原則，正確選擇設備，為企業提供優良的設備；
（3）合理使用設備，做好設備的維修和保養工作，保證設備經常處於最佳技術狀態；
（4）提高設備管理的經濟效益；
（5）搞好設備的更新改造，提高設備的現代化水平；
（6）搞好設備的經營工作。

第二節　設備選擇與評價

一、設備的選擇

對於新企業選擇設備，老企業購置新設備和自行設計、製造專用設備，以及從國外引進技術裝備，設備選擇問題都是十分重要的。設備選擇應滿足生產實際需要，結合企業長遠生產經營發展戰略全面考慮。選擇設備的目的是將企業有限的設備投資用在生產必需的設備上，以發揮投資的最大經濟效益。一般來說，技術上先進、經濟上合理、安全節能、滿足生產需要是企業在選擇、製造、引進設備時必須共同遵守的原則。因此，在選擇設備時應考慮的因素有：①生產性；②可靠性；③安全性；④節能性；⑤環保性；⑥維修性；⑦成套性；⑧靈活性；⑨耐用性。

二、設備的經濟評價

企業在選擇設備時，除了考慮上述因素外，還應對設備進行經濟評價。評價的方法主要有以下兩種：

（一）投資回收期法

投資回收期是指用設備的盈利收入來補償設備投資支出所需要的時間。

$$I \times (1+i)^T = [R \times (1+i)^{T-1} + \cdots + R \times (1+i)] + R$$

$$I \times (1+i)^T = R \times \frac{(1+i)^T - 1}{i} \qquad T = \frac{\lg R - \lg(R - i \times I)}{\lg(1+i)}$$

式中，T——設備投資回收期；I——設備投資額；i——年利率；R——設備年平均盈利收入。

例 10.1 已知條件見表 10-1，求該廠最佳決策。

表 10-1　　　　　　　　　設備投資盈利表

設備名稱	投資額（萬元）	盈利收入（萬元）		
		合計	折舊	利潤
I	1,000	350	125	225
II	1,200	450	120	330
III	1,800	650	150	500

設 $i = 10\%$

解：$T_1 = \dfrac{\lg 350 - \lg(350 - 10\% \times 1,000)}{\lg(1+10\%)} = 3.53$（年）

同理可求得：$T_2 = 3.25$（年）　　$T_3 = 3.4$（年）

因此，本例 II 方案投資回收期最短。

（二）費用換算法

1. 年費法

年費法是將設備的購置費用依據設備的壽命週期，按複利計算，換算成每年的費用支出后，加上年維持費，得出不用設備的年總費用，並據此進行比較分析，選擇最優設備的方法。

每年折算總費用 = 年投資費 + 每年維持費

其中，年投資費 = 一次投資費 × 資金回收係數，且

資金回收係數 $= \dfrac{i \times (1+i)^n}{(1+i)^n - 1}$

利用資金回收係數可求出一項投資 P 打算在 n 年內回收每年所需等額年金。

2. 現值法

現值法是將設備壽命週期內的每年維持費，通過現值係數換算成一次的維持費用。

壽命週期總費用 = 設備購置費 + 每年維持費 × 現值係數

現值係數 $= \dfrac{(1+i)^n - 1}{i(1+i)^n}$

假設每年維持費是等值的，則現值係數、資金回收係數均可查表得出。為說明上述公式，舉例如下：

例 10.2 已知條件如表 10-2 所示，試用年費法計算費用並選擇設備。

表 10-2　　　　　　　　　　設備 A、B 的數據表

項目	設備 A	設備 B
設備投資費（元）	7,000	10,000
設備壽命週期（年）	10	10
年利率（%）	6	6
每年維持費（元）	2,500	2,000

解：用年費法計算：設備 A 的年總費用 $= 7,000 \times \dfrac{0.06 \times (1+0.06)^{10}}{(1+0.06)^{10}-1} + 2,500$

$$= 7,000 \times 0.135,87 + 2,500 = 3,451 \text{（元）}$$

同理可計算出設備 B 的年總費用為 3,359 元。比較可知，設備 B 的年總費用小，選 B 設備。

用現值法計算：設備 A 總費用 $= 7,000 + 2,500 \times \dfrac{(1+0.06)^{10}-1}{0.06 \times (1+0.06)^{10}}$

$$= 7,000 + (2,500 \times 7.36) = 25,400 \text{（元）}$$

同理可計算出設備 B 的壽命週期總費用為 24,720 元。比較可知，設備 B 的總費用小，選擇 B 設備。

第三節　設備合理使用與維護保養

一、設備合理使用

設備合理使用要做好以下三方面工作：

（1）必須根據企業的生產技術特點和工藝過程的要求，合理配備各種類型的設備，同時根據各種設備的性能、結構和技術經濟特點合理安排加工任務，注意設備的負荷情況。

（2）提高設備的利用程度。一是提高設備的時間利用率，即充分利用設備可能工作的時間，不讓設備閒置；二是提高設備的負荷的利用率，就是要使設備在單位時間內生產出盡可能多的合格產品。

（3）建立健全各種規章制度，確保設備的合理使用。有關的制度包括安全操作規程、崗位責任制、潤滑管理制度及操作合格證等。

二、設備的維護保養

設備的維護保養，是指設備使用人員和專業維護人員在規定的時間內及維護保養範圍內，分別對設備進行預防性的技術護理。

設備維護保養一般分為三級，稱為三級保養制度，也有四級保養制度。四級保養制度的內容有：

1. 日常維護保養

日常維護保養亦稱例行保養或「日保」。這是操作人員每天在換班前後進行的通常保養。機械企業設備保養的四項要求是：整齊、整潔、潤滑、安全。

2. 一級保養

一級保養是指以操作人員為主，維修人員為輔，對設備進行局部檢查、清洗。一般 500~700 小時進行一次。

3. 二級保養

二級保養是指以維修人員為主，操作人員參加，對設備進行部分解體、檢查、修理、更換或修復磨損件，局部恢復精度、潤滑和調整。設備一般運行 2,500~3,500 小時進行一次二級保養。

4. 三級保養

三級保養是指對設備的主體部分進行分解檢查與調整，及時更換磨損限度已到的零件。對於設備維護保養制度，因設備的性能、工作條件不同，各企業有具體的規定。

第四節　設備的檢查與預防維修

一、設備的磨損與故障規律

(一) 設備的磨損規律

設備在使用過程中會逐漸發生磨損，一般分為兩種形式：有形磨損、無形磨損。

有形磨損是指當設備在工作中，由於其零件受摩擦、振動而磨損或損壞，設備的技術狀態劣化或設備在閒置中由於自然力的作用，失去精度和工作能力。

無形磨損是指當兩種設備使用價值相同或類似時，由於科學技術進步產生的技術水平差距，一種與另一種在製造成本、使用成本、生產成果上的比較價值差。或者這樣解釋：設備的技術結構、性能沒有變化，但由於勞動生產率的提高，這種設備的再生產費用下降，而使原有同種設備貶值或是由於性能更完善的、效率更高的、新設備的出現和推廣，原有的設備的經濟效能相對降低而形成的一種消耗。

設備有形磨損過程，大致分為三個階段，如圖 10-1。

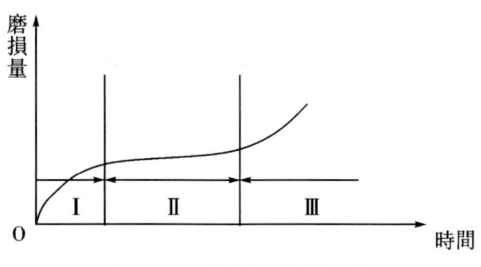

圖 10-1　設備有形磨損曲線

Ⅰ：初期磨損階段。在此階段中，機器零件表面的高低不平處、氧化脫炭層，由於零件的運轉、互相摩擦，很快被磨損。這一磨損速度快，但時間短。

Ⅱ：正常磨損階段。零件磨損趨於緩慢，基本上呈勻速增加態勢。

Ⅲ：劇烈磨損階段。零件磨損會由量變到質變，超過一定限度，正常磨損關係被破壞，接觸情況惡化，磨損加快，設備的工作性能也迅速降低。如不停止使用，進行維修，設備可能被損壞。

(二) 設備故障規律

設備故障一般分為突發故障和劣化故障。突發故障是突然發生的故障，其特點是發生時間是隨機的；劣化故障是由設備性能逐漸劣化造成的故障，其特點是故障有一定的規律，故障發生速度是緩慢的，程度多是局部功能損壞。劣化故障規律是「盆浴」曲線，如圖 10-2 所示。

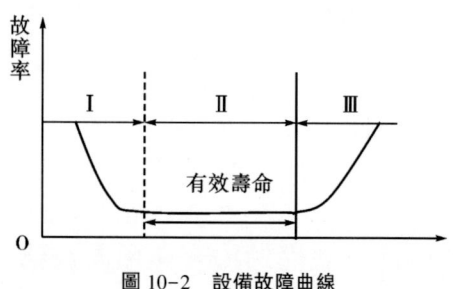

圖 10-2　設備故障曲線

Ⅰ：初期故障期。這一階段的故障主要是由設計上的缺陷、製造質量欠佳和操作不良習慣引起的。開始故障較多，隨后逐漸減少；

Ⅱ：偶發故障期。在這一階段，設備已進入正常運轉階段，故障很少，一般都是由維護不好和操作失誤引起的偶發故障；

Ⅲ：磨損故障期（劣化故障期）。在這一階段，構成設備的零件已磨損、老化，因而故障率急遽上升。

針對不同故障，應採取相應措施。如在初期，找出設備可靠性低的原因，進行調整，保持穩定性。在偶發期，應注意加強員工的技術教育，提高操作人員與維修人員的技術水平。在磨損期，應加強對設備的檢查、監測和計劃修理。

二、設備的檢查與修理

(一) 設備檢查

設備檢查是指對設備的運行狀況、工作精度、磨損或腐蝕情況進行檢查和校驗，以及時消除隱患。設備檢查分類：按間隔時間不同可分為日常檢查和定期檢查；按技術功能分為機能檢查和精度檢查。

(二) 設備修理

1. 設備修理的種類

設備修理按修理程度分為大修、中修、小修。

(1) 大修理是工作量很大的一種修理。它需要把設備全部拆卸，更換和修復全部磨損件，恢復其精度、性能和效率。其特點為：修理次數少、修理間隔長、工作量大、修理時間長、費用多。大修理費用由專提的大修理基金支付。

(2) 中修理則是對設備進行部分解體，修理並更換部分主要零件和數量較多的其他磨損件，並校正設備的基準，以恢復和達到規定的精度和其他技術要求。其特點為：發生次數較多、時間較短、工作量不很大、修理時間較短、支付費用少、由生產費用開支。

(3) 小修理是指對設備的局部修理，主要更換和修復少量的磨損零件，並調整設

備的局部機構。其特點為：修理次數多、工作量小、一般在生產現場、由車間專職維修工執行、修理費用計入生產費用。

2. 設備修理方法

設備修理方法主要有以下三種：標準修理法、定期修理法和檢查后修理法。

（1）標準修理法是指根據設備零件的壽命，預先編製具體的修理計劃，明確修理日期、類別和內容。設備運轉了一定時間后，不管其技術狀態如何，必須按計劃進行修理。這種方法便於做好修理前準備工作，保證設備停歇時間短，能有效地保證設備正常運轉。但容易脫離實際，產生過度修理，增加修理費用。

（2）定期修理法是指根據設備的使用壽命、生產類型、工作條件和有關定額資料，事先規定各類計劃修理的固定順序、計劃修理間隔及其修理工作量。修理內容事先不用規定，而在修理前根據設備狀態來確定。

（3）檢查后修理法是指根據設備零部件的磨損資料，事先只規定設備檢查總次數和時間，而每次修理的具體期限、類別和內容均由檢查后的結果來決定。這種方法簡便易行、節約費用，但修理期限和內容要等檢查后決定，修理計劃性差，而且檢查時對設備狀況的主觀判斷差誤有可能引起零件的過度磨損或故障。

三、設備的預防維修制度

（一）計劃預防修理制度

這是中國 20 世紀 50 年代開始普遍推行的一種設備維修制度。它是指有計劃地進行維護、檢查和修理，以保證設備經常處於完好狀態的一種組織技術措施。其內容包括日常維護、定期檢查、計劃修理（大、中、小）。其特點是通過計劃來實現修理的預防性。其編製修理計劃的依據之一是修理的各種定額標準。

（二）修理定額

1. 修理週期

修理週期是指相鄰兩次大修理之間設備工作時間間隔。修理週期長短取決於主要零部件的使用期限。在不同生產類型、生產條件下，不同設備的主要零件使用期限不同，修理週期也不相同。

2. 修理間隔期

修理間隔期是指兩次相鄰修理之間的時間間隔。

3. 修理週期結構

修理週期結構是指在一個修理週期內，大、中、小修的次數和排列順序。如圖 10-3 所示。

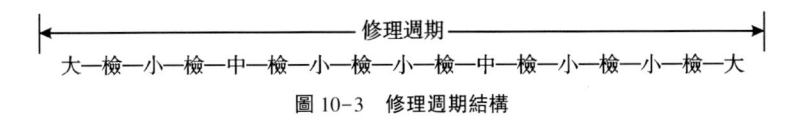

|←──────── 修理週期 ────────→|
大─檢─小─檢─中─檢─小─檢─小─檢─中─檢─小─檢─小─檢─大

圖 10-3　修理週期結構

其中，大：大修理，中：中修理，小：小修理，檢：檢查。

4. 修理複雜系數

修理複雜系數是表示設備修理複雜程度的一個基本單位，也是表示修理複雜程度和修理工作量的假定單位。它是由設備的結構特點、工藝性、零部件尺寸等因素決定

的。設備越複雜，加工精度越高，零部件尺寸越大，修理工作量越大，則修理複雜係數也越大。機械工業通常選擇中心高 200mm，頂尖距 1,000mm 的 C620 車床為標準機床，將其修理複雜係數定為 10。其他設備的修理複雜係數都通過與該標準機床比較而確定。比標準機床複雜的設備的複雜係數大於 10，反之小於 10。設備的型號不同，複雜係數也不一樣。

5. 修理勞動定額

修理勞動定額是企業為完成機器設備的工作所需要的勞動時間標準。它通常用一個修理複雜係數所需要的勞動時間來表示。表 10-3 為機械加工企業一個修理複雜係數的勞動量。

表 10-3　　　　　　　　一個修理複雜係數的勞動量

修理類別	鉗工工時	機工工時	電工工時
修前檢查	3~4		
小修	7~10		
中修	32~42	15	7~9
大修	50~60	30	15~20

四、全員生產維修制

全員生產維修制度（或譯作全員參加的生產維修制、全面生產維修制，簡稱 TPM），是日本設備工程協會倡導的一種設備管理與維修制度。它以美國的預防維修為維修的主體，也反應出英國設備綜合工程學的主要觀點，總結了日本某些企業推行全面質量管理的實踐經驗，繼承了日本管理的傳統。

（一）推行全效率、全系統、全員參加的「三全」設備管理

全效率是指設備的綜合，包括產量（P）、質量（Q）、成本（C）、交貨期（D）、安全（S）和勞動情緒（M）六方面。其公式如下：

設備的綜合效率＝設備的輸出／設備的輸入

從上式可以看出，設備輸出量越大，且設備的輸入量越小，則設備的效率就越高。

全系統是指對設備的生產進行系統的管理，包括從設備研究、設計、製造、安裝、使用、維修、改造和更新等全系統進行管理，並建立信息情報的反饋系統。

全員參加是指從企業領導人員、管理人員一直到第一線生產的主要工人都參加設備管理工作，組織 PM 小組。PM 小組活動的主要內容是減少設備故障和提高生產效率。小組成員分別承擔相應的職責，上一級的 PM 小組負責檢查下一級 PM 小組的成果，成績顯著者可命名為「高水平 PM 小組」。

（二）推行「5S」活動，搞好管理工作的基礎

「5S」活動的內容是：

整理：把不同的紊亂的東西全部收拾好和整理好；

整頓：把所需的東西備齊，按工作次序整整齊齊地排好；

整潔：保證設備和場地沒有污染；

清掃：隨時做好打掃工作，使設備和場地一直保持乾淨；

教養：在員工的舉止、態度和作風方面，培養良好的工作習慣和生活習慣。

（三）設備的檢查工作

設備的檢查工作要求以明確和嚴密的制度保證做好設備檢查，實行明確項目、內容及檢查順序的點檢制度，每次檢查後都要有明確的記錄標誌，如以良好（O）、可以（S）、差（X）作為設備維修的依據。設備的檢查分為日常檢查、定期檢查和專題檢查。日常檢查由操作人員負責，定期檢查和專題檢查由維修部門負責，主要針對重點設備。

（四）重點設備的預防修理、大修理和改善修理

將設備按照「設備的輸出」的要求劃分為重點設備、一般設備。對重點設備實行預防修理；對一般設備，採用事後修理和故障預防的辦法。這樣可以節約修理費用。每年根據生產的發展變化情況，按設備輸出的總要求，對重點設備進行一次調整。

（五）加強設備維修人員的培養工作

這是推行 TPM 體系十分重要的環節之一。每年要制訂對維修人員的教育計劃，包括技術人員、工長和組長、老員工和新員工的培訓。針對不同人員提出不同的教育內容和要求。對於維修人員，要注意多面手的培養，包括機械工和電工等操作技能，並定期進行考核。

（六）重視維修記錄及其分析研究

完整地收集記錄設備維修實施情況的原始資料，對原始資料進行分析研究，包括各種故障原因分析、平均故障間隔時間的分析等；繪製各種比較醒目的圖表，編寫維修月報；準備各種標準化資料，包括檢查標準、維修作業標準等。並制訂各種 TPM 評價指標作為考核標準。

第五節　設備更新與改造

一、設備的更新

設備更新是指以比較經濟和比較完善的設備代替物質上不能繼續使用或經濟上不宜繼續使用的設備，使企業能夠在科學技術發展的動態中，獲得先進適用的技術裝備。

（一）設備的壽命

設備壽命是指設備從投入生產開始，經過有形磨損，直至在技術上或經濟上不宜繼續使用，需要進行更新所經歷的時間。從不同角度可以將設備壽命劃分為物質壽命、經濟壽命、技術壽命和折舊壽命。

1. 物質壽命

物質壽命是根據設備的物質磨損而確定的使用壽命，即從設備投入使用到因物質磨損使設備老化損壞，直到報廢拆除為止的年限。

2. 經濟壽命

經濟壽命是指設備的使用費處於合理界限之內的設備壽命。在設備物資壽命的后期，因設備故障頻繁發生而引起的損失急遽增加。購置設備后，使用的年數越多，每年分攤的投資越少，設備的保養和操作費用却越多。在使用期最適宜的年份內設備總成本最低，這是經濟壽命的含義。

3. 技術壽命

技術壽命是指由於科學技術的發展，不斷出現技術上更先進、經濟上更合理的替代設備，現有設備在物資壽命或經濟壽命尚未結束之前就提前報廢。這種從設備投入使用到因技術進步而使其喪失使用價值所經歷的時間稱為設備的技術壽命。

4. 折舊壽命

折舊壽命是指按國家有關部門規定或企業自行規定的折舊率，將設備總值扣除殘值后的余額，折舊到接近於零時所經歷的時間。折舊壽命的長短取決於國家或企業所採取的方針和政策。

設備的壽命通常是設備進行更新和改造的重要決策依據。設備更新與改造是為提高產品質量，促進產品升級換代，節約能源而進行的。其中，設備更新也可以是從設備經濟壽命來考慮的，設備改造有時也是從延長設備的技術壽命、經濟壽命的目的出發的。

(二) 設備更新的方式

設備更新的方式分為設備的原型更新和設備的技術更新。

設備的原型更新是指用結構相同的新設備，更換由有形磨損嚴重造成技術上不宜繼續使用的舊設備。設備的原型更新主要是解決設備的有形磨損的問題。它不具有技術進步的性質。對於設備的無形磨損，設備的原形更新是無法消除的。

技術更新是指用技術更先進的設備去更換技術上陳舊的設備。技術更新不僅能消除設備的有形磨損，恢復設備原有的性能，而且能消除設備的無形磨損，提高設備的技術水平和生產效率，降低消耗，提高產品質量，增強產品的競爭能力。

二、設備改造

設備改造是指應用先進的科學技術成就，改變原有設備的結構，提高原有設備的性能、效率，使設備局部達到或全部達到現代新型設備的水平。由於設備改造比更新的費用少，見效快，適應性好，因此對促進企業技術進步有重要意義。一些企業在開發新產品時或增產現有產品時，總是更新一部分設備，保留一部分可用的原設備，改造一定數量的現有設備。

設備改造的方式分為局部的技術更新和增加新的技術結構。局部的技術更新是指採取先進技術改變現有設備的局部結構。增加新的技術結構是指在原有設備的基礎上增添部件、新裝置等。

設備改造的內容主要包括：

(1) 提高設備的自動化程度，實現數控化、聯動化；
(2) 提高設備的功率、速度和剛度，改善設備的工藝性能；
(3) 將通用設備改裝成高效的專用設備；
(4) 提高設備的可靠性、維修性；
(5) 改進設備安全環保裝置及安全系統；
(6) 使零部件標準化、通用化和系列化，提高設備的「三化」水平；
(7) 降低設備的能耗。

復習思考題

1. 設備綜合管理的概念是什麼？
2. 設備綜合管理的內容是什麼？
3. 設備選擇因素及評價方法有哪些？
4. 何謂設備的保養制度？
5. 什麼是設備修理定額？
6. 什麼是設備修理複雜系數？
7. 設備更新與改造的概念是什麼？
8. 設備更新方式有哪些？
9. 設備修理的方法有哪些？

第十一章 質量管理

本章主要介紹全面質量管理的內容,主要從質量、質量管理、全面質量管理及 ISO 9000 質量認證體系等幾個與生產管理有關的部分進行討論。本章重點討論質量管理的內涵、質量管理的重要意義,介紹質量保證、質量控制、質量體系、PDCA 循環、ISO9000 質量認證體系、ISO 9000 系列標準的組成、質量認證的目的及 ISO 14000 等主要內容。

第一節 質量與質量管理

一、質量的概念

質量、成本、交貨期、服務及回應速度,是決定市場競爭成敗的關鍵要素,而質量更是居首位的要素,是企業參與市場競爭的必備條件。質量低劣的產品,成本再低也無人問津。日本企業為什麼能夠占據世界汽車市場和家用電器市場的領先地位?靠的是優異的產品質量。企業要想躋身國際市場,后來居上,首先要有優質的產品和完善的服務。

提高生產率是社會生產的永恆主題。而只有有了高質量,才可能有真正的高生產率。若企業的產品和服務的質量不能滿足顧客要求,則不能在市場上實現其價值,就是一種無效或低效率的勞動,就不可能有真正的高效率和高效益。

(一)質量的概念

質量是質量管理的對象。正確、全面地理解質量的概念,對開展質量管理工作是十分重要的。在生產發展的不同歷史時期,人們對質量的理解隨著科學技術的發展和社會經濟的變化而有所變化。

自從美國貝爾電話研究所的統計學家休哈特(W. A. Shewhart)博士於 1924 年首次提出將統計學應用於質量控制以來,質量管理的思想和方法不斷豐富和發展。一種新的質量管理思想和質量管理方式的提出,通常伴隨的是質量概念的理解和重新定義,那麼到底什麼是質量?國際標準 ISO8402-1986 對質量做了如下定義:質量(品質)是反應產品或服務滿足明確或隱含需要的能力的特徵和特性的總和。現代質量管理認為,必須以用戶的觀點對質量下定義。這方面最著名的也是最流行的,是美國著名的質量管理權威朱蘭(J. M. Juran)給質量下的定義:「質量就是適用性。」

所謂適用性，就是產品和服務滿足顧客要求的程度。企業的產品是否使顧客十分滿意？是否達到了顧客的期望？如果沒有，就說明存在質量問題。不管是產品本身的缺陷還是沒有瞭解清楚顧客到底需要什麼，這都是企業的責任。

但是適用性和滿足顧客要求是比較抽象的概念。為了使之對質量管理工作起到指導作用，還需將其具體化。在這方面，美國質量管理專家戴維教授將適用性的概念具體為 8 個方面的含義，即：

（1）性能。產品主要功能達到的技術水平和等級，如立體聲響的信噪比、靈敏度等。

（2）附加功能。為使顧客更加方便、舒適等所增加的產品功能，如電視機的遙控器、照相機的自動卷片功能。

（3）可靠性。產品和服務完全規定功能的準確性和概率。比如燃氣竈、打火機每次一打就著火的概率；快遞信件在規定時間內送達顧客手中的概率。

（4）一致性。產品和服務符合產品說明書和服務規定的程度，如汽車的百公里油耗是否超過說明書規定的公升數、飲料中天然固形物的含量是否達到規定的百分比等。

（5）耐久性。產品和服務述到規定的使用壽命的概率。比如電視機是否達到規定的服務故障使用小時、燙髮髮型是否保持規定的天數等。

（6）維護性。產品是否容易修理和維護。

（7）美學性。產品外觀是否具有吸引力和藝術性。

（8）感覺性。產品和服務是否使人產生美好聯想甚至妙不可言。如服裝面料的手感、廣告用語給人的感覺和使人產生的聯想等。

以上這八個方面是適用性概念的具體化，從而也就更容易從這八個方面明確顧客對產品和服務的要求，並將這種要求化為產品和服務的各種標準。

美國著名作業管理專家理查德·施恩伯格認為，上述八個方面的質量含義，偏重於製造企業和其產品，而對於服務企業來說，還應進一步補充下列質量內容：

（1）價值。服務是不是最大限度地滿足了顧客的希望，使其覺得錢花得值。

（2）回應速度。尤其對於服務業來說，時間是一個主要的質量性能和要求。有資料顯示，若超級市場出口處的顧客等待時間超過 5 分鐘，則顧客就顯得很不耐煩，服務質量就會大打折扣。

（3）人性。這是服務質量中一個最難把握却非常重要的質量要素。人性不僅僅是針對顧客的笑臉相迎，還包括對顧客的謙遜、尊重、信任、理解、體諒和與顧客有效的溝通。

（4）安全性。無任何風險、危險和疑慮。

（5）資格。具有必備的能力和知識，提供一流的服務。如導遊的服務質量，就在很大程度上取決於導遊人員的外語能力和知識素養。

從以上關於質量概念的表述可以看出，隨著社會的進步、人們的收入水平和受教育水平的提高，消費者對產品和服務質量的要求越來越高，越來越具有豐富的文化和個性內涵。因而，如何正確地認識顧客的需求，如何將其轉化為系統性的產品和服務的標準，是現代質量管理首先要解決的重要問題。要想提高質量管理水平，首先要革新質量管理思想和觀念。

（二）質量過程

從形成過程來說，產品和服務質量有設計過程質量、製造過程質量和使用過程質量及服務過程質量之分。

1. 設計過程質量

設計過程質量是指設計階段體現的質量，也就是產品設計符合質量特性要求的程度。它最終經過圖樣和技術文件質量來體現。

2. 製造過程質量

製造過程質量是指按設計要求，通過生產工序製造而實際達到的實物質量，是設計質量的實現；是製造過程中，操作工人、技術裝備、原料、工藝方法以及環境條件等因素的綜合產物，也稱符合性質量。

3. 使用過程質量

這是在實際使用過程中所表現的質量，是產品質量與質量管理水平的最終體現。

4. 服務過程質量

服務過程質量是指產品進入使用過程后，生產企業（供方）對用戶的服務要求的滿足程度。

（三）工作質量

工作質量一般是指與質量有關的各項工作，對產品質量、服務質量的保證程度。工作質量涉及各個部門、各個崗位工作的有效性，同時決定著產品質量、服務質量。然而，它又取決於人的素質，包括工作人員的質量意識、責任心、業務水平。其中，最高管理者（決策層）的工作質量起著主導作用，一般管理層和執行層的工作質量起著保證和落實的作用。

工作質量能反應企業的組織工作、管理工作與技術工作的水平。工作質量的特點是它不像產品質量那樣直觀地表現在人們面前，而是體現在一切生產、技術、經營活動之中，並且涉及企業的工作效率及工作成果，最終通過產品質量和經濟效果表現出來。

產品質量指標可以用產品質量特性值來表示，而工作質量指標一般通過產品合格率、廢品率和返修率等指標表示。如合格率的提高，廢品率、返修率的下降，就意味著工作質量的提高。然而，工作質量在許多場合是不能用上述指標來直接定量的，而通常是採取綜合評分的方法來評價的。例如，工作質量的衡量可以通過工作標準，對「需要」予以規定，然后通過質量責任制等進行評價、考核與綜合評分。具體的工作標準依不同部門、崗位而異。

對於生產現場來說，工作質量通常表現為工序質量。所謂工序質量是指操作者（Man）、機器設備（Machine）、原材料（Material）、操件及檢測方法（Method）和環境（Environmem）五大因素（即 4M1E）綜合起作用的加工過程的質量。在生產現場抓工作質量，就是要控制這五大因素，保證工序質量，最終保證產品質量。

二、質量管理的基本概念

（一）質量管理（Quality Management）

根據 ISO8402-1994 給出的定義，質量管理是指「確定質量方針、目標和職責，並通過質量體系中的質量策劃、質量控制、質量保證和質量改進來實現的所有管理職能

的全部活動」。這個定義指出了質量管理是組織管理職能的重要組成部分，必須由一個組織的最高管理者來推動。質量管理是各級管理者的職責，並且和組織內的全體成員都有關係。他們的工作都直接或間接地影響著產品或服務的質量。因此，質量管理的涉及面很廣：從橫向來說，包括戰略計劃、資源分配和其他系統活動，如質量計劃、質量保證、質量控制等活動；從縱向來說，質量管理包括質量方針、質量目標以及質量體系。

(二) **質量保證**（Quality Asurance）

所謂質量保證，是指「為使人們確信某實體能滿足質量要求，在質量體系內開展的並按需要進行證實的有計劃和有系統的全部活動」（國際標準 ISO8402-1994）。

質量保證的基本思想是強調對用戶負責，其核心問題在於使人們確信某一組織有能力滿足規定的質量要求，為用戶、第三方（政府主管部門、質量監督部門、消費者協會等）和本企業最高管理者提供信任感。為了有把握地使用戶、第三方、本企業最高管理者相信其具有質量保證能力，使他們樹立足夠信心，相關人員必須提供充分且必要的證據和記錄，證明有足夠能力滿足他們對質量的要求。為了質量保證系統行之有效，還必須時常接受評價，例如，用戶、第三方和企業最高管理者組織實施的質量審核、質量監督、質量認證、質量評價（評審）等。

質量保證是一種有計劃、有系統的活動，是實現質量保證所必需的工作保證。為有計劃地開展質量保證活動，應當形成一個有效的質量保證體系（質量保證模式）。

質量保證還分為內部質量保證和外部質量保證。內部質量保證是質量管理職能的一個組成部分。這是使企業各層管理者確信本企業具備滿足質量要求的能力所進行的活動。外部質量保證是使用戶和第三方確信供方具備滿足質量要求的能力所進行的活動。

(三) **質量控制**（Quality Control）

所謂質量控制，是指「為滿足質量要求所採取的作業技術和活動」（國際標準 ISO8402-1994）。

定義中所表述的「作業技術與活動」貫穿於質量形成全過程的各個環節，其目的是保持質量形成全過程或某一環節受控。因此，「作業技術和活動」的主要內容是確定控制計劃與標準、實施控制計劃與標準，並在實施過程中進行連續監視和驗證、糾正不符合計劃與程序的現象、排除質量形成過程中的不良因素與偏離規範的現象，恢復其正常狀態。

在理解質量控制概念時，應該明確控制對象。對具體的質量控制活動，應冠以限定詞，如工序質量控制、外協件質量控制、公司範圍質量控制等。

(四) **質量體系**（Quality System）

為實現質量目標，提高質量管理的有效性，應建立與健全質量體系。質量體系是指「實施質量管理的組織機構、職責、程序、過程和資源」（國際標準 ISO8402-1994）。

質量體系應是質量管理的組織保證。因此，質量體系定義中所表述的「組織機構、職責」，是指影響產品質量的組織體制，是組織機構、職責、程序等的管理能力和資源能力（包括人力資源與物質資源，即體系的硬件，如人才資源與技能、設計研究設備、生產工藝設備、檢驗與試驗設備以及計量器具等）的綜合體。質量體系一般還包括：

領導職責與質量管理職能、質量機構的設置、各機構的質量職能與職責以及它們之間的縱向與橫向關係、質量工作網路與質量信息傳遞與反饋等。

質量體系是由若干要素構成的。根據ISO9000系列標準，質量體系一般可以包括下列要素：市場調研、設計和規範、採購、工藝準備生產過程控制產品驗證、測量和試驗設備的控制、不合格控制、糾正措施搬運和生產後的錯誤、質量文件和記錄、人員、產品安全與責任、質量管理方法的應用等。

質量體系有兩種形式。一種是用於內部管理的質量體系，一般通過管理標準、工作標準、規章制度、規程等予以體現；一種是用於外部證明的質量保證體系。前者的要求比后者嚴。為完成某項活動做出一些規定，即規定某項活動的目的、範圍、做法、時間進度、執行人員、控制方法與記錄等。

質量體系作為一個有機體，還應擁有必要的體系文件，包括質量手冊、程序性文件（包括管理性程序文件、技術性程序文件）、質量計劃及質量記錄等。

通過以上關於質量管理、質量保證、質量控制、質量體系等概念的闡述，可以說，質量管理包括了質量保證、質量控制、質量體系。其中質量保證、質量控制是質量管理的具體實施方式與手段。質量體系是質量管理的組織、程序與資源的規範化、系統化。

（五）**質量職能**（Quality Function）

質量管理在很大程度上是對質量職能的管理。

所謂質量職能是指質量形成全過程必須發揮的質量管理功能及其相應的質量活動。從產品質量形成的規律來看，直接影響產品質量的主要質量職能有市場研究、開發設計、生產技術準備、採購供應、生產製造、質量檢驗、產品銷售、用戶服務等。

一般來說，質量職能不同於質量職責。質量職能是針對質量形成全過程的需要提出來的質量活動屬性與功能，具有科學性；質量職責是為了實現質量職能，對部門、崗位與個人提出的具體的質量工作任務並賦予責、權、利，具有規定性與法定性。因而可以說，質量職能是制定質量職責的依據，質量職責是落實質量職能的方式或手段。

質量職能不能等同於職能部門。一項質量職能可能由幾個部門去共同實現，職能質量管理在很大程度上是對質量職能的管理。

總之，質量管理是一門學問。從根本上說，這是一門如何發現質量問題、定義質量問題、尋找問題原因和制訂整改方案的方法論。質量管理還是一種思想。它實際是對企業的宗旨，即企業是幹什麼的、應該幹什麼這一基本使命的深刻理解。質量管理更是一種實踐，即一種從企業最高領導到每位員工主動參與的永無止境的改進活動。

三、提高產品質量的意義

產品（服務）質量是任何一個企業賴以生存的基礎。提高產品質量對提高企業競爭力、促進企業發展有著直接而重要的意義。

（一）**質量是企業的生命線，是企業興旺發達的槓桿**

一個企業有沒有生命力，在經營上有沒有活力，首先看它能否生產和及時向市場提供所需要的質量優良的產品。生產質量低劣的產品，必然要被淘汰，則企業也就不能興旺發達。

(二) 質量是提高企業競爭能力的重要支柱

無論在國際市場還是國內市場中,競爭都是一條普遍的規律。市場的競爭首先是質量的競爭。質量低劣的產品是無法進入市場的。可以說,質量是產品進入市場的通行證。企業也只能以質量開拓市場,以質量鞏固市場。提高產品質量是企業管理的一項重要戰略。

(三) 質量是提高企業經濟效益的重要條件

在提高產品質量時,企業大多可以在不增加消耗的條件下,向用戶提供使用價值更高的產品,以優質獲得優價,走質量效益型道路,使企業經濟效益提高。如果粗製濫造,質量低劣,就必然導致產品滯銷,無人購買。這就從根本上失去了提高經濟效益的條件。經驗表明,只有高的質量,才可能有高的效益。

產品的質量問題始終是個重大的戰略問題。優質能給人們生活帶來方便與安樂,能給企業帶來效益和發展,最終能使社會繁榮、國家富強;劣質則會給人們的生活帶來無數的煩惱甚至災難,造成企業的虧損甚至倒閉,並由此給社會帶來各種不良影響,直接阻礙社會的進步,乃至造成國家的衰敗。因此,可以把優質的產品和服務看成人們現代生活與工作的保障。美國著名質量管理專家朱蘭博士曾形象地把「質量」比擬為人們在現代社會上賴以生存的大堤,保護著人們的生活。要保證質量大堤的安全,就必須對質量問題常抓不懈。

第二節　全面質量管理

一、質量管理的發展過程

質量管理這一概念早在 20 世紀初就提出來了。它是伴隨著企業管理與實踐的發展、市場競爭的變化而不斷完善和發展起來的。

從質量管理的發展歷史可看出,在不同時期,質量管理的理論、技術和方法都在不斷地發展和變化,並且有不同的發展特點。從一些工業發達國家經過的歷程來看,質量管理的發展大致經歷了三個階段。

(一) 產品質量的檢驗階段 (20 世紀二三十年代)

20 世紀初,美國企業出現了流水作業等先進生產方式,提高了質量檢驗的要求。隨之在企業管理隊伍中出現了專職檢驗人員,組成了專職檢驗部門。從 20 世紀初到 20 世紀 40 年代,美國的工業企業普遍設置了集中管理的技術檢驗機構。

質量檢驗對於手工業生產來說,無疑是一個很大進步,因為它有利於提高生產率,有利於分工的發展。但從質量管理的角度看,質量檢驗的效能較差,因為這一階段的特點就是按照標準規定,對成品進行檢驗,即從成品中挑出不合格品。這種質量管理方法的任務只是「把關」,即嚴禁不合格品出廠或流入下一工序,而不能預防廢品產生,雖然可以防止廢品流入下道工序,但是由廢品造成的損失已經存在,因此無法消除。

1924 年,美國貝爾電話研究所的統計學家休哈特博士提出了「預防缺陷」的概念。他認為,質量管理除了檢驗外,還應做到預防,解決的辦法就是採用他所提出的統計質量控制方法。

與此同時，同屬貝爾研究所的道奇（H. F. Dodge）和羅米格（H. G. Romig）又共同提出，在破壞性檢驗的場合採用「抽樣檢驗表」，並提出了第一個抽樣檢驗方案。此時，還有瓦爾德（A. Wald）的序貫抽樣檢驗法等統計方法。在當時，只有少數企業，如通用電器公司、福特汽車公司等採用他們的方法，並取得了明顯的效果，而大多數企業仍然搞事后檢驗。因為20世紀30年代前后，資本主義國家發生嚴重的經濟危機，在當時生產力發展水平不太高的情況下，對產品質量的要求也不可能高，所以，用數理統計方法進行質量管理未被普遍接受。從而，第一階段，即質量檢驗階段一直延續到20世紀40年代。

(二) 統計質量管理階段（20世紀四五十年代）

由於第二次世界大戰對大量生產（特別是軍需品）的需要，因此質量檢驗工作立刻展示出弱點，檢驗部門成了生產中最薄弱的環節。由於事先無法控制質量，以及檢驗工作量大，因此軍火生產常常延誤交貨期，影響前線軍需供應。這時，休哈特防患於未然的控制產品質量的方法及道奇‧羅米格的抽樣檢查方法被重新重視起來。美國政府和國防部組織數理統計學家去解決實際問題，制定戰時國防標準，即《質量控制指南》《數據分析用的控制圖法》《生產中質量管理用的控制圖》。這三個標準是質量管理中最早的標準。

在美國戰時的質量管理方法的研究中，哥倫比亞大學的「統計研究組」做出了較大的貢獻。該組是作為政府機關的應用數學諮詢機構而成立的（1942年6月成立，1945年9月撤銷）。在其許多的研究成果中，具有特殊意義的是瓦爾德提出的逐次抽檢（序貫抽檢）法。

第二次世界大戰后，美國的產業界順利地從戰時生產轉入和平生產。統計方法在國民工業生產中得到了廣泛的應用，隨后在歐美各國企業相繼推廣開來。

這一階段的手段是利用數理統計原理，預防廢品產生並檢驗產品的質量。該工作由從專職檢驗人員轉過來的專業質量控制工程師和技術人員承擔。這標誌著事后檢驗的觀念轉變為預防質量事故發生並事先加以預防的概念，質量管理工作前進了一大步。

但是，這個階段曾出現了一種偏見，就是過分地強調數理統計方法，忽視了組織管理工作和生產者的能動作用，使人誤認為「質量管理好像就是數理統計方法」「質量管理是少數數學家和學者的事情」，因而使人對統計的質量管理產生了一種高不可攀、望而生畏的感覺。這種傾向阻礙了數理統計方法的推廣。

(三) 全面質量管理階段（20世紀60年代至今）

從20世紀60年代開始，質量管理進入全面質量管理（Total Quality Management, TQM）階段。20世紀50年代以來，由於科學技術的迅速發展，工業生產技術手段越來越現代化，工業產品的更新換代也越來越頻繁。特別是許多大型產品和複雜的系統工程出現后，質量要求大大提高了，特別是對安全性、可靠性的要求越來越高。此時，單純靠統計質量控制，已無法滿足要求。因為整個系統工程與試驗研究、產品設計、試驗鑒定、生產準備、輔助過程、使用過程等每個環節都有著密切關係，所以僅僅靠控制過程是無法保證質量的。這樣就要求從系統的觀點，全面控制產品質量的各個環節、各個階段。由於行為科學在質量管理中的主要內容就是重視人的作用，認為人受心理因素、生理因素和社會環境等方面的影響，因此必須從社會學、心理學的角度研究社會環境、人的相互關係以及個人利益對提高工作效率和產品質量的影響，發揮人

的能動作用，調動人的積極性，加強企業管理。同時，認識到，若不重視人的因素，質量管理是搞不好的。因而在質量管理中，也相應地出現了「依靠工人」「自我控制」「無缺陷運動」和「QC 小組活動」等。

此外，「保護消費者利益」運動的發生和發展，迫使政府制定法律，制止企業生產和銷售質量低劣、影響安全、危害健康等的劣質品，要求企業對產品的質量承擔法律責任和經濟責任。製造者提供的產品不僅要求性能符合質量標準規定，而且保證產品在正常使用過程中，使用效果良好，安全、可靠、經濟。於是，在質量管理中提出了質量保證和質量責任問題，這就要求在企業建立全過程的質量保證系統，對企業的產品質量實行全面管理。

基於上述理由，美國通用電器公司的費根堡姆（A. V. Feigenbaum）首先提出全面質量管理的思想或稱「綜合質量管理」，並且在 1961 年出版了《全面質量管理》一書。他指出要真正搞好質量管理除了利用統計方法控制製造過程外，還需要組織管理工作，對生產全過程進行質量管理。他還指出，執行質量職能是企業全體人員的責任，應該使全體人員都具有質量意識和承擔質量的責任。費根堡姆還同朱蘭等一些著名質量管理專家共同建議，用全面質量管理代替統計質量管理。全面質量管理的提出符合生產發展和質量管理發展的客觀要求，很快被人們普遍接受，並在世界各地逐漸普及和推行。經過多年實踐，全面質量管理理論已比較完善，在實踐上也取得了較大的成功。

二、全面質量管理的概念、特點及基本觀點

(一) 全面質量管理的概念

全面質量管理（Total Quality Control，TQC），是指在全社會的推動下，企業的所有組織、所有部門和全體人員都以產品質量為核心，把專業技術、管理技術和數理統計結合起來，建立起一套科學、嚴密、高效的質量保證體系，控制生產全過程影響質量的因素，以優質的工作、最經濟的辦法，提供滿足用戶需要的產品（服務）的全部活動。簡言之，就是全社會推動的、企業全體人員參加的、保證生產全過程的質量的活動，而核心就在「全面」二字上。

(二) 全面質量管理的特點

全面質量管理的特點就在「全面」上。所謂「全面」有以下四方面的含義：

（1）TQC 是全面質量的管理。

全面質量就是指產品質量、過程質量和工作質量。全面質量管理不同於以前質量管理的一個特徵，就是其工作對象是全面質量，而不僅僅局限於產品質量。全面質量管理認為應從抓好產品質量入手，用優質的工作質量保證產品質量，這樣能有效地提高產品質量，達到事半功倍的效果。

（2）TQC 是全過程質量的管理。

全過程是相對製造過程而言的。它是指要求把質量管理活動貫穿於產品質量產生、形成和實現的全過程。在全過程中，全面落實預防為主的方針，逐步形成一個包括市場調研、開發設計、銷售服務所有環節的質量保證體系，把不合格品消滅在質量形成過程之中，做到防患於未然。

(3) TQC 是全員參加的質量管理。

　　產品質量的優劣，取決於企業全體人員的工作水平。提高產品質量必須依靠企業全體人員的努力。企業中任何人的工作都會在一定範圍和一定程度上影響產品的質量。顯然，過去那種依靠少數人進行質量管理的方法是不行的。因此，全面質量管理要求不論是哪個部門的人員，也不論是廠長還是普通職工，都要具備質量意識，都要承擔具體的質量職能，積極關心產品質量。

　　(4) TQC 是全社會推動的質量管理。

　　全社會推動的質量管理指的是要使全面質量管理深入持久地開展下去，並取得好的效果，就不能把工作局限於企業內部，而需要全社會的重視，需要質量立法、認證、監督等，進行宏觀上的控制引導，即需要全社會的推動。全面質量管理的開展要求全社會推動這一點之所以必要，一方面是因為一個完整的產品，往往是由許多企業共同協作來完成的。例如，機器產品的製造企業要從其他企業獲得原材料，包括各種專業化工廠生產的零部件等。因此，僅靠企業內部的質量管理無法完全保證產品質量。另一方面，全社會宏觀質量活動所創造的社會環境可以激發企業提高產品質量的積極性和令企業認識到它的必要性。例如，通過優質優價等質量政策的制定和貫徹，以及實行質量認證、質量立法、質量監督等活動以取締低劣產品的生產，企業可認識到，生產優質產品無論對社會和企業都有利，而質量不過關則令企業無法生存發展。

　　(三) 全面質量管理的主要工作內容

　　全面質量管理是生產經營活動全過程的質量管理。要將影響產品質量的一切因素都控制起來，其中應主要抓好以下七個環節的工作：

　　1. 市場調查

　　在市場調查過程中，要瞭解用戶對產品質量的要求，以及對本企業產品質量的反應，為下一步工作指出方向。

　　2. 產品設計

　　產品設計是產品質量形成的起點，是影響產品質量的重要環節。在設計階段，要制定產品的生產技術標準。為使產品質量水平確定得先進合理，可利用經濟分析方法。這就是根據質量與成本及質量與售價之間的關係來確定最佳質量水平的。

　　3. 採購

　　原材料、協作件、外購標準件的質量對產品質量的影響是很明顯的，因此，要從供應單位的產品質量、產品價格和遵守合同的能力等方面來選擇供應廠家。

　　4. 製造

　　製造過程是產品實體的形成過程。製造過程的質量管理主要通過控制影響產品質量的因素，即操作者的技術熟練水平、設備、原材料、操作方法、檢測手段和生產環境來保證產品質量。

　　5. 檢驗

　　在製造過程中同時存在著檢驗過程。檢驗在生產過程中起把關、預防和預報的作用。把關就是及時挑出不合格品，防止其流入下道工序或出廠；預防是防止不合格品的產生；預報是把產品質量狀況反饋到有關部門，作為質量決策的依據。為了更好地起到把關和預防等作用，應同時考慮減少檢驗費用，縮短檢驗時間，正確選擇檢驗方式和方法。

6. 銷售

銷售是產品質量實現的重要環節。銷售過程中要實事求是地向用戶介紹產品的性能、用途、優點等，防止不合實際地誇大產品的質量，影響企業的信譽。

7. 服務

為用戶服務的質量影響著產品的使用質量，故應抓好對用戶的服務工作，如提供技術培訓、編製產品說明書、開展諮詢活動、解決用戶的疑難問題以及及時處理出現的質量事故等。

三、全面質量管理的基本工作方法——PDCA 循環

在質量管理活動中，要求各項工作按照制訂計劃、實施計劃、檢查實施效果、將成功的納入標準並將不成功的留待下一循環去解決的工作方法進行。這就是質量管理的基本工作方法，實際上也是企業管理各項工作的一般規律。這一工作方法簡稱 PDCA 循環。P（Plan）是計劃階段，D（Do）是執行階段，C（Check）是檢查階段，A（Action）是處理階段。PDCA 循環是英國質量管理專家戴明博士最先總結出來的，故又稱戴明環。

（一）PDCA 的四個階段

PDCA 的四個階段，在具體工作中又進一步分為八個步驟。

1. P（計劃）階段

P（計劃）階段有四個步驟：

（1）分析現狀，找出存在的質量問題。對找到的問題要問三個問題：①這個問題可不可以解決？②這個問題可不可以與其他工作結合起來解決？③這個問題能不能既用最簡單的方法解決又達到預期的效果？

（2）找出產生問題的原因或影響因素。

（3）找出原因（或影響因素）中的主要原因（影響因素）。

（4）針對主要原因制訂解決問題的措施計劃。措施計劃要明確採取該措施的原因（Why）、執行計劃預期達到的目的（What）、在哪裡執行計劃（Where）、由誰來執行（Who）、何時開始執行和何時完成（When），以及如何執行（How），通常簡稱為 5W1H 問題。

2. D（執行）階段

D（執行）階段有一個步驟：按制訂的計劃認真執行。

3. C（檢查）階段

C（檢查）階段有一個步驟：檢查措施執行的效果。

4. A（處理）階段

A（處理）階段有兩個步驟：

（1）鞏固提高，就是對措施計劃執行成功的經驗進行總結並整理成為標準，以鞏固提高。

（2）把本工作循環沒有解決的問題或新出現的問題，提交到下一工作循環去解決。

（二）PDCA 循環的特點

（1）PDCA 循環一定要按順序形成一個大圈，接著四個階段不停地轉，如圖 11-1 所示。

(2) 大環套小環，互相促進。如果把整個企業的工作作為一個大的 PDCA 循環，那麼各個部門、小組還有各自小的 PDCA 循環，就像一個行星輪系一樣，大環帶動小環，一級帶一級，大環指導和推動著小環，小環又促進著大環，有機地構成一個運轉的體系。如圖 11-2 所示。

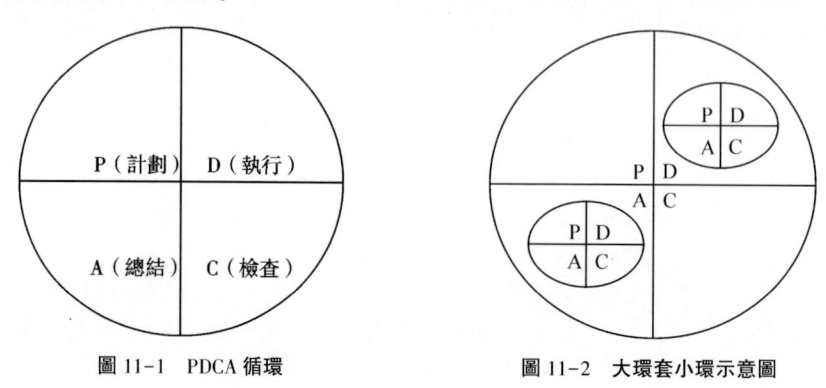

圖 11-1　PDCA 循環　　　　　　圖 11-2　大環套小環示意圖

(3) 循環上升。PDCA 循環不是到 A 階段結束就完結了，而是又要回到 P 階段開始新的循環，就這樣不斷旋轉。PDCA 循環的轉動不是在原地轉動，而是每轉一圈都有新的計劃和目標，猶如爬樓梯一樣逐步上升，使質量水平不斷提高。

PDCA 循環實際上是有效開展任何一項工作的合乎邏輯的工作程序。在質量管理中，PDCA 循環得到了廣泛的應用，並取得了很好的效果。因此，有人稱 PDCA 循環是質量管理的基本方法。之所以將其稱為 PDCA 循環，是因為這四個過程不是運行一次就完結，而是要周而復始地進行。一個循環完了，解決了一部分問題，可能還有其他問題尚未解決，或者又出現了新的問題，再進行下一次循環。

在解決問題過程中，常常不是一次 PDCA 循環就能夠完成的，需要將 PDCA 循環持續下去，直到徹底解決問題。問題＝標準－現狀。每經歷一次循環，需要將取得的成果加以鞏固，也就是修訂和提高標準。按照新的更高的標準衡量現狀，必然會發現新的問題，這也是為什麼必須將循環持續下去的原因和方法。每經過一個循環，質量管理達到一個更高的水平。不斷堅持 PDCA 循環，就會使質量管理不斷取得新成果。這一過程可以形象地用圖 11-3 的示意圖來表示。

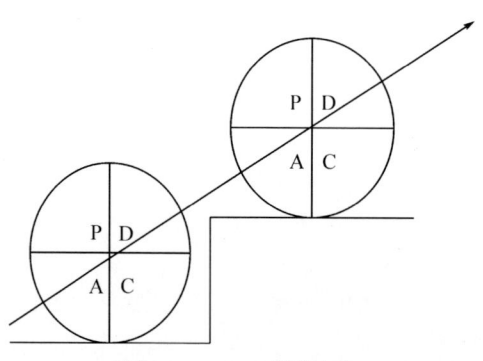

圖 11-3　PDCA 循壞上升

第三節　ISO9000 簡介

世界級企業的特點之一就是它活動於全球市場範圍內，把整個國際市場作為一展身手的大舞臺。然而，正如人們所共知的那樣，能進入這個舞臺不是一件輕而易舉的事情。在強手如林的國際市場競爭中，企業要想佔有一席之地，而且還要成為本行業的領導者，自身必須具有很強的實力。在諸多影響企業競爭能力的因素中，產品和服務質量是最基本，也是最重要的一個。

為滿足國際市場競爭的需要，國際標準化組織（ISO）於 1987 年發布了 ISO9000《質量管理和質量保證》系列標準，從而使世界質量管理和質量保證活動統一在 ISO9000 系列標準基礎之上。它標誌著質量體系不斷規範化、系列化和程序化。經驗表明，採用 ISO9000 系列標準是走向世界的通行證。作為世界級企業，更離不開 ISO9000 系列標準。

目前世界上已有 60 多個國家和地區等同或等效採用 ISO9000 系列標準，力求本國的質量體系、認證制度能獲得世界的普遍認可。中國是國際標準化組織的成員國，在 1992 年 5 月召開的全國質量工作會議上，決定等同採用 ISO9000 系列標準，以雙編號的形式 GB/T19000-ISO9000 發布了系列標準，並從 1993 年 1 月起實施。這就滿足了中國企業參與國際市場競爭的需要，為管理者實施質量取勝戰略提供了可操作性的質量目標，促使企業質量體系認證向國際化發展。

ISO9000 系列標準是推薦標準，不是強制執行標準。但是，由於國際上獨此一家，各國政府又予以承認，因此，誰不執行誰就無法在國際市場站穩腳跟。在國際貿易、產品開發、技術轉讓、商檢、認證、索賠、仲裁等方面，它成為國際公認的標準。在這種情況下，積極採用 ISO9000 系列標準就成為世界級企業的基本要求。為此，要瞭解 ISO9000 系列標準的組成及其主要內容，瞭解質量認證工作的含義、意義和基本程序。

一、ISO9000 系列標準的組成

ISO9000 系列標準是指導企業建立質量保證體系的標準，是有關質量的標準體系的核心內容。具體包括：

ISO9000-1《質量管理和質量保證標準 第一部分：選擇和使用指南》
ISO9001《質量體系 設計、生產、安裝和服務的質量保證模式》
ISO9002《質量體系 生產、安裝和服務的質量保證模式》
ISO9003《質量體系 最終檢驗和試驗的質量保證模式》
ISO9004-1《質量管理和質量體系要素 第一部分：指南》

ISO9000-1 常被看成 ISO9000 系列標準的「導遊圖」。它幫助生產者和用戶理解 ISO9000 系列標準的真正含義，對主要質量目標和質量職責、受益者及期望、質量體系要求和產品要求的區別、通用產品類別和質量概念的若干方面等問題做出了明確的解釋，並提供了關於這些標準的選擇和使用的原則、程序、方法。因此，在具體應用這些標準時，首先應對 ISO9000-1 進行研究，然後根據不同的需要選擇不同類型的標準。

二、ISO9000系列標準的主要內容

ISO9000-1《質量管理和質量保證標準 第一部分：選擇和使用指南》闡明基本質量概念之間的差別及其相互關係，並為質量體系系列標準的選擇和使用提供指導。這套標準中包括了用於內部質量管理目的標準 ISO9004 和用於外部質量保證目的的標準 ISO9001-ISO9003。

ISO9001《質量體系 設計、生產、安裝和服務的質量保證模式》規定了質量體系的要求，用於雙方所訂合同中需方要求供方證實其從設計到提供產品全過程的保證能力。該標準闡述從產品設計/開發開始，直至售後服務的全過程的質量保證要求，以保證在包括設計/開發、生產、安裝和服務各個階段符合規定要求，防止從設計到服務的所有階段出現不合格現象。ISO9001 特別強調對設計質量的控制，因為產品的質量水平和成本有 60%~70%是在設計階段形成的。

ISO9002《質量體系 生產、安裝和服務的質量保證模式》闡述了從採購開始，直到產品交付使用的生產過程的質量保證要求，以保證在生產、安裝階段符合規定的要求，防止以及發現生產和安裝過程中的任何不合格現象，並採取措施以避免不合格重複出現。它是用於外部質量保證的三個涉及質量體系要求的標準中要求程度居中的一個標準，適用於需方要求供方企業提供質量體系具有對生產過程進行嚴格控制的能力的足夠證據的情況。

ISO9003《質量體系 最終檢驗和試驗的質量保證模式》是用於外部質量保證的三個系列標準中要求最低的一個標準。它闡述了從產品最終檢驗至成品交付的成品檢驗和試驗的質量保證要求，以保證在最終檢驗和試驗階段符合規定的要求，查出和控制產品不合格項目並加以處理。它適用於用戶要求供方企業提供質量體系具有對產品最終檢驗和試驗進行嚴格控制的能力的足夠證據的情況。

ISO9004-1《質量管理和質量體系要素 第一部分：指南》是指導企業建立質量管理體系的基礎性標準。它就質量體系的組織結構、程序、過程和資源等方面，為控制產品質量形成各階段影響質量的技術、管理、個人等因素提供了全面的指導。標準指出，為了滿足用戶的需求和期望，企業應該建立一個有效的質量體系。同時，完善的質量體系是在考慮風險、成本和利益的基礎上使質量最佳化以及對質量加以控制的重要管理手段。該標準從企業質量管理的需要出發，闡述了質量體系原理和建立質量體系的原則，提出了企業建立質量體系一般應包括的基本要素。標準對各基本要素的含義與目標、要素間的接口，以及各項活動的內容、要求、方法、人員和所要求的文件、記錄等，都做了明確規定。

三、質量認證

經過幾年的實踐及世界各國政府對 ISO9000 系列標準的認可，ISO9000 系列標準已成為一種新的產品認證制度。歐洲共同體宣布，從 1993 年起，凡進入歐共體市場的產品，其生產企業必須按 ISO9000 系列標準進行質量體系認證，取得認可后方可進入。美國、日本、澳大利亞等國也曾宣布，進入該國的某些商品必須持有 ISO9000 合格證書。如中國深圳南星玻璃加工有限公司的產品，有八成銷往澳大利亞，向來通行無阻。1991 年年底，該公司突然接到澳大利亞有關當局的通知，所進口的玻璃，生產企業必

須有經專門認證機構通過的 ISO9000 質量體系的認證方可放行。由於該公司當時未推行這一質量體系，結果措手不及。后來，該公司著手抓 ISO9000 系列標準的貫徹工作，用了半年多的時間，便取得了 ISO9000 質量體系認證。不僅產品重新進入澳大利亞市場，而且比原來更加暢銷。由此可見 ISO9000 認證工作對世界級企業的重要性。

質量認證包括產品質量認證和質量體系認證等。產品質量認證是依據產品標準和相應技術要求，經認證機構確認並通過頒發認證證書和認證標誌來證明某一產品符合相應標準和相應技術要求的活動。質量體系認證通常是由國家或國際認可並授權、具有第三方法人資格的權威認證機構來進行的。

四、質量體系認證的趨勢和特點

（一）質量體系認證的依據是 ISO9000 系列標準或其等同標準

目前，各國開展質量體系認證，均趨向採用 ISO9000 系列標準，以利於質量體系認證工作的國際間統一交流與合作，這也正是 ISO 國際標準化組織所提倡的。

（二）審核的對象是供方的質量體系

其審核對象主要是產品質量認證與質量體系審核，即產品形式試驗加上對工廠質量體系的審核。質量體系認證範圍往往與申請認證的產品有關。

（三）供方選擇資信度高、有權威的認證機構

一般都選擇世界上先進工業國家中歷史悠久、有影響力的獨立的第三方認證機構，如英國的 BSI（英國標準協會）、勞氏船級社、美國的 UL（美國安全檢定所）、加拿大的 CSA（加拿大標準學會）等。

（四）單獨的質量體系認證采取註冊、發給證書和公布名錄的方式

這是對被審核單位已通過質量體系認證的有效證明，能擴大獲證單位的社會影響。

十多年來，中國已批准設立了 10 個產品認證機構、4 個獨立的體系認證（註冊）機構、11 個檢驗機構。根據合格評定（認證）制度的總體方案，中國將組成由政府代表、部門和地方專家參加的中國認證機構認可委員會，下設四個分委員會。委員會經授權后，按照統一的認可辦法，分別對產品認證機構、體系認證機構、檢驗和檢定機構、人員培訓及註冊機構進行認可和管理。

ISO9000 系列標準認證有八個步驟：

（1）對照 ISO9001~ISO9003 標準，評估現有的質量程序；
（2）確定改進措施，使現有質量程序符合 ISO9000 系列標準；
（3）制訂質量保證計劃；
（4）確定新的質量程序並形成文件，實施新程序；
（5）制定質量手冊；
（6）評估前與註冊人員共同分析質量手冊；
（7）實施評估；
（8）認證。

五、質量認證對企業管理的意義

成功企業的經驗表明，推行質量認證制度對有效促使企業採用先進的技術標準、實現質量保證和安全保證、維護用戶利益和消費者權益、提高產品在國內外市場的競

爭能力，以及提高企業經濟效益，都有重大意義。

（一）質量認證有利於促使企業建立、完善質量體系

企業要通過第三方認證機構的質量體系認證，就必須加強質量體系的薄弱環節，提高對產品質量的保證能力。同時，第三方的認證機構對企業的質量體系進行審核，也可以幫助企業發現影響產品質量的技術問題或管理問題，促使其採取措施加以解決。

（二）質量認證有利於提高企業的質量信譽，增強企業的競爭能力

企業一旦通過第三方的認證機構對其質量體系或產品的質量認證，獲得了相應的證書或標誌，則相對其他未通過質量認證的企業，有更大的質量信譽優勢，從而有利於企業在競爭中取得優先地位。特別是對於世界級企業來說，認證制度已在世界上許多國家，尤其是先進發達國家實行。各國的質量認證機構都在努力通過簽訂雙邊的認證合作協議，取得彼此之間的相互認可。因此，如果企業能夠通過國際上有權威的認證機構的產品質量認證或質量體系認證（註冊），就能夠得到各國的承認。這相當於拿到了進入世界市場的通行證，甚至還可以享受免檢、優價等優惠待遇。

（三）質量認證可減少企業重複向用戶證明自己確有保證產品質量能力的工作

通過質量認證後，企業可以集中更多的精力抓好產品開發及製造全過程的質量管理工作。

六、2000版ISO9000族標準介紹

2000版ISO9000族國際標準，將替代1994版ISO9000族標準。1999年9月，ISO/TC176在美國舊金山舉行了第17屆年會，大會重點討論了未來ISO9000族標準的問題，對原版標準做了全面修改。例如，將取消ISO9002和ISO9003兩個標準，只采用ISO9001一種形式作為唯一的註冊標準，原ISO9001第四部分的20個要素也將取消，取而代之的是四步式模式，即管理職責、資源管理、過程管理、測量分析和改進。修改后的新標準更適合不同規模、不同行業，更重視過程和結果的有效性，更大眾化、通俗化。

目前，ISO9000族共有21項標準和2項技術報告。2000年后的ISO9000族僅有5項標準，原有的標準或並入新的標準，或以技術報告的形式發布，或以小冊子的形式出版發行，或轉入其他技術委員會。這5項標準是：ISO9000、ISO9001、ISO9004、ISO19011和ISO10012，前4項是ISO9000族標準的核心標準。

（1）ISO9000——質量管理體系基本原理和術語。該標準是在合併原ISO8402和ISO9000-1的基礎上經修改后重新起草的，共80多條。絕大部分術語的定義都或多或少發生了變化，如「質量」的定義就變化很大。

（2）ISO9001——質量管理體系要求。該標準是在合併原ISO9001、ISO9002和ISO9003的基礎上經修改后重新起草的。

（3）ISO 9004——質量管理體系業績改進指南。該標準是在合併原ISO9004-1、ISO9004-2、ISO9004-3和ISO9004-4的基礎上經修改后重新起草的。

（4）ISO19011——質量/環境審核指南。該標準是在合併原ISO10011、ISO14010、ISO14011、ISO14012的基礎上經修改后重新起草的。它是由ISO/TC176和ISO/TC207共同起草的一項聯合審核標準，考慮了與ISO14000的相容性。

（5）ISO10012——測量控制系統。該標準是在合併原ISO10012-1和ISO10012-2

的基礎上經修改后重新起草的。

為了實現質量目標，2000版新標準突出體現了質量管理的八大原則，並作為主線貫穿始終。它們是：

原則一，以顧客為中心。專家認為：組織依存於顧客。因此，組織應理解顧客當前和未來的需求，滿足顧客要求並爭取超越顧客期望。顧客是每一個組織存在的基礎。顧客的要求是第一位的。組織應調查和研究顧客的需求和期望，並把它們轉化為質量要求，採取有效措施使其實現。這個指導思想不僅領導要明確，還要在全體職工中貫徹。

原則二，領導作用。專家認為：領導必須將本組織的宗旨、方向和內部環境統一起來，並創造員工能夠充分參與實現組織目標的環境。領導的作用，即最高管理者具有決策和領導一個組織的關鍵作用。為了營造一個良好的環境，最高管理者應建立質量方針和質量目標，確保關注顧客要求，確保建立和實施一個有效的質量管理體系，確保應用資源，並隨時將組織運行的結果與目標相比較，根據情況制定實現質量目標的措施，制定持續改進的措施。在領導作風上還要做到透明、務實和以身作則。

原則三，全員參與。專家認為：各級人員是組織之本。只有他們的充分參與，才能使他們的才干為組織帶來最大的收益。全體職工是每個組織的基礎。組織的質量管理不僅需要最高管理者的正確領導，還有賴於全員的參與。因此，不僅要對職工進行質量意識、職業道德、以顧客為中心的意識和敬業精神的教育，還要激發他們的積極性和責任感。

原則四，過程方法。專家認為：將相關的資源和活動作為過程進行管理，可以更高效地得到期望的結果。過程方法的原則不僅適用於某些簡單的過程，也適用於由許多過程構成的過程網路。在應用於質量管理體系時，2000版ISO9000族標準建立了一個過程模式。此模式把管理職責、資源管理、產品實現以及測量分析和改進作為體系的四大主要過程，描述其相互關係，並以顧客要求為輸入，提供給顧客的產品為輸出，通過信息反饋來測定顧客滿意度，評價質量管理體系的業績。

原則五，管理的系統方法。專家認為：針對設定的目標，識別、理解並管理一個由相互關聯的過程所組成的體系，有助於提高組織的有效性和效率。這種建立和實施質量管理體系的方法，既可用於新建體系，也可用於現有體系的改進。此方法的實施可在三方面受益：一是增進對過程能力及產品可靠性的信任；二是為持續改進打好基礎；三是使顧客滿意，最終使組織獲得成功。

原則六，持續改進。專家認為：持續改進是組織的一個永恆的目標。在質量管理體系中，改進是指產品質量、過程及體系有效性的提高。持續改進包括：瞭解現狀，建立目標，尋找、評價和實施解決辦法，測量、驗證和分析結果，把更改納入文件等活動。

原則七，基於事實的決策方法。專家認為：對數據和信息的邏輯分析或直覺判斷是有效決策的基礎。以事實為依據做決策，可防止決策失誤。在對信息和資料做科學分析時，統計技術是最重要的工具之一。統計技術可用來測量、分析和說明產品和過程的變異性。統計技術可以為持續改進的決策提供依據。

原則八，互利的供方關係。專家認為：通過互利的關係，增強組織及其供方創造價值的能力。供方提供的產品將對組織是否向顧客提供滿意的產品產生重要影響。因

此，處理好與供方的關係，會影響到組織能否持續穩定地提供顧客滿意的產品。對供方不能只講控制不講合作互利，特別是對關鍵供方，更要建立互利關係。這對組織和供方都有利。

2000 版 ISO9000、ISO9001、ISO9004 已於 2000 年年底正式發布。過渡期為三年。過渡期內，新舊版本的標準並存，同時有效。對於實施新版標準，面臨市場的選擇，企業應提前做好準備，適時地完成 ISO9000 族標準 94 版向 2000 版的轉化和換證，及時滿足市場的需要，在市場競爭中占據有利的位置。這已引起每一位企業領導者的認真思考。

世界許多國家還在研究各種管理體系，並使其標準化，包括質量管理體系、環境管理體系、職業與安全衛生管理體系、資金管理體系、風險管理體系等。這些體系的要求最終都將成為國際管理體系標準。

七、ISO14000 環境管理系列標準簡介

（一）ISO14000 系列標準

ISO14000 系列標準是國際標準化組織為規範企業和社會團體的活動、產品和服務的環境行為，減少人類活動所造成的環境污染，最大限度地節約資源，保護全球環境而制定的一套國際系列標準。它包括了環境管理體系、環境審核、環境標誌、生命週期分析等國際環境管理領域內的許多焦點。國際標準化組織秘書處給 14000 系列標準共預留了 100 個標準號，其編號為 ISO14001～14100。

其中，ISO14001 標準是 ISO14000 系列標準的核心，也是環境管理體系進行第三方審核的依據，其他標準是對它的補充、解釋和應用。

（二）ISO14000 系列標準的特點

ISO14000 系列標準與現行的環境標準不同，具有十分明顯的特點：

1. 自願性

ISO14001 標準明確規定「本標準只適用……有願意的組織」，ISO14004 標準更具體地指出「本指南將以自願使用為原則……」，因而可以肯定 ISO14000 系列標準是一個非強制性的標準，不要求每個組織都必須嚴格執行，建立、實施、申請認證環境管理體系，完全是組織的自願行動，任何人不能強迫。

2. 管理性

該標準是通過建立一個管理體系，通過規章制度、操作程序規範組織行為，從而達到節約資源能源、控制污染的目的。它不是技術標準，也不規定各項指標定量化的極限值。

3. 預防性

環境方針要求組織要有預防污染的承諾。它強調重在預防而非糾正活動。通過環境方針、目標指標、法律法規、審核各種技術、評審管理措施把污染消滅在過程中。預防污染是當代防止污染的一種觀念，應貫穿社會經濟、環境各個領域。它強調把綜合預防的環境策略應用於產品和生產過程中。主要途徑有：原材料替代，能源替代，工藝設備更新，原材料的循環套用，強化組織管理、減少跑冒滴漏，產品替代、更新，設計與開發環境友好的產品等。

4. 持續改進性

持續改進是環境管理體系的主要特點之一，是環境方針的一個重要要求。組織應對持續改進做出承諾，其主要表現在標準不規定具體的環境表現，沒有極限值要求，只強調對重要環境因素施加影響和控制，以求組織環保工作一年比一年做得好。

5. 體系完整性

ISO14001 標準與其他環境標準的最大不同點就是，它不是以單一的環境要素、污染因子為對象，而是以組織的環境管理體系為對象。它特別注重體系的完整性和符合性，即體系是否運行良好、組織活動是否符合現行法律法規的要求、其行為是否與其承諾一致、組織的環境行為是否不斷改進。此標準體系的邏輯性極強，一環扣一環，是一個自我控制、自我完善的體系。只要完整地實施體系要求，就會實現既定目標。

6. 文件化

所有標準都應形成文件記錄，以便於實施、檢查、評估，並有可追溯性（查找原因、追究責任）。

7. 廣泛適用性

本標準的用戶是全球商業、工業、政府、非營利性組織和其他用戶，可以說是所有用戶都適用。

八、ISO9000、ISO14000 的區別

隨著越來越激烈的市場競爭及「入世」來臨，認證作為提升企業管理水平和信譽的一種手段，已被越來越多的企業接受。目前，中國為質量體系認證提供依據的標準有 ISO9000、ISO14000 及 QS9000 標準。

ISO9000 族標準是質量管理和質量保證的總稱。中國等同採用的國家標準代號為 GB/T19000 標準。該國家標準於 1987 年發布，於 1994 年進行了部分修訂，包括了約 25 個標準。ISO9000 標準總結了各工業發達國家在質量管理方面的先進經驗，主要用於企業質量管理體系的建立、實施和改進，為企業在質量管理和質量保證方面提供指南。其中，ISO9001、ISO9002、ISO9003 標準，是針對企業產品的產生不同過程，制定的 3 種模式化的質量保證要求，是質量管理體系認證的審核依據。目前，世界上 80 多個國家和地區的認證機構，均採用這 3 個標準進行第三方的質量管理體系認證。

ISO14000 標準是環境管理體系系列標準總稱。該系列標準發布於 1996 年。到目前為止，該系列標準正式發布了 5 個標準。中國等同採用的國家標準代號是 GB/T14000 系列標準。

ISO14000 標準是在人類無限制地消耗自然資源，同時又破壞自然環境的情況下建立的。其目的是規範從政府到企業等所有組織的環境行為，為企業建立環境管理體系提供指導。它是企業預防污染和持續改進的手段，以降低資源消耗，改善環境質量，走可持續發展道路。其中，ISO14001《環境管理體系規範及使用指南》標準是環境管理體系認證所依據的標準。

ISO14000 標準在歐美等國家和地區，產生了強烈的反響。政府管理部門和一些企業要求其合約商或供貨方必須通過 ISO14000 認證。中國在加入世貿組織后，許多產品的出口也面臨著這一挑戰。為滿足這一需要，中國不少認證機構已通過了環境認證機構的批准，通過了 ISO14000 標準的認證。

復習思考題

1. 提高質量的意義是什麼？
2. 請說明質量管理、質量保證、質量控制與質量體系之間的關係。
3. 什麼是全面質量管理？它有哪些特點？為什麼說全面質量管理是一場深刻的變革？
4. 什麼是 PDCA 循環？它都有哪些特點？PDCA 循環的應用有哪些步驟？
5. 質量管理發展的各個階段都有哪些特點？
6. 質量體系要素與質量職能有何關係？
7. 生產控制的質量職能是什麼？
8. 建立質量體系的指導思想是什麼？
9. 質量認證的重要性體現在哪些方面？
10. 質量管理體系與質量保證體系在體系的構成與體系的環境特點方面有何不同？

第十二章
現代生產系統與先進生產方式

第一節 現代企業與環境

一、現代企業生產系統環境

自20世紀90年代以來，科學技術不斷發展，經濟全球化，買方市場逐步形成。特別是顧客的個性化要求，使現代企業處於既充滿著機遇，又富於挑戰的複雜的競爭環境，給企業的生產及其管理帶來了重大的影響。

總的來說，環境對現代企業生產與運作的影響體現在如下四個方面：

（一）信息技術對現代企業生產與運作的影響

信息革命把現代企業帶向信息時代。在這個時代，信息成了企業的「血液」。企業把自己同市場緊密地聯繫在一起，靠的就是信息、信息系統與信息網路這類「紐帶」。

信息革命為現代企業創造全新範式。範式通常是指人們公認的慣例，源於習慣而被多數人接受的基本假設。它是現實的、不容置疑的規則性陳述，但它又是可變的，會因科技、經濟、社會、文化等環境的根本性改變而改變。例如，在工業社會，企業多半採用批量化生產的舊範式，如福特式流水線是大規模生產的典型。到了信息社會，企業開始採用定制化生產的新範式，而戴爾計算機公司被認為是大規模定制生產的典範。

信息革命是當今社會發展的趨勢。今天，信息技術正以人們無法想像的速度向前發展，信息技術也正在向企業生產與營運領域注入和融合，促進了製造技術和各種先進生產模式的發展。例如，集成製造技術、並行工程、精益生產和敏捷製造等，無不以信息技術作為支撐。

（二）個性化買方市場的形成對現代企業生產與運作的影響

隨著社會經濟的發展及人們生活水平的提高，人們的消費觀念和消費形態都在發生重大的轉變，從以往的比較理性消費轉向感性消費。人們已不再滿足於產品的功能和價格等因素，而更關注產品的品牌、服務，特別是體現個人感受特性的個性化服務。這種轉變帶動了產品市場從賣方市場向買方市場的轉變，形成了以消費需求為導向的市場機制，主要體現在以下兩個方面：

（1）需求多樣化、個性化。當今的用戶已不滿足於從市場上買到標準化生產的產

品。他們希望得到按照自己要求定制的產品或服務，並且產品價格要向大批量生產的產品那樣低廉。這些變化導致產品生產方式發生革命性的變化。傳統的標準化生產方式是「一對多」的關係，即企業開發出一種產品，然后組織規模化大批量生產，用一種標準產品滿足不同消費者的需求。然而，這種模式已不能使企業繼續獲得效益。現在的企業必須具有根據每一個顧客的特別要求定制產品或服務的能力，即所謂的「一對一（One-to-One）」的定制化服務。

（2）回應速度要求越來越高。競爭的主要因素從成本因素、質量因素，轉變為時間因素。這裡所說的時間要素主要是指交貨期和回應週期。用戶不但要求廠家要按期交貨，而且要求交貨期越來越短。我們說企業要有很強的產品開發能力，不僅指產品品種，更重要的是指產品上市時間，即盡可能提高對客戶需求的回應速度。例如，在20世紀90年代初期，日本汽車製造商平均2年可向市場推出一個新車型，而同期的美國汽車製造商推出相同檔次的車型卻為5~7年。可以想像，當時美國的汽車製造商在市場競爭中處於被動狀態。對於現在的廠家來說，市場機會稍縱即逝，留給企業思考和決策的時間極為有限。因此，縮短產品的開發、生產週期，在盡可能短的時間內滿足用戶要求，已成為當今所有管理者最關注的問題之一。

（三）產品更新換代的加快和研發難度的加大對現代企業生產與運作的影響

首先，由於個性化買方市場的形成，企業必須不斷開發新產品，以滿足顧客不斷變化的需求。其次，科學技術的飛速發展和市場競爭的日益加劇，從技術上確保產品以前所未有的規模和速度進行更新換代，從而大大縮短了產品的壽命週期。據統計，當今美國機械產品每隔20年全部更新一輪（而20世紀40年代是每70年完成一輪更新），電子產品和宇航產品每10年更新一輪，而計算機產品幾乎每隔2年就有一次重大的技術更新。最后，企業之間競爭的日益加劇，意味著企業必須依靠不斷地推出新產品才能開拓新市場，以確保競爭優勢。

雖然越來越多的企業認識到開發新產品的重要意義，也不惜工本予以大量投入，但是效果並不明顯。原因之一就是產品研製開發的難度越來越大，特別是那些大型且結構複雜、技術含量高的產品，在研製開發中一般都需要各種先進的設計技術、製造技術和管理技術等，不僅涉及的學科多，而且大都是多學科交叉的產物。因而，如何能以最少的代價快速而成功地開發出新產品，是企業面臨的新問題。例如，中國是世界上最大的電子產品加工國，但沒有太多自主知識產權的核心產品，往往受制於國外的大型企業集團。

（四）經濟全球化對現代企業生產與運作的影響

在當今社會裡，全球化的浪潮正以驚天動地的速度和力度，向人類社會的一切領域挺進，無論是深度還是廣度都是前所未有的。許多國家的產業，包括工業、金融、投資、運輸、通信和科技等，都在全球範圍內打破了國家和地區的界限而融為一體。一般來看，經濟的全球化主要表現在如下四個方面：

（1）商品全球化。經濟全球化是從商品流通領域開始的。商品全球化在經濟生活中一直占據主導地位。商品全球化越發展，表明世界越開放，各國之間的經濟交流越頻繁。此時，貿易量將大為提高，各國之間在生產和消費上的依賴程度也將不斷加深。

（2）資本全球化。資本全球化是經濟全球化進程的重要步驟，也是必然趨勢。國際直接投資的迅速增長和跨國公司的蓬勃發展，不但使國際資本流動規模巨大，而且

令國際資本的形式也日益多樣化。

（3）生產全球化。由於跨國企業的蓬勃發展，世界已成為跨國企業的「王國」。而跨國企業的發展，又促進了生產的全球化。各國在生產經營過程中，相互滲透，互通有無，把以往一個國家內部範圍的分工和協作關係，發展成為一系列國家之間的國際分工和協作關係。大量的全球工廠出現了，越來越多的產品成為「全球產品」。例如，福特汽車公司的 Festiva 車就是由美國人設計，由日本的馬自達生產發動機，由韓國的製造廠生產其他零部件和裝配，最后再在全球銷售的。

（4）技術全球化。發達國家在輸出資本的同時也輸出了技術，包括管理技術。當然技術的輸出大部分是有償的。技術的輸出加速了世界經濟的發展。

二、生產方式的發展

製造業的生產方式經歷了三個發展階段：用機器代替手工，從作坊形成工廠；從單件生產方式發展到大量生產方式；從大批量生產方式到多品種小批量的柔性、集成化、智能化生產方式。

近年來在美國、日本，有關製造的新概念層出不窮，例如：精益生產、敏捷製造、虛擬製造、智能製造、虛擬企業和全球製造等。

新的生產方式具有以下特點：從以技術為中心向以人為中心轉變；從金字塔式的多層次生產組織結構向扁平的網路結構轉變；從以往傳統的順序工作方式向並行工作方式轉變；從按功能劃分部門的固定組織形式向動態的、自主管理的小組工作組織形式轉變；從符合性質量觀向滿意性質量觀轉變。

三、現代企業生產運作管理的特徵

（一）生產管理範圍大為擴展

就製造業而言，生產活動的涵蓋範圍隨著生產系統的前伸和后延也大為擴展。在製造業內部，生產的概念也與過去有很大的不同。生產系統的前伸是指生產系統在以市場為導向的同時，已將其功能擴展到戰略制定、產品創新設計乃至與資源的供應。在日本，本田公司就把供應商的活動視為其生產系統的有機組成部分加以控制和協調。生產系統的后延是指企業的生產職能已擴展到產品銷售和售後服務方面，把為用戶安裝、維修和培訓當做企業生產活動的重要組成部分，甚至許多企業已把本企業產品的使用場所視為本企業生產系統的延伸空間，在那裡完成產品的製造改進。

生產概念的擴大，使生產系統管理研究的導向和內容發生了很大的變化。人們在繼續研究製造業的生產管理問題的同時，已經開始把服務業的問題作為生產系統的一個重要方面加以研究，提出了許多更適用於服務業的新的生產與運作系統管理理論和方法，並應用於實踐中。

（二）多品種小批量生產將成為生產方式的主流

一方面，在市場需求多樣化面前，大量生產方式逐漸顯露出其缺乏柔性，不能靈活適應市場需求變化的弱點；另一方面，飛速發展的電子技術、自動化技術，以及計算機技術等，從生產工藝技術和生產管理方法兩方面，使大量生產方式向多品種、小批量生產方式的轉換成為可能。因此，大量生產方式正逐漸喪失其優勢，生產管理面臨著多品種、小批量生產與降低成本相矛盾的新挑戰，從而給生產運作管理帶來了從

管理組織結構到管理方法的一系列新變化。企業採用多品種、小批量生產方式的原因是：滿足市場需求；新一代產品層出不窮，又很快被淘汰，導致產品壽命週期縮短，又迫使企業不斷開發、生產和提供更新的產品；企業間競爭激烈，擴大市場佔有率已成為重要的企業目標，企業不得不接二連三地推出新產品，以取得競爭的主動權。

（三）計算機技術和現代化管理技術在生產管理中得到廣泛運用

計算機出現在企業中是近幾十年的事情。從行業上看，流程型企業（如鋼鐵、石油、化工等）採用計算機管理的水平要高於非流程型企業；大型企業要高於一般企業，目前，大多數企業正處於從手工管理向計算機管理的過渡時期。計算機技術已經給企業的生產經營活動，以及包括生產管理在內的企業管理帶來了驚人的變化。CAD、CAPP、CAM、MRP以及生產系統中出現的成組技術（GT）、柔性製造技術（FMS）等技術在企業生產以及企業管理中的應用極大地提高了生產和管理的自動化水平，從而極大地提高了生產率。近20年發展起來的計算機集成製造系統（CIMS）技術，使得企業的經營計劃、產品開發、產品設計、生產製造以及營銷等一系列活動有可能構成一個完整的有機系統，從而更加靈活地適應環境變化。計算機技術具有巨大的潛力，其應用和普及將給企業帶來巨大的效益。但是，這種技術的巨大潛力在傳統的管理體制和管理模式下是無法充分發揮的，故必須建立能夠與之相適應的生產經營綜合管理體制與模式，並進一步朝著經營與生產一體化、製造與管理一體化的高度集成方向發展。

四、現代企業生產系統的功能和結構

生產系統是企業大系統中的一個子系統。企業生產系統的主要功能是製造產品。要製造什麼樣的產品，決定了需要什麼樣的生產系統。研究企業生產系統應該具有什麼樣的功能和結構，可以從分析市場、用戶對產品的要求入手。

用戶對產品有各種各樣的要求，歸納起來可以分為六個方面，即：品種款式、質量、數量、價格、服務和交貨期。實際上用戶對產品的要求是多樣的。雖然上述六個方面較全面地概括了用戶對產品的基本要求，但是不同的用戶對同一種產品在要求上往往有很大的差異。例如，有的用戶追求款式新穎；有的希望產品經久耐用，並有良好的服務；有的對價格是否便宜有很強的要求；有的則不惜高價只要求迅速交貨等。

在現實的經濟生活中，尤其在競爭激烈的市場條件下，企業為了爭奪市場，根據不同用戶的不同需求常常採用市場細分化的經營戰略，此時企業不僅要求自己的產品能夠滿足用戶對上述六個方面的基本要求，而且還要求它具有一定的特色，能滿足目標市場中用戶提出的特殊要求。例如，快速開發某種款式的新產品；按用戶提出的期限快速供貨；與其他企業的同類產品相比要求達到更低的成本水平等，即要求企業的生產系統在創新、交貨期（供貨速度）或成本方面具有較一般水平更強的功能。因此，一個有效的生產系統的功能目標是：它不僅能製造滿足用戶對產品六項要求的基準水平的產品，而且還要滿足企業經營戰略的要求，使產品具有所需的特色，能在市場中取得競爭優勢。

第二節　準時化生產

一、準時化生產方式概述

(一) 準時化生產的產生和發展

準時化生產方式（Just in Time, JIT）是 20 世紀 50 年代初，由日本豐田公司研究和開始實施的生產管理方式，也是一種與整個製造過程相關的哲理思想。它的基本思想可用現在已廣為流傳的一句話來概括，即只在需要的時候，按需要的量生產所需的產品。這種生產方式的核心是追求一種無庫存的生產系統或使庫存達到最小的生產系統。為此而開發了包括看板在內的一系列具體方法，並逐漸形成了一套獨具特色的生產經營體系。準時生產方式在最初引起人們的注意時曾被稱為豐田生產方式。后來隨著這種生產方式被人們越來越廣泛地認識、研究和應用，特別是引起西方國家的廣泛注意以後，人們開始把它稱為 JIT 生產方式。20 世紀 70 年代，豐田汽車公司將豐田的交貨期和產品質量提升到了全球領先的地位，這充分展示了 JIT 的力量。

雖然準時化生產方式誕生在豐田汽車公司，但是它並不是僅適用於汽車生產。事實上，JIT 思想的應用，使企業管理者將精力集中於生產過程本身，通過整體優化生產過程、改進技術、理順物流、杜絕超量生產，消除無效勞動和浪費，有效利用資源，降低成本，提高質量，達到用最少的投入實現最大產出的目的。JIT 生產方式作為一種徹底追求生產過程合理性、高效性和靈活性的生產管理技術，已被廣泛應用於世界上許多汽車、機械、電子、計算機和飛機製造等行業中。

但是有的國家，例如，瑞典這樣的福利國家，認為 JIT 生產有對員工不利的一面，即員工高度緊張，特別是年老的員工很難適應這種高強度的勞動。

(二) JIT 生產方式的目標

JIT 生產方式的最終目標即企業的經營目的：獲取最大利潤。為了實現這個最終目的，降低成本就成為基本目標。在福特時代，降低成本主要是依靠單一品種的規模生產來實現的。但是在多品種小批量生產的情況下，這一方法是行不通的。因此，JIT 生產方式力圖通過徹底消除浪費來達到這一目標。所謂浪費，在 JIT 生產方式的起源地——豐田汽車公司，被定義為「只使成本增加的生產諸因素」，也就是說，不會帶來任何附加價值的諸因素。其中，最主要的是由生產過剩（即庫存）引起的浪費。因此，為了消除這些浪費，就相應地產生了適量生產、彈性配置作業人數以及保證質量三個子目標。

(三) JIT 生產方式的原則

為達到降低成本這一基本目標，對應於這一基本目標的三個子目標，JIT 生產方式也可以概括為下述三個方面：

(1) 適時適量生產。即「Just in Time」本來所要表達的含義是「在需要的時候，按需要的量生產所需的產品」。當今的時代已經從「只要生產得出來就賣得出去」的時代進入了一個「只能生產能夠賣得出去的產品」的時代，對於企業來說，各種產品的產量必須能夠靈活地適應市場需求的變化。否則，生產過剩會引起人員、設備、庫存費用等一系列的浪費。而避免這些浪費的方法就是實施適時適量生產，只在市場需要

的時候生產市場需要的產品。JIT 的這種思想與歷來有關生產及庫存的觀念截然不同。

（2）彈性配置作業人數。在勞動費用越來越高的今天，降低勞動費用是降低成本的一個重要方面。達到這一目的的方法是「少人化」。所謂少人化，是指根據生產量的變動，彈性地增減各生產線的作業人數，以及盡量用較少的人力完成較多的生產量。這裡的關鍵在於能否將生產量已減少的生產線上的作業人員數量減下來。這種「少人化」技術不同於歷來生產系統中的「定員制」，是一種全新的人員配置方法。

實現這種少人化的具體方法是實施獨特的設備布置，以便能夠將需求減少時各作業點減少的工作集中起來，以整數削減人員。但這從作業人員的角度來看，意味著標準作業時間、作業內容、範圍、作業組合以及作業順序等的變更。因此，為了適應這種變更，作業人員必須是具有多種機能的「多面手」。

（3）雇員保證。通常認為，質量與成本之間的關係是一種負相關關係，即要提高質量，就得花人力、物力來加以保證，從而加大成本。但在 JIT 生產方式中，卻一反這一常識，通過將質量管理貫穿於每一工序之中來實現提高質量與降低成本的一致性。具體通過生產組織中的兩種機制實現：第一，使設備或生產線能夠自動監測不良產品，一旦發現異常或不良產品，可以自動停止的設備運行機制。為此在設備上開發並安裝各種自動停止裝置和加工狀態監測裝置；第二，生產第一線的設備操作人員發現產品和設備的問題時，有權自動停止生產的管理機制。依靠這樣的機制，不良產品一出現馬上就會被發現，防止了不良產品的重複出現或累計出現，因此避免了由此可能造成的大量浪費。而且，由於一旦發生異常，生產線或設備就立即停止運行，比較容易找到異常的原因，從而能夠針對性地採取措施，防止類似異常情況的再發生，杜絕類似不良品的再產生。

這裡還值得一提的是，在通常的質量管理方法中，企業在最後一道工序對產品進行檢驗，如有不合格進行返工或做其他處理，而盡量不讓生產線或加工中途停止。但在 JIT 生產方式中，這被認為是不良產品大量或重複出現的「元凶」。因為發現問題后不立即停止生產的話，問題就不會暴露，以後難免還會出現類似的問題。而一旦發現問題就使其停止，並立即對其進行分析、改善，久而久之，生產中存在的問題就會越來越少，企業的生產素質就會逐漸提高。

（四）實現 JIT 生產的具體手法

為實現適時適量生產，首先需要致力於生產的同步化。即工序間不設置倉庫，前一工序的加工結束后，立即轉入下一工序，裝配線與機械加工幾乎平行進行。鑄造、鍛造、衝壓等必須成批生產的工序，通過盡量縮短作業更換時間來盡量減少生產批量。生產的同步化通過「后工序領取」這樣的方法來實現，即「后工序只在需要的時間到前工序領取所需的加工品；前工序中按照被領取的數量和品種進行生產」。這樣，製造工序的最后一道即總裝配線成為生產的出發點。生產計劃只下達給總裝配線，以裝配為起點，在需要的時候，向前工序領取必要的加工品，而前工序提供該加工品后，為了補充生產被領走的量，必向更前道工序領取物料，這樣把各個工序都連接起來，實現同步化生產。這樣的同步化生產還需通過採取相應的設備配置方法以及人員配置方法來實現，即不能採取車、銑、刨等工藝專業化的通常的組織形式，而按照對象專業化來布置設備。據此，人員配置也有不同的方法。

生產均衡化是實現適時適量生產的前提條件。所謂生產的均衡化，是指總裝配線

在向前工序領取零部件時應均衡地使用各種零部件，生產各種產品。為此在制訂生產計劃時就必須加以考慮，然后將其體現於產品生產順序計劃之中。在製造階段，均衡化通過專用設備通用化和制定標準作業來實現。所謂專用設備通用化，是指通過在專用設備上增加一些工夾具的方法使之能夠加工多種不同的產品。標準作業是指將作業節拍內一個作業人員應擔當的一系列作業內容標準化。

二、JIT 與 MRP Ⅱ 之比較

MRP Ⅱ 和 JIT 是兩種現代化的生產計劃與作業控制系統。它們服務於共同的管理目標即提高生產效率、減少費用和改善用戶服務。同時，它們之間也存在明顯的差別，各有特點，適用於不同的生產環境，主要區別可簡單概括如下：

（1）適用於不同的生產環境。正如美國庫存管理專家瓦爾特‧哥達德（Walter Goddard）指出的那樣：JIT 適用於生產高度重複性產品的生產環境；MRP Ⅱ 則適用於批量生產、按用戶訂單生產、產品多變的生產環境。MRP Ⅱ 以計算機為工具，需要一定的硬件、軟件，投資費用高，而 JIT 的物料計劃、能力計劃、車間控制都可以由人工系統完成，不一定需要計算機系統。

（2）管理範圍不同。MRP Ⅱ 管理的範圍比 JIT 廣，能用於滿足計劃工具、維修等其他活動的物料需求，輔助財務計劃。MRP Ⅱ 集成一個企業生產管理的許多功能。它是一個經營戰略計劃系統，也可作為一個生產控制系統使用。

（3）管理思想有差異。JIT 起源於日本。它與在美國發展起來的 MRP Ⅱ 系統的不同體現了兩國管理思想的不同，對待庫存、批量、質量和提前期處理方式的不同。例如，日本企業認為庫存是一種浪費，應竭盡全力去降低庫存，為此要努力採用小批量以降低生產成本。雖然美國也很重視庫存控制，防止產生不必要的多餘庫存，但他們認為，必要的、一定的庫存量是一種保護措施，是維持生產穩定的一個因素。又如，JIT 利用看板的「拉動」系統，不斷促進操作者降低在製品庫存、縮短生產提前期。而 MRP Ⅱ 系統則假定提前期是一個已知的定值，根據設定的提前期制訂作業計劃。不過，實際生產操作的提前期，是隨車間的負荷量大小、作業的優先順序等因素而變化的，與 MRP Ⅱ 假定的情況有可能不相符。MRP Ⅱ 系統還要求各加工中心按作業計劃的要求完成作業，不鼓勵操作者提前完工。這樣，就不能發揮操作者的積極性去縮短提前期。這是 MRP Ⅱ 的一個主要缺點，也是它受到批評最多的一個方面。

三、看板管理

（一）看板的基本概念

看板方式作為一種生產管理的方式，在生產管理史上是非常獨特的。看板方式也可以說是 JIT 生產方式最顯著的特點。但絕不能把 JIT 生產方式與看板方式等同起來。JIT 生產方式說到底是一種生產管理技術，而看板只不過是一種管理手段。看板只有在工序一體化、生產均衡化、生產同步化的前提下，才有可能運用。如果錯誤地認為 JIT 生產方式就是看板方式，不對現有的生產管理方法做任何變動就單純地引進看板方式，是不會起到任何作用的。因此，在引進 JIT 生產方式和看板方式時，最重要的是對現存的生產系統進行全面改組。

(二) 看板的機能

1. 生產以及運送的工作指令

看板記載著生產量、時間、方法、順序以及運送量、運送時間、運送目的地、放置場所、搬運工具等信息。從裝配工序逐次向前工序追溯，在裝配線上將所使用的零部件所帶的看板取下，以此再去前工序領取。「后工序領取」以及「適時適量生產」就是這樣通過看板來實現的。

2. 防止過量生產和過量運送

看板必須按照既定的運用規則來使用。其中一條規則是：「沒有看板不能生產，也不能運送。」根據這一規則，看板數量減少，則生產量也相應減少。由於看板表示的只是必要的量，因此通過看板的運用能夠做到自動防止過量生產以及適量運送。

3. 進行「目視管理」的工具

看板的另一條運用規則是：「看板必須在實物上存放」「前工序按照看板取下的順序進行生產」。根據這一規則，作業現場的管理人員對生產的優先順序能夠一目了然，易於管理。只要一看看板，就可知道后工序的作業進展情況、庫存情況等。

4. 改善的工具

在 JIT 生產方式中，通過不斷減少看板數量來減少在製品的中間儲存。在一般情況下，如果在製品庫存較高，即使設備出現故障，不良品數目增加也不會影響到后道工序的生產，那麼容易把這些問題掩蓋起來。而且即使有人員過剩，也不易察覺。根據看板「不能把不良品送往后工序」的運用規則，后工序的需要得不到滿足，就會造成全線停工，因此問題會立即暴露，故必須立即採取改善措施來解決問題。這不僅使問題得到瞭解決，也使生產線的「體質」不斷增強，使生產率得到了提高。JIT 生產方式的目標是最終實現無儲存生產系統，而看板是朝著這個方向邁進的一個工具。

(三) 看板的種類

實際生產管理中使用的看板形式很多。常見的有塑料夾內裝著的卡片或類似的標示牌、運送零件小車、工位器具或存件箱上的標籤、指示部件吊運場所的標籤、流水生產線上各種顏色的小球或信號燈、電視圖像等。

使用最多的看板有兩種：傳送看板（即拿取看板）和生產看板（訂貨看板）。它們一般都做成 10cm×20cm 的尺寸。傳送看板標明后一道工序向前一道工序拿取工件的種類和數量，而生產看板則標明前一道工序應生產的工件的種類和數量。

(四) 看板的使用規則

為使看板系統有效運行，必須嚴格遵循使用規則，培訓全體操作人員理解規則，並設立一定的獎懲制度認真貫徹規則。規則的主要內容有以下五點：

1. 不合格不交后工序

JIT 方式認為製造不合格件是最大的浪費。如果不能及時解決不合格品問題，后工序就會停產。不合格件積壓在本工序，本工序的問題就很快暴露出來，使管理人員、監督人員不得不共同採取對策，防止再發生類似問題。

2. 后工序來取件

改變生產「供給后工序」的傳統做法，由后工序向前工序取件，注意領取數量不能超過看板規定的數量，領取工件時，須將看板系在裝工件的容器上。

3. 只生產后道工序領取的工件數量

超過看板規定的數量不生產，同時完全按看板出現的順序生產。

4. 均衡化生產

如果后道工序在領取工件的時間和數量方面沒有規律，波動較大，前道工序就需按后道工序的最大需求來安排其設備能力和人力。這是很不經濟的。因此，看板管理只適用於需求波動較小和重複性生產系統。

5. 利用減少看板數量來提高管理水平

在生產系統中庫存水平由看板數量決定，因為每一塊看板代表著一個標準容器容量的工件，用減少看板數量、減少標準容量的方法，可減低庫存水平。

四、準時化生產方式（JIT）在中國的應用

長期以來，中國採取傳統的計劃經濟體制。在這種僵化體制下，工業生產方式忽視了效率、效益，致使企業乃至整個國民經濟的運行效率低下。而 JIT 以訂單驅動，通過看板，採用拉動方式把供、產、銷緊密地銜接起來，使物資儲備、成本庫存和在製品大為減少，提高了生產效率。這一生產方式在推廣應用的過程中，經過不斷發展完善，為中國工業界所注目。

JIT 生產管理方式在 20 世紀 70 年代末期從日本引入中國。長春第一汽車製造廠最先應用看板系統控制生產現場作業。1982 年，第一汽車製造廠採用看板取貨的零件數，已達其生產零件總數的 43%。20 世紀 80 年代初，中國企業管理協會組織推廣現代管理方法。看板管理被視為現代管理方法之一，在全國範圍內宣傳推廣，並為許多企業採用。上海汽車工業總公司推行以 JIT 生產方式為主要內容的「危機管理」。桑塔納轎車生產成本連年下降 5%，勞動生產率連年提高 5%。中國二汽在變速箱廠推行 JIT 生產方式 1 年，產量比原設計能力翻一番，流動資金和生產人員減少 50%，勞動生產率提高 1 倍。一汽變速箱廠推行 JIT 生產方式，半年中產值增長 44.3%，全員勞動生產率增長 37%，人均創利增長 25.1%。20 世紀 90 年代，在中國的汽車工業、電子工業等實行流水線生產的企業中 JIT 取得了很好的效果，累積了豐富的經驗，創造了良好的經濟效益。

第三節　精益生產

一、精益生產的產生和概念

精益生產（Lean Production，LP）是美國麻省理工學院在一項名為「國際汽車計劃」的研究項目中提出來的。它是基於對日本豐田生產方式的大量調查和對比，於 1990 年提出的一種生產管理方法，也有人認為它是一種製造模式。其核心是追求消滅包括庫存在內的一切「浪費」，並圍繞此目標發展了一系列具體方法，逐漸形成了一套獨具特色的生產經營管理體系。

（一）精益生產的產生與推廣

自 20 世紀初美國福特汽車公司創立了第一條汽車生產流水線以來，大規模生產流水線一直是現代工業生產的主要特徵。大規模生產方式以標準化、大批量生產來降低

生產成本，提高生產效率。美國汽車工業也由此迅速成長為美國的一大支柱產業，並帶動和促進了包括鋼鐵、玻璃、橡膠、機電以及交通服務業等在內的一大批產業的發展。1950 年，日本的豐田英二考察了美國底特律的福特公司的轎車廠。當時這個廠每天能生產 7,000 輛轎車，比日本豐田公司一年的產量還要多。但豐田在他的考察報告中寫道：「那裡的生產體制還有改進的可能。」

豐田英二和大野耐一根據日本的國情進行了一系列的探索和實驗。經過 30 多年的努力，終於形成了完整的豐田生產方式，使日本的汽車工業超過了美國，產量達到了 1,300 萬輛，占世界汽車總量的 30% 以上。

豐田生產方式是日本工業競爭戰略的重要組成部分。它反應了日本在重複性生產過程中的管理思想。豐田生產方式的指導思想是，通過整體優化生產過程，改進技術，理順物流，杜絕超量生產，消除無效勞動與浪費，有效利用資源，降低成本，改善質量，達到用最少的投入實現最大產出的目的。

(二) 精益生產的概念

精益生產又稱精良生產，其中「精」表示精良、精確、精美；「益」表示利益、效益等。就是及時製造，消滅故障，消除一切浪費，向零缺陷、零庫存進軍。它是對準時化生產方式的進一步提煉。在生產組織上，與泰勒方式相反，它不是強調細緻的分工，而是強調企業各部門相互合作的綜合集成。

精益生產綜合了大量生產與單件生產方式的優點，力求在大量生產中實現多品種和高質量產品的低成本生產。

精益生產的目標被描述為「在適當的時間使適當的東西到達適當的地點，同時使浪費最小化和適應變化」。精益生產的原則是公司可以按需求交貨，庫存最小化，盡可能多地雇用掌握多門技能的員工，管理結構扁平化，把資源集中於需要它們的地方。精益生產的方法論不但可以減少浪費，還能夠增加產品流動和提高質量。

精益生產的基本目的是，要在一個企業裡同時獲得極高的生產率、極佳的產品質量和很大的生產柔性。在生產組織上，它與泰勒方式不同，不是強調過細的分工，而是強調企業各部門密切合作的綜合集成。綜合集成並不局限於生產過程本身，還包括重視產品開發、生產準備和生產之間的合作和集成。

(三) 精益生產的內涵

精益生產不僅要求在技術上實現製造過程和信息流的自動化，更重要的是從系統工程的角度對企業的活動及其社會影響進行全面的、整體的優化。精益生產體系在企業的經營觀念、管理原則、生產組織、生產計劃與控制、作業管理以及對人的管理等方面都與傳統的大量生產方式有明顯的不同。

首先，精益生產方式在產品質量上追求盡善盡美，保證用戶在產品整個生命週期內都感到滿意。其次，在企業內的生產組織中，精益生產方式充分考慮人的因素，採用靈活的小組工作方式和強調相互合作的並行工作方式。再次，在物料管理方面，準時的物料后勤供應和零庫存目標使在製品大大減少，節約了流動資金。最後，精益生產方式在生產技術上採用適度的自動化技術又明顯提高了生產效率。這一切都使企業的資源能夠得到合理的配置和充分的利用。

此外，精益生產還反應了在重複性生產過程中的管理思想，其指導思想是：通過整體優化生產過程，改進技術，理順各種流，杜絕超量生產，消除無效勞動與浪費，

充分、有效地利用各種資源，降低成本，改善質量，達到用最少的投入實現最大產出的目的。

二、精益生產的核心——精益思想

「精益思想」一詞源於 James P. Womack & Daniel T. Jones 在 1996 年出版的名著《精益思想》。該書在《改變世界的機器》的基礎上，更進一步集中、系統地闡述了關於精益的一系列原則和方法，使之更加理論化。

精益思想是精益生產的核心思想。它包括精益生產、精益管理、精益設計和精益供應等一系列思想，其核心是以較少的人力、較少的設備，在較短的時間和較小的場地內創造出盡可能多的價值；越來越接近客戶，向他們提供確實需要的東西。

精益思想要求企業找到最佳的方法確立提供給顧客的價值，明確每一項產品的價值流，使產品在從最初的概念到到達顧客的過程中流動順暢，讓顧客成為生產的拉動者，即在生產管理中追求精益求精、盡善盡美。價值觀、價值流、流動、拉動和盡善盡美的概念進一步發展為應用於產品開發、製造、採購和服務顧客各方面的精益方法。可以概括為：

1. 價值觀

精益思想認為企業產品（服務）的價值只能由最終用戶確定。價值也只有滿足特定用戶需求才有存在的意義。精益思想重新定義了價值觀與現代企業原則。它同傳統的製造思想，即主觀地、高效率地大量製造既定產品並向用戶推銷，是完全對立的。

2. 價值流

價值流是指從原材料到成品賦予價值的全部活動。識別價值流是實行精益思想的起步點。它是指按照最終用戶的立場尋求全過程的整體最佳。精益思想的企業價值創造過程包括：從概念到投產的設計過程；從訂貨到送貨的信息過程；從原材料到產品的轉換過程；全生命週期的支持和服務過程。

3. 流動

精益思想要求創造價值的各個活動（步驟）流動起來，強調的是「動」。傳統觀念是「分工和大量才能高效率」，但是精益思想認為成批、大批量生產意味著等待和停滯。精益將所有的停滯視為企業的浪費。

精益思想號召「所有的人都必須和部門化的、批量生產的思想做鬥爭，因為如果產品按照從原材料到成品的過程連續生產，工作幾乎總能完成得更為精確、有效」。

4. 拉動

「拉動」的本質含義是讓用戶按需要拉動生產，而不是把用戶不太想要的產品強行推給用戶。拉動生產通過正確的價值觀念和壓縮提前期，保證用戶在要求的時間得到需要的產品。

實現了拉動生產的企業當用戶需要時，就能立即設計、計劃和製造出用戶真正需要的產品；最后實現拋開預測，直接按用戶的實際需要進行生產。流動和拉動將使產品開發週期、訂貨週期、生產週期縮短 50%～90%。

5. 盡善盡美

精益製造的目標是通過盡善盡美的價值創造過程（包括設計、製造和對產品或服務的整個生命週期的支持）為用戶提供盡善盡美的價值。精益製造的盡善盡美有三個

含義：用戶滿意、無差錯生產和企業自身的持續改進。

三、精益生產的實施

精益生產的研究者總結出精益生產成功實施的五個步驟：

1. 選擇要改進的關鍵流程

精益生產方式不是一蹴而就的。它強調持續的改進。首先應該選擇關鍵的流程，力爭把它建立成一條樣板線。

2. 畫出價值流程圖

價值流程圖是一種用來描述物流和信息流的方法。在繪製完目前狀態的價值流程圖後，可以描繪出一個精益遠景圖（Future Lean Vision）。在這個過程中，更多的圖標用來表示連續的流程、各種類型的拉動系統、均衡生產以及縮短工裝更換時間。生產週期被細分為增值時間和非增值時間。

3. 開展持續改進研討會

精益遠景圖必須付諸實踐，否則規劃得再巧妙的圖表也只是廢紙一張。實施計劃包括什麼（What），什麼時候（When）和誰來負責（Who），並且應在實施過程中設立評審節點。這樣，全體員工都參與到全員生產性維護系統中。在價值流程圖、精益遠景圖的指導下，流程上各個獨立的改善項目被賦予了新的意義，使員工十分明確實施該項目的意義。持續改進生產流程的方法主要有以下七種：消除質量檢測環節和返工現象；消除零件不必要的移動；消滅庫存；合理安排生產計劃；減少生產準備時間；消除停機時間；提高勞動利用率。

4. 營造企業文化

雖然在車間現場發生的顯著改進，能引發隨後一系列企業文化變革，但是如果想當然地認為車間平面布置和生產操作方式上的改進，能自動推進文化積極改變，這顯然是不現實的。文化的變革要比生產現場的改進難度更大，兩者都是必須完成並且是相輔相成的。許多項目的實施經驗證明，項目成功的關鍵是公司領導要身體力行地把生產方式的改進和企業文化的演變結合起來。

傳統企業向精益化生產方向轉變，不是單純地採用相應的「看板」工具及先進的生產管理技術就可以完成，而是必須使全體員工的理念發生改變。精益化生產之所以產生於日本，而不是誕生在美國，原因在於兩國的企業文化相當不同。

5. 推廣到整個企業

精益生產利用各種工業工程技術來消除浪費，著眼於整個生產流程，而不只是個別或幾個工序。因此，樣板線要成功推廣到整個企業，使操作工序的時間縮短，推動式生產系統被以顧客為導向的拉動式生產系統替代。

總而言之，精益生產是一個永無止境的精益求精的過程。它致力於改進生產流程和流程中的每一道工序，盡最大可能消除價值鏈中一切不能增加價值的活動，提高勞動利用率，消滅浪費，按照顧客訂單生產的同時也最大限度地降低庫存。

由傳統企業向精益企業的轉變不可能一蹴而就，需要付出一定的代價，並且有時候還可能出現意想不到的問題。但是，企業只要堅定不移地走精益之路，大多數在6個月內，有的甚至還不到3個月，就可以收回全部改造成本，並且享受精益生產帶來的好處。

第四節　敏捷製造

一、敏捷製造的產生與概念

（一）敏捷製造的產生

敏捷製造（Agile Manufacturing, AM）是由美國通用汽車公司（GM）和里海（Leigh）大學的雅柯卡（Iacocca）研究所聯合研究，於 1988 年首次提出來的。它於 1990 年向社會公開以后立即受到世界各國的重視。1992 年美國政府將這種全新的製造模式作為 21 世紀製造企業的戰略。

自第二次世界大戰以后，日本和西歐各國的經濟遭受戰爭破壞，工業基礎幾乎被徹底摧毀，只有美國作為世界上唯一的工業國，經濟獨秀，向世界各地提供工業產品。故美國的製造商們在 20 世紀 60 年代以前的策略是擴大生產規模。到了 20 世紀 70 年代，西歐發達國家和日本的製造業已基本恢復，不僅可以滿足本國對工業的需求，而且可以依靠本國廉價的人力、物力，生產廉價的產品並打入美國市場，致使美國的製造商們將策略重點由規模轉向成本。到了 20 世紀 80 年代，原聯邦德國和日本已經可以生產高質量的工業品和高檔的消費品並源源不斷地推向美國市場，與美國的產品競爭。這又一次迫使美國的製造商將製造策略的重心轉向產品質量。進入 20 世紀 90 年代，當豐田生產方式在美國取得了很好的效益之后，美國人認識到只降低成本、提高質量還不能保證贏得競爭，還必須縮短產品開發週期，加速產品的更新換代。當時美國汽車更新換代的速度已經比日本慢了一倍以上，因此速度問題成為美國製造商們關注的重心。「敏捷」從字面上看，正是要靈活地滿足快速變化的市場需求。於是，敏捷製造這種新型模式，成為了美國 21 世紀製造企業的戰略。

（二）敏捷製造的概念

美國機械工程師學會（ASME）主辦的《機械工程》雜誌 1994 年期刊中，對敏捷製造做了如下定義：敏捷製造就是指製造系統在滿足低成本和高質量要求的同時，對變幻莫測的市場需求做出快速反應。

針對敏捷製造的企業，其敏捷能力表現在以下四個方面：
（1）反應能力，判斷和預見市場變化並對其快速地做出反應的能力。
（2）競爭力，企業具備一定的生產力和有效參與競爭所需的技能。
（3）柔性，以同樣的設備與人員生產不同產品或實現不同目標的能力。
（4）快速，以最短的時間執行任務（如產品開發、製造、供貨等）的能力。

同時，這種敏捷性應當體現在不同的層次上：①企業策略上的敏捷性。企業針對競爭規則及手段的變化、新的競爭對手的出現、國家政策法規的變化、社會形態的變化等做出快速反應的能力。②企業日常運行的敏捷性。企業對影響其日常運行的各種變化，如用戶對產品規格、配置及售後服務要求的變化，用戶定貨量和供貨時間的變化，原料供貨出現問題，設備出現故障等做出快速反應的能力。

二、敏捷製造的基本特徵

敏捷製造強調企業能夠快速回應市場的變化，根據市場需求，能夠在最短時間內

開發製造出滿足市場需求的高質量的產品。因此,敏捷製造具有如下特徵:

(1) 敏捷製造是信息時代最有競爭力的生產模式。它在全球化的市場競爭中能以最短的交貨期、最經濟的方式,按用戶需求生產出用戶滿意的具有競爭力的產品。

(2) 敏捷製造具有靈活的動態組織機構。它能以最快的速度把企業內部和企業外部不同企業的優勢力量集中在一起,形成具有快速回應能力的動態聯盟。在企業內部,它將多級管理模式變為扁平結構的管理方式,把更多的決策權下放到項目組;在企業外部,它重視企業之間的協作,通過高速網路通信充分調動、利用分佈在世界各地的各種資源,故能保證迅速、經濟地生產出有競爭力的產品。

(3) 敏捷製造採用了先進製造技術。敏捷製造一方面要「快」,另一方面要「準」,其核心就在於快速地生產出用戶滿意的產品。因此,敏捷製造必須在其各個製造環節都採用各種先進的製造技術。例如產品設計,如果採用傳統的人工設計方法,不但做不到「快」,也很難做到「準」,故要採用「計算機輔助工程設計」「並行工程」,甚至「虛擬產品開發」等先進技術。只有在設計階段就考慮到下游的製造、裝配、使用、維修,才能做到一次成功。還應採用其他先進製造技術,例如柔性製造、計算機輔助管理、企業經營過程重構、計算機輔助質量保證、產品數據管理以及產品數據交換標準等。

(4) 敏捷製造必須建立開放的基礎結構。因為敏捷製造要把世界範圍內的優勢力量集成在一起,所以敏捷製造企業必須採取開放結構,只有這樣,才能把企業的生產經營活動與市場和合作夥伴緊密聯繫起來,使企業能在一體化的電子商業環境中生存。

(5) 敏捷製造適用範圍較廣。它主要通過敏捷化企業組織、並行工程環境、全球計算機網路或國家信息基礎設施,在全球範圍內實現企業間的動態聯盟和擬實製造,使全球化生產體系或企業群能迅速開發出新產品,回應市場,贏得競爭。敏捷製造的關鍵技術包括:敏捷虛擬企業的組織及管理技術、敏捷化產品設計和企業活動的並行運作、基於模型與仿真的擬實製造、可重組/可重用的製造技術、敏捷製造計劃與控制、智能閉環加工過程控制、企業間的集成技術、全球化企業網、敏捷后勤與供應鏈等。

三、實現敏捷製造的措施

企業實現敏捷製造可以增強其應變能力和競爭力。通過以下八種措施可以有效地實現敏捷製造:

1. 把繼續教育放在實現敏捷製造的首位,高度重視並盡可能創造條件使員工獲取新信息和知識

未來的競爭,歸根究柢是人才的競爭,是人才所掌握的知識和創造力的競爭。只有企業員工的知識面廣、視野寬,才有可能不斷產生戰勝競爭對手的新思想。

2. 虛擬企業的組成和工作

從競爭走向合作,從互相保密走向信息交流,實際上會給企業帶來更多利益。實施敏捷製造的基礎是全國乃至全球的通信網路,如在網上瞭解到有專長的合作夥伴,在通信網路中確定合作關係,又通過網路用並行工程的做法實現最快速和高質量的新產品開發。

3. 計算機技術和人工智能技術的廣泛應用

未來製造業強調人的作用,但並非貶低技術的作用。計算機輔助設計、輔助製造、

計算機仿真與建模分析技術，都應在敏捷企業中加以應用。另外，還要提到「團件（Group Ware）」。這是近來研究比較多的一種計算機支持協同工作的軟件。作為分佈式群決策軟件系統，它可以支持兩個以上用戶以緊密方式共同完成一項任務。人工智能在生產和經營過程中的應用，是另一個重要的先進技術的標誌。從底層原始數據檢測和收集的傳感器，到過程控制的機理以至輔助決策的知識庫，都需要應用人工智能技術。

4. 方法論的指導

方法論就是在實現某一目標，完成某一項大工程時，需要使用的一整套方法的集合，實現企業的整體集成，是一項十分複雜的任務。對每一時期每一項具體任務，都應該有明確的規定和指導方法。這些方法的集合就叫「集成方法論」。這樣的方法論能幫助人們少走彎路，避免損失。這種效益，比一臺新設備、一個新軟件所能產生的有形的經濟效益要好得多。

5. 環境美化的工作

環境美化不僅僅是指企業範圍內的綠化，更主要是對於廢棄物的處理。有專門的組織積極地開展對廢物的利用或妥善的銷毀。

6. 績效測量與評價

傳統的企業評價總是著眼於可計量的經濟效益，而對於生產活動的評價，則看一些具體的技術指標。這種方法基本上屬於短期行為。對於敏捷製造、系統集成所提出的戰略考慮，如縮短提前期對競爭能力有多少好處，如何度量企業柔性，企業對產品變異的適應能力會導致怎樣的經濟效益，如何檢測員工和工作小組的技能？技能標準對企業柔性又會有什麼影響等。這一系列問題都是在新形勢、新環境下需要解決的。又如會計核算方法，傳統的會計核算主要適合於靜態產品和大批量生產過程。它是用核算結果來控制成本，減少原材料和直接勞動力的使用的一種消極防禦式的核算方法。這些都不滿足敏捷企業的需要。當前要採用一種支持這些變化的核算方法。如 ABC 法把成本計算與各種形式的經營活動相關聯，是未來企業中很有希望的一種核算方法。合作夥伴資格預評是另一種評價問題，因為虛擬企業的成功必須要求合作夥伴確有所長，而且要有很好的合作信譽。

7. 標準和法規的作用

目前產品和生產過程的各種標準還不統一，而未來的製造業的產品變異又非常突出。如果沒有標準，不論對國家、對企業、對企業間的合作還是對用戶都非常不利。因此必須要強化標準化組織，使其工作能不斷跟上環境和市場的改變，各種標準能及時演進。現行法規也應該隨著國際市場和競爭環境的變化而演進，其中包括政府貸款、技術政策、反壟斷法規、稅法、稅率、進出口法和國際貿易協定等。

8. 組織實踐

外部形勢變化，內部條件也可以變，這時的關鍵就在於領導能否下決心組織變革，引進新技術，實現組織改革，實現放權，進行與其他企業的新形式的合作。現在不僅需要富於革新精神和善於用敏捷製造的概念進行變革的個人，更需要而且必然需要這樣的小組，才能推動企業的變革。

第五節　計算機集成製造系統

一、CIMS 的產生及定義

計算機集成製造系統（Computer Integrated Manufacturing System，CIMS），是 1973 年美國的約瑟夫・哈林頓博士在《計算機集成製造》（《Computer Integrated Manufacturing》）一書中首次提出的。當時，他提出了兩個基本觀點：①企業生產的各個環節，包括市場分析、產品設計、加工製造、經營管理以至售後服務等全部經營活動，是一個不可分割的整體，要緊密連接，統一考慮；②整個經營過程實質上是一個數據的採集、傳遞和加工處理的過程，其最終形成的產品可以看成數據的物質表現。由於企業是一個統一的整體，因此必須從系統的觀點、全局的觀點出發，廣泛採用計算機等高新技術，加速信息的採集、傳遞和加工處理過程，提高工作效率和質量，從而提高企業的總體水平。計算機集成製造是一種理念，其實質就是用信息技術對製造系統進行全局優化。這是一種先進的理念，其內涵是借助於以計算機為核心的信息技術，將企業中各種與製造有關的技術系統集成起來，使企業得到整體優化，從而提高企業適應市場競爭的能力。CIMS 已代表了當今工廠綜合自動化的最高水平。

從 CIMS 概念的提出到現在已有四十余年了。四十年來，CIMS 的概念已從美國等發達國家傳播到發展中國家，已從典型的離散型機械製造業擴展到化工、冶金等連續或半連續製造業。CIMS 概念已被越來越多的人所接受，成為指導工廠自動化的思想。有越來越多的工廠按 CIMS 思想，採用計算機技術實現信息集成，建成了不同水平的計算機集成製造系統。

CIMS 是自動化程度不同的多個子系統的集成。隨著科學的發展和技術的進步，製造業中的計算機應用水平在迅速提高，出現了多種不同的自動化系統，如管理信息系統（MIS）、製造資源計劃（MRPⅡ）系統、計算機輔助設計（CAD）系統、計算機輔助工藝設計（CAPP）系統、計算機輔助製造（CAM）系統、柔性製造系統（FMS），以及數控機床（NC、CNC）、機器人等。CIMS 正是在這些自動化系統的基礎上發展起來的。它根據企業的需求和經濟實力，把各種自動化系統通過計算機實現信息集成和功能集成。當然，這些子系統也使用了不同類型的計算機。有的子系統本身也是集成的，如 MIS 實現了多種管理功能的集成，FMS 實現了加工設備和物料輸送設備的集成等。但這種集成是在較小的局部，而 CIMS 是針對整個企業的集成。

二、CIMS 的體系結構

CIMS 一般由四個功能分系統和兩個支撐分系統構成。四個功能分系統分別是：

（1）管理信息系統。它是指以製造資源計劃 MRPII 為核心，包括預測、經營決策、各級生產計劃、生產技術準備、銷售、供應、財務、成本、設備、工具和人力資源等管理信息功能，通過信息集成，達到縮短產品生產週期、降低流動資金占用率，提高企業應變能力的目的。

（2）產品設計與製造工程設計自動化系統。它是指用計算機輔助產品設計、製造準備以及產品性能測試等階段的工作，通常稱為 CAD/CAPP/CAM 系統。它可以使產

品開發工作高效、優質地進行。

（3）製造自動化（柔性製造）系統。它是指在計算的控制與調度下，按照 NC 代碼將毛坯加工成合格的零件並裝配成部件或產品。製造自動化系統的主要組成部分有：加工中心、數控機床、運輸小車、立體倉庫及計算機控制管理系統等。

（4）質量保證系統。它是指通過採集、存儲、評價與處理存在於設計、製造過程中與質量有關的大量數據，提高產品的質量。

兩個支撐系統分別是：

（1）網路系統。它是指支持 CIMS 各個系統的開放型網路通信系統，採用國際標準和工業標準規定的網路協議（如 MAP，TCP/IP）等，可實現異種機互聯、多種網路的互聯，滿足各應用系統對網路支持服務的不同需求，支持資源共享、分佈處理、分佈數據庫、分成遞階和即時控制。

（2）數據庫系統。它是指支持 CIMS 各分系統，覆蓋企業全部信息，以實現企業的數據共享和信息集成。通常採用集中與分佈相結合的三層體系控制結構——主數據管理系統、分佈數據管理系統、數據控制系統，以保證數據的安全性、一致性、易維護性等。

三、CIMS 的發展

計算機是 CIMS 的物質基礎和技術支柱。自 1945 年第一臺計算機問世以來，對製造業而言，產品開發、製造和經營管理三大主要活動領域的單項獨立應用已達到很高的水平。在產品製造方面，1954 年研製出第一臺數控機床，為 CIMS 奠定了基礎，為柔性自動化提供了條件。1967 年建成了第一套柔性製造系統，解決了柔性和生產率相互矛盾的問題，提供了工業生產全面現代化的條件。在產品開發設計方面，20 世紀 50 年代中后期誕生了 CAD。近年來又開發出了通用集成化的現代 CAD，並向 CIMS 系統集成化方向迅速發展。在企業經營管理方面，1954 年計算機進入管理業務領域，從信息流的管理上升到物料流的管理，產生了一個新的飛躍，其代表是 MRP II。上述各項技術，基本上只是單獨地使用於製造業的各個局部環節。在科技的發展和市場需求變化的共同推動下，許多專家和學者經分析研究認為，把前述各項技術加以有機的集成並綜合地應用起來，可以獲得整體的最佳效益。這就產生了一種嶄新製造技術變革的組織和管理生產的思想和方法，即計算機集成製造 CIM（Computer Integrated Manufacturing），其具體的體現是 CIMS，而開始得到重視並大規模實施則是在十年之后。其根源是美國 20 世紀 70 年代的產業政策發生偏差，過分誇大了第三產業的作用，而將製造業，特別是傳統產業，貶低為夕陽工業。這導致美國製造業優勢的衰退。這在 20 世紀 80 年代初開始的世界性石油危機中暴露無遺。此時，美國才開始重視製造業，並決心用其信息技術的優勢奪回製造業的霸主地位，並且認為 CIMS 是最優的選擇。

四、CIMS 在中國企業中的應用

中國開展 CIMS 研究與應用已有多年的歷史。為了跟蹤國外這一先進技術，中國在 1987 年開始實施「863 高技術計劃」的 CIMS 主題。經過多年的努力實施，取得的主要成績可概括如下：

以少量的科技投入，鼓勵大專院校科技人員與企業結合，在企業中推廣高技術

（CIMS 及有關單元技術），使企業具有了應用高技術、提高綜合競爭能力的意識。通過 CIMS 計劃的實施，推動了企業應用信息技術的發展，提高了生產率和經營管理水平。為探索中國發展高技術及其產業化的道路，提供了可借鑑的經驗和教訓。通過 CIMS 計劃的實施，有的企業取得了顯著的經濟效益。在高校、企業培養了大批掌握 CIMS 技術及相關技術的人才。開發了若干具有自主版權且已初步形成商品的軟件產品。建立了 CIMS 工程技術研究中心、一批實驗網點和培訓中心，為 CIMS 技術的研究、試驗、人員培訓打下了基礎。在清華大學設立了 CIMS 工程中心，獲得美國 SME1994 年度「大學領先獎」。華中理工大學 CIMS 研究中心，獲得美國 SME1999 年度「大學領先獎」。北京第一機床廠作為實施 CIMS 試點單位，獲得美國 SME1995 年度「工業領先獎」，為國家贏得了榮譽。中國 CIMS 的最主要特點是，用「系統論」指導 CIMS 研究與發展，強調集成與優化，多學科協同發展，理論與實踐緊密結合。

在 CIMS 產業化方面，國產 CIMS 產業已經崛起，初步形成了 11 個系列的 CIMS 目標產品，覆蓋了企業信息化工程所需要軟件產品的 85% 以上。863/CIMS 目標產品已在 50% 的 CIMS 應用示範企業得到應用，1999 年 CIMS 主題支持的目標產品銷售額已超億元。國內領先的 CIMS 目標產品開發單位聯合形成了一支在市場上可與國外軟件競爭的生力軍，在國內形成了一支約 3,000 人的具有較高水平的 CIMS 研究和產品開發隊伍。CIMS 總體技術的研究在國際上已處於比較先進的水平，在企業建模、系統設計方法、異構信息集成、基於 STEP 的 CAD/CAPP/CAM/CAE、並行工程及離散系統動力學理論等方面也有一定的特色或優勢，在國際上已有一定的影響。在 CIMS 的應用方面，中國已在 20 多個省市（行業）的 200 多個企業已經實施或正在實施 CIMS 應用示範工程，其中已有 50 家左右通過驗收，並取得顯著效益。總體而言，中國已在深度和廣度上拓寬了傳統 CIMS 的內涵，形成了具有中國特色的 CIMS 理論體系。

第六節　　大規模定制

一、大規模定制的產生

近年來，隨著物質的極大豐富，長期賣方市場已徹底轉換成買方市場。企業迫切需要隨時捕獲客戶的需求，融進更多的定制，直到每個客戶買到自己滿意的商品或服務。

許多企業曾試圖用增加產品品種來代替顧客的定制要求，在迅速分化的市場面前，努力維持大規模生產的狀況。但是，這顯然不能滿足顧客挑剔的要求。品種的多樣化並不等於定制多樣化。前者是指企業先生產出產品，將它們存入成品庫，然后等待它們的客戶出現，而后者則是指應特定客戶的要求而生產產品。

大規模定制模式是指對定制的產品和服務進行個別的大規模生產。大規模定制是企業經營的必然趨勢。它能在不犧牲企業經濟效益的前提下，瞭解並滿足單個客戶的需求，其實質是以大規模的生產方式和速度，為單個客戶或小批量多品種的市場定制生產任意數量的產品。

大規模定制模式的實現需要完成以下工作：首先分析、量化和盡量降低產品多樣化的成本，對產品線進行合理化，減少低利潤產品的生產，以極大地提高利潤，充分利用寶貴資源，提高生產的柔性程度，促進大規模定制產品的開發。其次對零件、工

藝、工具和原材料進行標準化，作為實施大規模定制的前提條件，降低產品成本，提高加工柔性。再次實行敏捷製造，在無需生產準備時間和庫存的條件下，根據訂單進行產品的快速生產，實行敏捷產品開發過程，以實現產品的超速上市。最後並行地設計產品族和柔性的製造工藝，圍繞模塊化的結構、通用的零件、通用的模塊、標準化的接口和標準的工藝進行敏捷的產品設計。

大規模定制模式要求將產品模塊化，按照客戶的要求為其提供唯一的模塊組合。例如，摩托羅拉公司在20世紀90年代為了占據市場的領先位置，率先在企業中實行大規模定制。他們開發了一個全自動製造系統。在全國各地的銷售代表用筆記本電腦簽下訂單的一個半小時之內，就可以製造出2,900萬種不同組合的尋呼機中的任何一種。這種方式徹底改變了競爭的本質，使摩托羅拉成為美國僅存的尋呼機製造商，佔有40%以上的世界市場份額。

大規模定制通過柔性的或敏捷的製造，以任意的批量生產多樣化的產品，且不用為了改變生產系統的設置而將生產中斷。在相同的設備能力下，當設備運轉時，進行大規模定制的工廠的生產效率要比進行大規模生產的工廠高得多。

產品的設計完成之後，很難再通過其他措施來削減成本，故必須在產品和生產工藝的設計階段確定成本；否則，降低的成本甚至不足以補償實施這類措施本身所需的費用。在典型的企業成本統計中，只記錄了材料和人工成本，其他成本稱為間接成本並分攤到企業的所有活動中。然後，各種產品不具有同樣的間接成本需求，可以通過設計來降低很多間接成本。大規模定制可利用先進的設計技術，設計出的人工和材料成本最低的產品，用最低的間接成本有效地生產產品。

二、大規模定制生產的模式

大規模定制生產模式可以概括為以下三個方面：

（一）產品設計模塊化

企業依賴產品創新和技術創新奪取市場。企業是否能根據用戶的當前需求和潛在需求快速搶先提供產品，將成為企業成敗的關鍵。產品結構和功能的模塊化、通用化和標準化，是企業推陳出新、快速更新產品的基礎。模塊化產品利於按不同要求快速重組。任何產品的更新換代，絕不是將原有的產品全部推翻重新設計和製造。更新一個模塊，在主要功能模塊中融入新技術，都能使產品登上一個新臺階，甚至成為換代產品，而多數模塊是不需要重新設計和重新製造的。因此，在敏捷製造中，模塊化產品的發展已成為製造企業所普遍重視的課題。例如福特汽車公司的發動機總部將6缸、8缸、10缸、12缸等不同規格的發動機結構進行了模塊化，使其絕大部分組件都能相互通用，以盡可能少的規格部件實現最大的靈活組合，並能用同一條生產線製造不同規格的發動機，取得了巨大的經濟效益。波音公司在民用飛機的設計和製造中也採用了模塊化方法，大大縮短了定制飛機的製造週期。

（二）產品製造專業化

在一般機械類產品中，有70%的功能部件間存在著結構和功能的相似性。如果打破行業界線，將相似功能的部件和零件分類和集中起來，完全有可能形成足以組織大批量生產的專業化企業的生產批量。這些專業化製造企業承接主幹企業開發產品中各

種相似部件、零件的製造任務,並能在成組技術的基礎上採用大批量生產模式進行生產。當然,在現代製造技術的支持下,這種大批量生產模式已克服了傳統的剛性自動線的缺點,具備一定範圍內的柔性(可調性或可重構性)來完成較大批量的相似件製造,協助主幹企業用大批量生產方式快速提供個性化商品。

(三) 生產組織和管理網路化

因特網的普及和應用,為企業提供了快速組成虛擬公司進行敏捷製造新產品的條件。負責開發新產品的主幹企業可以利用因特網發布自己產品的結構和尋找合作夥伴的各項條件。專業化製造企業可以在網上發布自己的條件和進行合作的意圖。主幹企業將據此尋找合夥者,本著共擔風險和達到「雙贏」的戰略目標進行企業大聯合來合作開發和生產新產品。這樣的聯合是動態的。組成的虛擬公司是「有限生命公司」。它只是為某種產品而結盟,其生命週期將隨產品生命週期的結束而結束,或在另一種產品的基礎上調整成新的聯合。

通過因特網,系統構建虛擬企業,可實現產品開發、設計、製造、裝配、銷售和服務的全過程,通過社會供應鏈管理系統將合作企業連接起來,按大規模定制生產模式實行有效的控制與管理。

三、大規模定制生產模式條件下企業間的合作關係

在傳統的供求關係管理模式下,製造商與供應商之間只保持著一般的合同關係,供應鏈只是製造企業中的一個內部過程,製造商用合同採購的原材料和零部件進行生產,轉換成產品並銷售至用戶,整個過程均局限於企業內部操作。製造商為了減少對供應商的依賴,彼此間經常討價還價。這種管理模式下的特徵是信任度和協作度低,合作期短。但大規模定制生產是以新產品開發,企業與專業化製造企業間的有效合作、互相依存為前提的。構成網路化虛擬公司的主幹企業與夥伴企業間應是能達到「雙贏」的合作關係,其合作關係如下:

主幹企業與夥伴企業間應共享信息,通過委託代理經常協調彼此的行為;主幹企業必要時應向夥伴企業提供技術支持和投資幫助,使合夥企業降低成本,提高質量,加快產品開發;在合作過程中建立相互信任的關係,提高運行效率,減少交易、管理成本;對於通用化、標準化程度高的產品模塊,應盡量保持一種能持久的關係,確保產品質量穩定;對於個性化產品的關鍵模塊和零部件,主幹企業可吸收夥伴企業參與開發和共同創新,建立戰略合作關係,加快新產品的開發過程。

總之,在信息時代,大規模定制生產將是製造業的重要生產模式,成組技術將能發揮更大的作用。

復習思考題

1. 現代企業面臨的生產環境有什麼變化?
2. 現代企業生產運作管理的特徵是什麼?
3. 何謂準時化、生產方式、精益生產、敏捷製造、計算機集成製造系統、大規模

定制？
4. 敏捷製造的特徵是什麼？
5. 大規模定制生產模式有哪些？
6. 實現敏捷製造的措施有哪些？

案例三

服務器產業的大規模定制

人類社會進入 20 世紀 90 年代，信息與通信產業作為全球最積極、最有生命力的新興生產力的代表，正日益成為社會與經濟發展的強大動力。「信息高速公路」等目標的提出，更成為世界各國早日跨上「信息快車」的最佳契機。在產業界圍繞著這一目標所做的種種努力中，對服務器市場的開發和利用，無疑是眼下最有價值也是最亟待解決的課題。當國內服務器市場競爭日趨激烈，而客戶的個性化要求又越來越高，傳統的大規模生產已經捉襟見肘時，一種新的生產管理模式——大規模定制應運而生，並逐步成為國內服務器產業發展的新趨勢。

隨著更多廠商進入服務器產業和國際 IT 市場，國內的服務器市場競爭日益激烈，正逐步發展成為第二個 PC 市場。與此同時，隨著國內各行業信息化應用的深入，用戶對服務器的個性化需求增加，服務器市場更多元化與細分化。面對越來越難以預測的市場，服務器廠商傳統的大規模生產已與現代市場競爭越來越不適應。正是在這樣的歷史背景下，一種新的生產管理模式——大規模定制在國內領先的 IA 服務器廠商寶德科技公司應運而生了，並開始逐步成為國內服務器產業發展的新趨勢。

個性化服務器市場新賣點

滿足用戶個性化幾乎成為服務器廠商的共識。於是在 2000 年，國內服務器廠商就紛紛針對用戶的不同需求，推出文件服務器、E-mail 服務器、Web 應用服務器、負載均衡服務器、VPN 服務器、網路加速服務器、NAS 服務器等。各種面向用戶不同應用需求並具備個性化功能的服務器產品，使個性化十足的功能服務器市場迅速增長並成為服務器市場最具活力和創新的市場。2001 年，在 Intel 服務器建築模塊戰略的推動下，功能服務器一度成為市場的主流。據業內人士分析，國內 IDC 的市場份額在 2003 年將達到 7 億多美元。功能服務器的需求增長可能在近兩三年內超過通用服務器的市場需求。「以應用為本、為客戶量身定做」為特徵的個性化服務器無疑正成為服務器市場的新的增長點。

大規模定制——服務器供需商業模式革命

相對於我們熟悉的規模化生產，大規模定制可以說是一種全新的生產模式。大規模定制是指根據每個用戶的特殊需求，用大規模生產的效益完成定制產品的生產，從而實現用戶的個性化和大規模生產的有機結合。正因為綜合了大規模生產和多品種生產的優點，能夠同時達到產品的低成本和品種多樣化的目的，目前大規模定制已經從技術前沿變成一個又一個行業的必然趨勢，成為企業競爭的重要手段。

目前，國內服務器市場群雄並起，競爭已經日益白熱化，服務器產品目前已經高

度同質化。要在競爭中獲得優勢，國內服務器製造商只能轉換生產方式，建立一種隱性的、面向顧客的、可重組的業務流程。因此，企業再造、流程重組幾乎都成為IBM、HP、浪潮、聯想服務器廠商的工作重心。「我們的生產方式必須從大規模製造向大規模定制轉變，建立起『消費者需要什麼就生產什麼』的生產體制。」寶德科技公司董事長李瑞杰如是說。同時，由於大規模定制的生產方式通過採用通用化的設計和柔性製造技術，能夠有效地降低定制產品的開發和生產成本，且大規模定制的產品都因用戶的需求而生產，幾乎沒有庫存，也沒有產品老化、過期、變質、報廢等現象，因此產品的迅速生產能夠降低企業的營銷成本。重要的是，在大規模定制生產方式下，服務器廠商根據某一細分市場裡客戶的要求，提供完全個性化定制的服務器產品，使每一個客戶都能買到自己稱心如意的服務器產品。

大規模定制離我們有多遠？

隨著IA技術的迅猛發展，基於開放架構和業界標準的英特爾架構服務器已經被廣泛應用於企業計算的各個領域，正逐漸成為服務器的新標準。隨著中國信息化進程的推進，國內用戶對IA架構服務器的需求也越來越大。因此，如何在IA標準的基礎上針對用戶需求實施大規模定制生產方式，在服務器產業裡實質上已經成為爭奪市場和發展空間的前提。目前，國內專業的IA服務器廠商寶德科技已經宣布在先前按需定制的基礎上，開始在業內率先實施大規模定制的生產策略。這被一些業內人士看成國內服務器規模定制生產的一個歷史性開端。

對國外品牌而言，戴爾憑藉的是領先PC行業強大對手的兩件法寶：現成部件和規模定制生產的高效率。它幫助戴爾在更加有利可圖的服務器市場奪取份額。這已經使得IBM、HP等老牌服務器生產商開始竭力降低成本、提高效率，為顧客提供更經濟的選擇。戴爾公司以特有的模式經營電腦：為用戶定制，確立價格與性能優勢的競爭策略，採取直供電腦方式，省去中間環節。目前IBM、HP等國外服務器廠商已經在中國的深圳、上海等市投資建立工廠，大力擴大生產規模，推行本土化政策，實施低成本策略，以在佔據高端產品市場的同時，搶奪服務器中低端產品市場。普遍的大規模定制生產已經離我們越來越近。

與顧客結盟

製造服務器有不同方法。如果以服務器製造工程師為中心造服務器，那麼工程師們整天想著怎樣利用自己的技術發明個什麼新東西。把它造出來，然後看看有哪些人要。而戴爾用自己的方法造服務器：第一步需要認識顧客；第二步瞭解他們的需求和好惡，要知道他們所在意的價格；第三步需要本公司提升業務效率。戴爾最大的競爭優勢在於瞭解顧客。他們一直在想，怎樣的顧客才是最好的顧客。是最大的顧客嗎？是購買力最強的顧客嗎？是對本公司的服務要求最少的顧客嗎？這些顧客果然是受歡迎的，但不是最好的顧客。最好的顧客應該是：能夠給戴爾公司最大啓發的顧客；能夠教戴爾公司超越現有產品和服務，提供更大附加值的顧客；能提出挑戰，讓戴爾想出辦法后也可以嘉惠其他人的顧客。

資料來源：羅納德·H.巴羅．企業物料管理——供應鏈的規劃、組織與控制 [M]．王曉東，等，譯．北京：機械工業出版社，2011：150-151．

思考題

1. 你認為國內服務器市場競爭的特點是什麼？
2. 從生產運作管理的角度，談一談中國IT業在實施大規模定制的生產方式時，會遇到哪些挑戰。
3. 面對客戶和最終消費者日趨個性化的趨勢，國外先進企業的生產方式對國內企業有哪些方面有借鑑之處？
4. 戴爾公司的「直接模式」是怎樣產生的？有什麼好處？
5. 戴爾公司怎樣看待自己的顧客？

國家圖書館出版品預行編目(CIP)資料

生產與運作管理 / 伍虹儒 主編. -- 第一版.
-- 臺北市：崧燁文化，2018.11
　　面；　　公分

ISBN 978-957-681-525-6(平裝)

1.生產管理

494.5　　　　107013643

書　　名：生產與運作管理
作　　者：伍虹儒 主編
發行人：黃振庭
出版者：崧燁文化事業有限公司
發行者：崧燁文化事業有限公司
E-mail：sonbookservice@gmail.com
粉絲頁　　　　　　網　址：
地　　址：台北市中正區重慶南路一段六十一號八樓 815 室
8F.-815, No.61, Sec. 1, Chongqing S. Rd., Zhongzheng
Dist., Taipei City 100, Taiwan (R.O.C.)
電　話：(02)2370-3310　傳　真：(02) 2370-3210
總經銷：紅螞蟻圖書有限公司
地　　址：台北市內湖區舊宗路二段 121 巷 19 號
電　話：02-2795-3656　傳真：02-2795-4100　網址：
印　刷：京峯彩色印刷有限公司（京峰數位）

　　本書版權為西南財經大學出版社所有授權崧博出版事業有限公司獨家發行電子書繁體字版。若有其他相關權利及授權需求請與本公司聯繫。

定價：400 元
發行日期：2018 年 11 月第一版
◎ 本書以POD印製發行